高等学校数据科学与大数据技术专业系列教材

数据挖掘基础及其应用

Tutorial of Data Mining and Its Applications

马小科　编著

西安电子科技大学出版社

内 容 简 介

　　本书全面介绍了数据挖掘基础及其应用,重点阐述了数据挖掘经典算法、原理及其应用,旨在为读者提供数据挖掘所需的基本知识,使读者能够从整体上对数据挖掘内容与方法有所理解。本书内容包含五个主题:数据、分类、关联规则、聚类分析及其应用。对于分类、关联规则、聚类分析这三个主题,首先介绍了其基本概念与经典算法,在后续的章节中阐述了其更高级的主题。

　　本书可作为高等学校计算机相关专业的高年级本科生与研究生教材,也可作为需要理解数据挖掘和智能系统的专业人员的参考书。

图书在版编目(CIP)数据

数据挖掘基础及其应用/马小科编著. —西安:
西安电子科技大学出版社,2020.8(2024.6 重印)
ISBN 978 - 7 - 5606 - 5881 - 0

Ⅰ. ① 数… 　Ⅱ. ① 马… 　Ⅲ. ① 数据采集 　Ⅳ. ① TP274

中国版本图书馆 CIP 数据核字(2020)第 163823 号

策　　划　高　樱　明政珠
责任编辑　雷鸿俊
出版发行　西安电子科技大学出版社(西安市太白南路 2 号)
电　　话　(029)88202421　88201467　　邮　编　710071
网　　址　www.xduph.com　　　电子邮箱　xdupfxb001@163.com
经　　销　新华书店
印刷单位　陕西天意印务有限责任公司
版　　次　2020 年 8 月第 1 版　2024 年 6 月第 3 次印刷
开　　本　787 毫米×1092 毫米　1/16　印　张　18
字　　数　424 千字
定　　价　49.00 元
ISBN 978 - 7 - 5606 - 5881 - 0/TP

XDUP 6183001 - 3

前　　言

　　大容量存储设备的出现使得收集海量数据成为可能，也加速了大数据时代的到来。高性能计算机为大数据的处理、分析和挖掘提供了计算平台。在国防、政务、气象、商业、科研等与人们生产和生活息息相关的各个领域中，数据正在以前所未有的速度产生。大数据背后蕴含着巨大的价值，分析与挖掘这些有价值的规则与知识对人类的生产和生活具有重要的意义。近年来，数据挖掘引起了信息产业界的极大关注，如何从日益增加的数据中获取准确的信息和知识，并进一步广泛应用于商务管理、生产控制、市场分析、工程设计和科学探索等方面，是数据挖掘的核心。

　　数据挖掘是人工智能和数据库领域研究的热点问题，旨在从数据中提取出隐含的、先前未知的、具有潜在价值的规律与知识，主要有数据处理、模式挖掘和知识表示三个步骤。数据处理是从相关的数据源中选取所需的数据并整合成用于数据挖掘的数据集；模式挖掘是用某种方法将数据集所含的规律找出来；知识表示是尽可能以用户可理解的方式（如可视化）将找出的知识表示出来。数据挖掘也是一门多学科交叉的研究与应用领域，所涉及的领域包括数据库技术、人工智能、机器学习、统计学、模式识别、高性能计算、信息检索等。本书主要介绍数据挖掘的相关方法与技术，包括数据处理、决策树算法、支持向量机、贝叶斯网络、频繁模式树算法、K-均值算法、层次聚类与密度聚类以及数据挖掘在社交网络与生物网络中的应用研究等。本书涵盖了数据挖掘中的主要内容，旨在让读者对数据挖掘的基本任务、算法原理及其应用有全面的认识。

　　本书广泛适用于高年级本科生和研究生。由于学习这门课程的学生专业背景不同，很难达到坚实的统计学、数学专业要求，因此本书只要求最低限度的预备知识，不需要读者具有数据库的专业知识，但是假定读者有一定的统计学与高等数学背景。如果读者对于专业数学知识不了解，附录中提供了最基础的数学知识点，可辅助读者理解数据挖掘中的算法理论与过程。本书的章节安排自成体系，主讲顺序可以灵活处理：核心内容在第 2、3、4、7、10 章，第 5、6、8、9 章是对这些内容的补充，可由教师根据课时长度与难易程度来选择讲授，其中分类、关联规则和聚类分析这三部分内容无先后顺序，可以根据喜好来进行讲授与学习；第11、12 章是数据挖掘在社交网络与生物网络中的应用研究，可以选择性学习与讲授。

　　很多单位和个人都为本书的编写与出版作出了贡献，作者的博士生吴文铭同学，硕士生李东远、黄志豪、张本辉、谭诗吟等同学对本书的插图与文字进行了大量的校订工作，在此表示感谢。感谢西安电子科技大学对本书的支持与资助，同时感谢西安电子科技大学出版社的高樱编辑为本书出版所付出的努力。作者在编写本书时花费了大量的时间，特别感谢家人对作者工作的支持。

　　由于作者的水平有限，书中难免会存在疏漏与不足之处，敬请各位读者批评指正。作者 E-mail：xkma@xidian.edu.cn。

马小科

2020 年 5 月于西安电子科技大学

目 录

第 1 章　绪　　论

　　数据是描述与反映对象的信息载体，信息技术的迅猛发展为数据的获取与存储提供了基础。由于现在所收集的数据基本上都是非结构化的，因此需要与传统关系数据库不同的数据存储与处理方法。互联网数据的民主化（指将政府、企业、机构等所拥有的各类公共数据推上互联网，允许任何人访问和下载）增加了可用数据的容量，同时产生了更多的原始数据。而原始数据一般是没有价值的，需要经过相应的处理，即对信息进行提取，这就产生了如下问题：将原始数据转化为可用数据有时需要巨大的成本，这样的成本为多大程度时可以被接受？当数据的空缺值过多时，数据处理算法将不可避免地改变原始数据的部分信息以便于模型的构建，这样的改变是否是正确的？采集的数据很多时候不完整，在这样的情况下，如何判断算法结果的准确性？数据挖掘则旨在解决这些问题。

1.1　数　据　概　述

　　1980 年，美国著名未来学家阿尔温·托夫勒阐述了科技发展所引起的社会变化及其未来的发展趋势，并且出版了鸿篇巨作《第三次浪潮》(The Third Wave)。他认为人类社会正进入一个崭新的时期——第三次浪潮文明时期。如图 1-1 所示，浪潮文明一共有三次，在第三次浪潮文明之前，人类已经经历了两次浪潮文明。第一次浪潮文明是"农业革命"，历时数千年，带领人类从原始野蛮的渔猎时代进入

图 1-1　人类历史文明发展的三次浪潮

以农业为基础的新时代，其特点是家庭式的农耕和定居生活。第二次浪潮文明是"工业革命"，历时三百年。"工业革命"摧毁了古老的文明社会，改变了人类的生产方式，并在第二次世界大战后达到顶峰，其特点是化石燃料成为能源基础、科学技术发展突飞猛进、协作方式变为工厂式等。第三次浪潮文明是一个以电子工业、宇航工业、海洋工业、遗传工程组成工业群的新时期，其特点是全球化协作。在第三次浪潮文明中，社会进步不单以技术发展水平和物质生活标准来衡量，丰富多彩的文化生活水平也成为新的指标。

　　随着计算机的出现和普及，信息对整个社会的影响逐步提高到一个十分重要的地位。信息量、信息传播速度、信息处理速度以及信息应用程度等都以几何级数的方式在增长。在 21 世纪，人类社会进入了信息与知识经济时代，信息技术的发展为人们学习知识、掌握知识、运用知识提供了新的方法，社会生活的信息化、网络化程度越来越高，知识的总量急剧增加，知识"更新周期"越来越短，这致使人们原有的知识和技能已经远远不能满足现实工作和学习的需要。在这样的时代背景下，人们普遍感受到了发展、竞争的压力。

　　信息化时代人们面临的一个重大挑战是如何有效地处理信息化过程中所产生的数据，并全面地利用信息为人类的生产与生活提供服务。最早提出数据时代到来的是全球知名咨

询公司麦肯锡，其指出："数据已经渗透到当今每一个行业和业务职能领域，成为重要的生产因素。人们对于海量数据的挖掘和运用，预示着新一波生产率增长浪潮的到来。"学习如何使用数据，并为自己的职业提升竞争力，将成为信息化时代背景下人们的必修课。

影响数据及其应用的两大因素包括大容量存储设备与高性能计算机，其中大容量存储设备为大数据存储奠定基础，高性能计算机为海量数据分析提供计算平台。在存储器方面，磁盘容量已从兆字节（MB，2^{10}字节）级别发展到现在的太字节（TB，2^{40}字节）级别，这为大数据的自由存储与分析提供了物理基础。英特尔创始人之一戈登·摩尔（Gordon Moore）提出了著名的摩尔定律：当价格不变时，集成电路上可容纳的元器件数量每隔18~24个月便会增加一倍，性能也将提升一倍。这一定律揭示了信息技术进步的速度，这种趋势已经持续了半个多世纪。在高性能计算机方面，超级计算机的出现使得大规模分析数据成为现实，我国的超级计算机天河就是其中的佼佼者。

基于大容量存储设备和高性能计算机方面的发展，移动互联网应运而生，随之产生的又一重要概念就是大数据（Big Data）。自2012年起，大数据一词已越来越多地为人们所提及。《纽约时报》《华尔街日报》曾对大数据进行专栏介绍，美国白宫新闻网也多次出现了有关报告，国金证券、国泰君安、银河证券等也早已将大数据及其产业写进了投资推荐报告。企业家们普遍意识到数据正在迅速膨胀并决定着企业的未来发展这一重要现实。正如《纽约时报》2012年2月的一篇专栏中所说，"大数据"时代已经降临。在商业、经济及其他领域中，决策将基于数据及其分析而产生，而非以往的经验和直觉。对此，哈佛大学社会学教授加里·金指出："这是一场革命，庞大的数据资源使得各个领域开始了量化进程，无论学术界、商界还是政府，所有领域都将开始这种进程。"加里·金的发言绝不是空穴来风，在21世纪，信息感知和采集终端负责实时收集海量数据，以云计算为代表的大型计算平台则对所收集到的数据进行有效分析，借此构建起一个与物质世界相平行的数据世界。目前，这样的技术已经成功应用到政务、商业、城市交通、医疗、教育等各行各业，如图1-2所示。大数据时代，数据将为各个行业的发展指明新的道路。

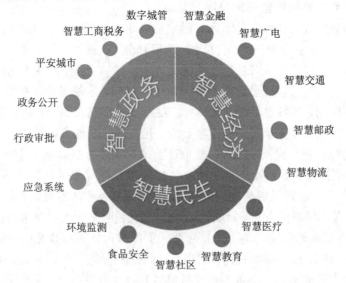

图1-2　数据已深度融入社会

1.2 数据与社会变革

据报道,在 2012 年,互联网一天之中产生的全部内容可以刻满 1.68 亿张 DVD,发出的邮件有 2940 亿封之多(相当于美国两年的纸质信件数量),发出的社区帖子达 200 万条(相当于《时代》杂志 770 年的文字量),卖出的手机为 37.8 万台,其数量甚至高于全球每天出生的婴儿数量 37.1 万人。以上数字已是 2012 年前的不完全统计数字。2020 年,互联网发展已经达到了一个新的高度,数据量正以数以万倍的速度增加。可以预见,如此庞大的数据将给社会带来全方位的影响,而互联网速度快、影响深、覆盖广的特点更会使得"数据"一词的战略地位大大提高。

1.2.1 数据改变思维模式

数据已被广泛应用在经济、政治、文化和生活的方方面面,对人们的行为、生活和交往方式都造成了深远的影响。与此同时,人们的生产、生活方式也随之发生了改变,最终导致传统思维的崩塌及新思维方式的形成。这体现在以下三个方面:

(1)决策使用全部数据,而非部分数据。大数据的特点是多源、异质、大容量,过去因计算等原因,人们只能处理部分数据,为此必须进行采样,舍去被主观判定为重要性不高的数据。21 世纪高性能计算机的出现,使同时处理全部数据成为可能,而全部的数据意味着更加丰富的信息量,这能给我们的问题带来更加合适的解决方案。

(2)接受以不精确性取代精确性。数据的采集大部分使用采样的方法,在这个过程中,噪声的录入不可避免。在这样的情况下,产生的结论必然存在问题。统计学通过输出概率的方法反映结论的可信度,可以让决策者自行评估风险。这意味我们只有接受不精确性,才能信任采集到的数据,才有机会打开一扇新的世界之窗。

(3)接受关联性,抛弃因果性。在大数据时代下,巨大的数据量意味着错综复杂的因果关系,探究现象背后的原因费时费力(也未必准确)。相对而言,让数据自己发声往往能取得事半功倍的效果。此外,在很多情况下,我们需要的已经不是数据之间直接的因果关系,而是数据中隐含的相关关系。

关于新思维应用,比较经典的例子是民众情绪与股票市场的关系:华尔街德温特资本市场公司首席执行官保罗·霍廷利用计算机程序分析全球 3.4 亿用户留言,进而判断民众情绪,再以 1~50 分进行打分。根据打分结果,霍廷决定按以下方法处理手中数以百万美元计的股票:如果大部分人对该股票感兴趣,则买入;如果大家的焦虑情绪上升,则抛售。利用这一手段,当年第一季度,德温特资本市场公司获得了 7% 的收益率,这是新思维模式在大数据时代的代表性实践之一。

1.2.2 数据改变社会模式

在信息化社会,数据发展主要呈现出资源化、基础化、系统化等特点。

(1)资源化:数据成为企业和社会关注的重要战略资源,并已成为大家争相抢夺的新焦点。在信息化社会，企业必须要提前制定大数据营销战略计划，抢占市场先机，数据管理将成为核心竞争力。同时，数据资产是企业核心资产的概念已深入人心，使得企业将数据管理作为企业核心竞争力，持续发展相关产业。战略性规划与数据资产运用，将成为企业数据管理的重中之重。研究发现，数据资产管理效率与主营业务收入增长率、销售收入增长率显著正相关。相关研究表明，对于具有互联网思维的企业而言，数据资产竞争力所占比重已达 36.8%，数据资产的管理效果将直接影响企业的财务表现。

（2）基础化：如同计算机和互联网一样，大数据很有可能是新一轮技术革命的基础。随之兴起的数据挖掘、机器学习和人工智能等相关技术，可能会改变数据世界里的很多算法和基础理论，实现科学技术上的突破。数据科学已成为一门专门的学科，被越来越多的人所认知。各大高校也设立了专门的数据科学类专业，催生了一批与之相关的新的就业岗位。与此同时，基于数据这个基础平台，数据共享将扩展到企业层面，并且成为未来产业的核心环节。

（3）系统化：大数据世界不只是一个单一的、巨大的计算机网络，而是一个由大量活动构件与多元参与者元素所构成的生态系统，一个由终端设备提供商、基础设施提供商、网络服务提供商、网络接入服务提供商、数据服务使用者、数据服务提供商、触点服务商、数据服务零售商等一系列参与者共同构建的生态系统。而今，数据生态系统的基本雏形已然形成，接下来的发展将趋向于系统内部角色的细分、系统机制的调整以及系统结构的调整（即市场的细分、商业模式的创新和竞争环境的调整），从而使得数据生态系统复合化程度逐渐增强。

1.2.3 数据改变国家战略

2013 年，百度公司总裁李彦宏指出："大数据不仅是互联网企业的事，更应是国家的事，要从国家层面发展大数据，实施网络安全与信息化战略。"就全球来看，西方发达国家多年前就积极主动开放大数据，甚至为开放大数据立法，确保宝贵的大数据不被浪费。2009 年，美国提出了"开放政府计划"，对政府所持有的数据进行加工利用；2012 年，奥巴马政府宣布投资 2 亿美元，推动大数据相关产业的发展。数据显示，这些数据资源为美国制造业在产品开发、组装等环节节省了约 50% 的成本。我国在开放大数据的步伐上，明显落后于西方发达国家。从 2013 年的数据来看，在全球 70 个开放大数据的国家和地区中，中国仅位列第 35 位。2018 年全球超大规模数据中心的数据显示，美国占有量是 40%，而我国仅占 8%。

在我国，由于企业、个人与政府部门的地位不对等，数据安全等因素造成政府部门开放大数据的主观意愿并不强烈。中国政务大数据，除了一些大企业以及政府合作企业能获得外，大部分企业与个人均无法使用，这就造成了数据的极大浪费，也阻碍了中国企业的发展与创新。此外，我国各个公司在数据共享方面的合作也亟待加强。调查显示，金融信用信息基础数据库储备了 8.2 亿人的信用档案，但仅供其内部使用，第三方机构以及企业很难获得这些信息，同样造成了资源浪费。有不少创业者抱怨，他们在向政府寻求数据支持时，往往碰壁而回。有鉴于此，数据资源的充分利用，需要政府开放大数据库，统筹规划企业与企业之间的数据交流，出台指导意见和行动规划，做到有章可循。

　　为了改变现状，2015 年经李克强总理签批，国务院印发《促进大数据发展行动纲要》（以下简称《纲要》），系统性部署大数据发展工作。《纲要》明确推动大数据发展和应用，在未来 5～10 年内打造精准治理、多方协作的社会治理新模式，建立运行平稳、安全高效的经济运行新机制，构建以人为本、惠及全民的民生服务新体系，开启大众创业、万众创新的创新驱动新格局，培育高端智能产业发展新生态。《纲要》部署三方面主要任务。一要加快政府数据开放共享，推动资源整合，提升治理能力。大力推动政府部门数据共享，稳步推动公共数据资源开放，统筹规划大数据基础设施建设，支持宏观调控科学化，推动政府治理精准化，推进商业服务便捷化，促进安全保障高效化，加快民生服务普惠化。二要推动产业创新发展，培育新兴业态，助力经济转型。发展大数据在工业、新兴产业、农业等行业领域的应用，推动大数据发展与科研创新有机结合，推进基础研究和核心技术攻关，形成大数据产品体系，完善大数据产业链。三要强化安全保障，提高管理水平，促进健康发展。健全大数据安全保障体系，强化安全支撑。

　　2015 年 9 月，贵州省启动我国首个大数据综合试验区的建设工作，力争通过 3～5 年的努力，将贵州大数据综合试验区建设成为全国数据汇聚应用新高地、综合治理示范区、产业发展聚集区、创业创新首选地、政策创新先行区。围绕这一目标，贵州省将重点构建"三大体系"，重点打造"七大平台"，实施"十大工程"。"三大体系"是指构建先行先试的政策法规体系、跨界融合的产业生态体系、防控一体的安全保障体系；"七大平台"则是指打造大数据示范平台、大数据集聚平台、大数据应用平台、大数据交易平台、大数据金融服务平台、大数据交流合作平台和大数据创业创新平台；"十大工程"即实施数据资源汇聚工程、政府数据共享开放工程、综合治理示范提升工程、大数据便民惠民工程、大数据三大业态培育工程、传统产业改造升级工程、信息基础设施提升工程、人才培养引进工程、大数据安全保障工程和大数据区域试点统筹发展工程。以上种种措施，都表明了国家在战略层面上对大数据的重视。

1.3　数据挖掘的定义

　　如图 1-3 所示，数据挖掘（Data Mining）是数据库知识发现（Knowledge-Discovery in Database，KDD）的关键步骤之一，是指从原始数据中通过算法提取隐藏信息的过程。准确来说，数据挖掘是在大型数据库中自动地发现有用信息的过程，它具有利用挖掘出来的模式理解与分析复杂问题并预测未来的能力。例如，利用历史天气数据预测明天是否会下雨就是典型的数据挖掘问题。

　　数据可能以多种方式进行存储与编码，包括表格、文件、图像、视频、声音等，它们既可以集中方式输入，也可分布在不同的存储地点。由于原始数据存在格式不统一、不完整、噪声等问题，因此需要对其进行预处理。数据预处理（Pre-processing）旨在对未加工的输入数据进行转换，使得这些数据能够满足算法挖掘的需求。典型的数据预处理包括数据清洗、特征选择、维数约简等。数据清洗是为了消除原始数据中的数据不一致性和噪声，以及重复出现的观测值；特征选择是从原始数据中剔除冗余、冲突和无关特征；维数约简是对特征集进行筛选操作，提取具有区分度的特征，提高挖掘的准确性。值得一提的是，数

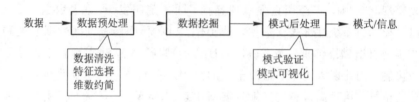

图 1-3 数据挖掘与数据库知识发现

据预处理对数据挖掘结果的影响极大，由于数据收集和存储方式等原因，数据预处理甚至可能是整个知识发现过程中最费力耗时的步骤。数据预处理技术将在第 3 章进行阐述。

由于开发人员对数据与应用的理解不够深入，可能导致所定义的模式与用户期望存在一定的偏差，致使数据挖掘所输出的模式不能直接应用，因此模式后处理（Post-processing）这一步骤十分重要。它确保只有那些有效的和有用的模式可作为进一步决策的输入。典型的模式后处理技术包括模式验证、模式可视化等。其中，模式验证是通过专家知识对所挖掘出来的模式进行评估，以便剔除错误和无用模式；模式可视化是通过图形化方式向用户展示挖掘结果，以便于用户分析利用。关于分类、关联规则与聚类的模式验证在相应的章节都有描述。

但并非所有的信息发现过程都可视为数据挖掘。从数据库中检索出来所有人员的名单与信息，或者通过搜索引擎定位所期望的页面，这些任务都属于信息检索范畴。虽然这些任务在信息时代扮演着重要的作用，可能涉及复杂的数据结构与算法，但是这些任务所提取的信息是先前已知的，因此不属于数据挖掘范畴。

数据挖掘目前尚无统一定义，因此存在多层面的解释，典型的定义有基于学科层面、模式层面两种定义。数据挖掘通常与计算机科学有关，通过统计、在线分析处理、情报检索、机器学习、专家系统和模式识别等诸多方法来实现目标。

定义 1.1（学科层面定义） 数据挖掘属于交叉学科（如图 1-4 所示），它是数据库（Database）、人工智能（Artificial Intelligence）、机器学习（Machine Learning）、统计学（Statistic）、知识工程（Knowledge Engineering）等技术的融合。

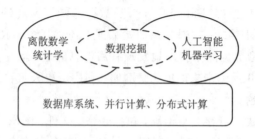

图 1-4 数据挖掘是交叉学科

定义 1.2（模式层面定义） 数据库知识发现（KDD）是通过对数据进行相应的操作，提取有趣、未知模式的过程。在模式层面定义下的数据挖掘，其三大要素是以数据为研究对象、对数据进行计算操作、从数据中提取未知有用模式。模式层面定义如图 1-5 所示。

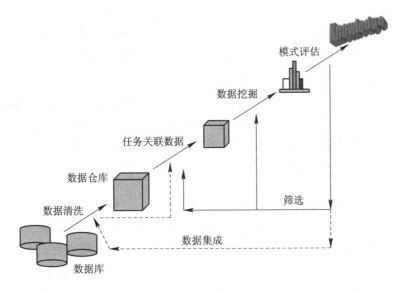

图 1 - 5　数据挖掘是模式挖掘过程

1.4　数据挖掘的发展与应用

数据库的出现标志着数据时代的来临，随之而来的问题是如何发现有趣的数据模式。随着信息化程度的提高，数据量大大增加，催生了数据挖掘这一技术，并使其发展进入快车道。

1.4.1　数据挖掘的发展

数据挖掘经历了三个历史阶段，即萌芽阶段、形成阶段和高速发展阶段，如表 1 - 1 所示。

表 1 - 1　数据挖掘的发展阶段

阶　　段	时　　间	标志性事件
萌芽阶段	20 世纪下半叶	数据库技术的发展
形成阶段	20 世纪 90 年代	KDD 首次出现
高速发展阶段	21 世纪	数据挖掘大规模应用

1. 萌芽阶段

数据挖掘始于 20 世纪下半叶，是在当时多个学科的基础上发展起来的。随着数据库技术的发展和数据总量的不断增加，简单的查询和统计已经无法满足企业的商业需求，急需一些崭新的技术去挖掘数据背后的信息。同期，计算机领域的人工智能取得了巨大进展，进入了机器学习的新阶段。人们将两者结合起来，用数据库管理系统存储数据，用计算机分析数据，尝试挖掘数据背后的信息，这便促生了一门新的学科——数据库知识发现。

2. 形成阶段

1989 年召开了第 11 届国际人工智能联合会议专题讨论会，会上研究人员首次提出了知识发现这个术语。到目前为止，知识发现的重点已经从发现方法转向了实践应用，而数据挖掘则是知识发现的核心部分，它是从数据集合中自动抽取隐藏在数据中的有用信息的非平凡过程，这些信息的表现形式一般为规则、概念、规律及模式等。

3. 高速发展阶段

在 21 世纪，数据挖掘已经成为一门比较成熟的交叉学科，相关技术也伴随着信息技术的发展日益成熟起来。总体来说，数据挖掘融合了数据库、人工智能、机器学习、统计学、高性能计算、模式识别、神经网络、数据可视化、信息检索和空间数据分析等多个领域的理论和技术，成为 21 世纪初期对人类产生重大影响的十大新兴技术之一。

1.4.2 数据挖掘的应用

数据挖掘所要处理的问题就是在庞大的数据中找出有价值的隐藏事件并加以分析，以获取有意义的信息和模式，为决策提供依据。数据挖掘的应用领域非常广泛，只要存在具有分析价值数据的领域，都可以应用数据挖掘算法满足自身在信息方面的需求(可参见图 1-2)。目前，数据挖掘应用最集中的领域有金融、医疗、零售和电商、电信和交通等。值得一提的是，每个领域都有特定的应用问题。数据分析人员在解决问题之前，需要先对应用问题的背景进行针对性的学习。数据挖掘典型的应用领域主要包括金融领域、医疗领域、科技领域和交通领域等。

1. 金融领域

金融数据具有可靠性、完整性和高质量等特点，这在很大程度上有利于开展数据挖掘与应用。数据挖掘在金融领域中有许多具体的应用，例如，通过分析多维数据预测金融市场的变化趋势；运用孤立点分析方法研究洗黑钱等犯罪活动；应用分类技术对顾客信用进行预测等。除此之外，金融领域的数据挖掘方法在不同的细分行业(如银行和证券)也存在差别，例如银行内的数据挖掘侧重统计建模，数据分析对象主要为截面数据，开发的模型以离线为主；证券行业的挖掘工作则更加侧重于量化分析，更多的是分析对象的时间序列数据，该领域的数据挖掘算法旨在从大盘指数、波动特点、历史数据中发现趋势和机会，为客户进行短期的套利操作提供便利。量化分析的实时性要求较高，在交易系统部署后，需要进行实时运算，捕捉交易事件和交易机会。

2. 医疗领域

在人类遗传密码、遗传史、疾病史以及医疗方法中，都隐藏着海量的数据信息。此外，对医院内部结构、医药器具、病人档案以及其他资料的管理也将产生巨量的数据。如何利用数据挖掘相关技术对这些巨量的数据进行处理，从而得到相关知识规律以优化医疗资源配给，是医疗领域数据挖掘的难点之一。运用数据挖掘技术，在很大程度上有助于医疗人员发现疾病的一些规律，从而提高诊断的准确率和治疗的有效性，不断促进人类健康医疗事业的发展。2015 年，美国总统奥巴马在国情咨文中提出"精准医学"计划，希望精准医学可以引领一个医学新时代，并在一期投入 2.15 亿美元。奥巴马"精准医疗"计划的第一步是希望招募 100 万名志愿者进行基因组测序，向临床实践提供科学依据。2015 年 12 月 11日，"中国个体化用药-精准医学科学产业联盟"在上海正式成立，标志着我国首个精准医疗领域的产学研一体化联盟正式组建。上海交通大学贺林院士担任联盟理事会首任理事长，中南大学周宏灏院士担任副理事长，西北大学陈超教授担任副理事长并兼任秘书长，国家精准医疗战略专家组成员詹启敏院士也受邀担任副理事长，联盟秘书处设在位于西安的国家微检测系统工程技术研究中心。2015 年 3 月，科技部召开国家首次精准医学战略专家会议，决定在 2030 年前政府将在精准医疗领域投入 600 亿元，中央财政支付 200 亿元，企业和地方财政配套 400 亿元。2015 年 2 月，习近平总书记批示科技部和国家卫生计生委，要求成立中国精准医疗战略专家组，共 19 位专家组成了国家精准医疗战略专家委员会。

3. 科技领域

航天、宇航、气候预测、通信等科技领域产生了大量非结构化的异质数据。例如，中国电信融合了语音、图像、视频等数据，将自身发展成一个全方位立体化的综合电信服务商。中国电信在发展过程中，合理运用了数据挖掘技术，分析商业形式和模式并以此制定了合适的商业计划，极大地提升了自身的竞争力。比较典型的应用包括：运用多维分析方法对用户行为、利润率、通信速率和容量、系统负载等电信数据进行分析，构建符合实际需求的营销计划；运用聚类或孤立点分析等方法对服务器数据进行数据挖掘，以发现数据中异常的行为模式；运用关联或序列等模式挖掘影响电信发展的有关因素等。

4. 交通领域

在交通领域，积累了大量的数据，比如出租公司积累的乘客出行数据、公交公司的运营数据等。通过对乘客和运营数据进行分析和挖掘，能够为公交、出租公司和交通部门的科学运营及决策提供依据，使其合理规划公交线路，实时为出租车的行驶线路提供建议等。同时，可以提升城市运力和幸福指数，还可以有效减少因交通拥堵问题造成的成本浪费。另外，航空公司也可依据历史记录来寻找乘客的旅行模式，以便提供更加个性化的服务，如合理设置航线等。目前，交通领域最受人瞩目的应用是智能交通系统（Intelligent Transportation System，ITS），它是未来交通系统的重点发展方向之一。它将先进的信息技术、数据通信传输技术、电子传感技术、控制技术及计算机技术等有效地集成，并运用于整个地面交通管理系统，建立一种在大范围内、全方位发挥作用的，实时、准确、高效的综合交通运输管理系统。随着信息技术和数据库技术的迅猛发展，人们可以非常方便地获取和存储大量的数据。面对海量的数据，传统数据分析工具只能做一些表层处理，不能获取数据间的内在关系和隐含信息，这种对数据分析的需求使得数据挖掘得以运用。

1.5　数据挖掘的任务与挑战

数据挖掘是从海量的、不完全的、有噪声的大型数据库中发现隐含在其中的有价值的、潜在有用的信息和知识的过程。除此之外，它也是一种决策支持过程，其主要基于人工智能、机器学习、模式学习与统计学等方法，对数据进行高度自动化的分析，做出归纳性的推理，并从中挖掘出潜在的模式，以帮助企业、商家、用户调整市场政策、减少风险、理性面对市场，并做出正确的决策。目前在很多领域，数据挖掘已经可以解决很多问题，包括市场营销策略制定、背景分析、企业危机管理等。与此同时，数据挖掘也存在重大的挑战，如原始数据的可靠性、相关技术的可行性、挖掘模式的可解释性等。

1.5.1 数据挖掘的任务

数据挖掘的任务可大致分为预测与描述两大类。

预测任务是指根据数据对象的属性值，构建数学模型，并对数据对象的属性进行预判。其中，被预测的属性称为因变量，用于建模的属性称为自变量，其本质是在最大限度满足已有观测数据的基础上，尽可能准确地构建自变量与因变量之间的函数关系。

描述任务是指数据挖掘任务是探索性任务，其不能有效明确关联模式，包括轨迹、趋势、异常等，是需要后处理技术进行验证和解释的一类任务。

按照技术分类，数据挖掘的任务包含分类预测、关联分析、聚类分析与异常检测四大类，如图 1-6 所示。当然，也包括其他分类方式，本书重点讲解上述四类基本挖掘任务。

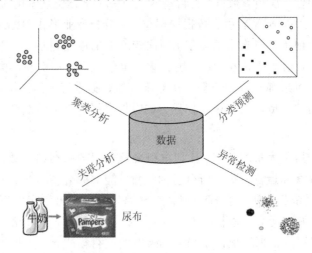

图 1-6　基本数据挖掘任务

1. 分类预测

分类预测(Classification and Prediction)涉及两类任务，即分类(Classification)与回归(Regression)，两者的主要区别在于分类对应的因变量是离散值，而回归对应的因变量是连续值。分类的任务是找出数据库中一组数据对象的共同特点，并按照分类模式将对象划分到不同的类，其目的是通过分类模型，将数据库中的数据项映射到某个给定的类别中。例如，垃圾邮件识别、计算机病毒识别、文本归档等都属于分类范畴。回归的主要任务是利用数据对象的属性值，构建预测模型，对连续型因变量进行预测，例如下一季度的房价、考研成功的概率、明天降雨量的多少等都属于回归的范畴。分类技术将在第 4~6 章进行详细的阐述。

例 1.1　信用卡欺诈行为预测。

考虑如下任务：银行系统通过申请人的信息判断申请人存在信用欺诈的可能性。为了简单起见，只考虑二分类的情况。为了完成这一任务，需要一个数据集合，该集合包含两类申请人的属性值与类别信息，如房产、婚姻状况与年收入情况等。通过对数据进行分析，构建如图 1-7 所示的决策树模型。从图中可以明确看出，一个没有房产、处于离异或者单身状态且年收入少于 2 万元的申请人，大概率存在信用卡欺诈的行为。

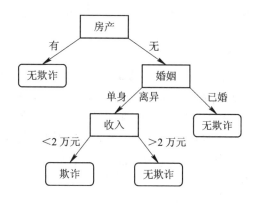

图 1-7　决策树分类器

2. 关联分析

关联分析(Association Analysis)是通过分析发现数据中存在的强关联性组合模式。一般来说，关联分析模式是隐含的。由于特征组合模式的搜索空间呈指数上升，因此关联分析一般需要对数据进行剪枝操作。关联分析旨在设计有效的算法，挖掘最具有代表性的模式。例如，超市利用人们的生活偏好，设计相应的商品组合；科研人员利用癌细胞的特性，挖掘致癌基因组合等。关联规则挖掘技术已经被广泛应用于金融行业中，用以预测客户的需求，如各银行在自己的 ATM 机上捆绑客户可能感兴趣的信息以供用户了解，通过点击量获取相应的信息来改善自身的营销。关联分析将在第 7 章、第 8 章进行详细的阐述。

例 1.2　牛奶与尿布组合。

表 1-2 中列举了某超市一天的销售数据，通过关联性分析可发现顾客频繁购买的商品的种类。例如，统计发现规则{牛奶，尿布}反复出现，说明购买牛奶的顾客很大程度上会同时购买尿布。换言之，购买尿布的顾客也有很大的可能同时购买牛奶，这种类型的模式可以辅助商场制定商业营销策略。

表 1-2　购物篮数据

事务编号	商　　　品
1	{面包，牛奶，奶酪，巧克力}
2	{牛奶，啤酒，尿布}
3	{牛奶，尿布，巧克力，剃须刀}
4	{牛奶，尿布，鸡蛋，糖果}
5	{牛奶，苹果，香蕉}
6	{牛奶，尿布，书本，电视}

3. 聚类分析

聚类分析(Clustering Analysis)类似于分类，但与分类的目的不同。聚类是针对数据的相似性和差异性将一组数据分为几个类别，属于同一类别的数据相似性很大，不同类别之间的数据相似性很小。致癌基因模块挖掘、文本聚类分析都属于聚类分析的范畴。聚类分析在第 9 章、第 10 章都有描述。

例 1.3 致癌基因模块挖掘。

生物医学领域存在一个结构决定功能的假设：有相同或者相似功能的基因具有相同或者相似的功能，呈现出相同或者相似的模式。这一假设为致癌基因模块挖掘提供了思路。通常而言，研究人员利用基因表达数据构建癌症网络，通过所构建的癌症网络进行聚类分析，并提取高度相似的模块，发现同一模块中的基因，进而识别致癌基因。如图 1-8 所示，图中虚线框包含聚类结果，无填充节点对应致癌基因。

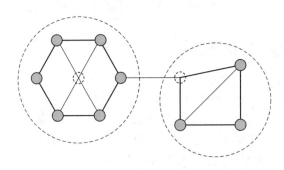

图 1-8　致癌基因挖掘示意图

4. 异常检测

异常检测（Anomaly Detection）是对不匹配预期模式或数据集中的项目、事件或观测值的识别。异常项目会转变成银行欺诈、结构缺陷、医疗问题、文本错误等类型的问题。在数据挖掘领域中，异常也被称为离群值、新奇、噪声、偏差和例外。一个优秀的异常检测算法与检测器应该具备高检测率与低误报率的特点。由于篇幅等原因，在本书中不对异常检测进行描述，取而代之的是关于数据挖掘在社交网络与生物信息方面的应用研究。

例 1.4 网络入侵监测。

丹宁教授在 1986 年提出了入侵检测系统的异常检测方法。其异常检测操作一般是通过阈值和统计完成的，但也可以用软计算和归纳学习的方式完成。在入侵检测系统中，与异常检测模式相对应的还有误用检测模式。

1.5.2　数据挖掘面临的挑战

大数据时代的到来，为数据挖掘提供了新的发展机遇，也提出了严峻的挑战。传统的数据分析技术不能胜任大数据挖掘与分析的需要。挑战可简要归纳为：数据规模大、数据维度高、数据异构性、数据分布式。详细来说，可分为可伸缩、高维性、异种数据和复杂数据、数据的所有权与分布、非传统的分析等类。

（1）可伸缩：由于数据产生和收集技术的进步，吉字节、太字节甚至拍字节的数据集越来越普遍。如果数据挖掘算法要处理这些海量数据集，则算法必须是可伸缩的（Scalable）。许多数据挖掘算法使用特殊的搜索策略处理指数级搜索空间问题。为实现可伸缩，可能还需要实现新的数据结构，才能以有效的方式访问每个记录。例如，当要处理的数据不能放进内存时，可能需要非内存算法。使用抽样技术或开发并行和分布算法也可以提高可伸缩程度。

（2）高维性：现在，常常遇到具有成百上千属性的数据集，而不是几十年前常见的只具有少量属性的数据集。在生物信息学领域，微阵列技术的进步已经产生了涉及数千特征的基因表达数据。具有时间或空间分量的数据集也经常具有很高的维度。例如，考虑包含不同地区的温度测量结果的数据集，如果在一个相当短的时间周期内反复地测量，则维度（特征数）的增长正比于测量的次数。而为低维数据开发的传统的数据分析技术通常不能很好地处理这样的高维数据。此外，对于某些数据分析算法，随着维度（特征数）的增加，计算的复杂性也迅速增加。

（3）异种数据和复杂数据：通常，传统的数据分析方法只处理包含相同类型属性的数据集，或者是连续的，或者是分类的。随着数据挖掘在商务、科学、医学和其他领域的作用越来越大，越来越需要能够处理异种属性的技术。近年来，已经出现了更复杂的数据对象。这些非传统数据类型的例子有：含有半结构化文本和超链接的 Web 页面集、具有序列和三维结构的 DNA 数据、包含地球表面不同位置上的时间序列测量值（温度、气压等）的气象数据。为挖掘这种复杂对象而开发的技术应当考虑数据中的联系，如时间和空间的自相关性、图的连通性、半结构化文本和 XML 文档中元素之间的父子联系。

（4）数据所有权与分布：有时，需要分析的数据并非存放在一个站点，或归属于一个机构，而是存放于在地理上分布的多个机构中。这就需要开发分布式数据挖掘技术。分布式数据挖掘算法面临的主要挑战包括：① 如何降低执行分布式计算所需的通信量；② 如何有效地统一从多个资源得到数据挖掘的结果；③ 如何处理数据安全性问题。

（5）非传统分析：传统的统计方法基于一种假设检验模式，即提出一种假设，设计实验来收集数据，然后针对假设分析数据。但是，这个过程劳力费神。当前的数据分析任务常常需要产生和评估数千种假设，因此需要自动地产生和评估假设，这促使人们开发了一些新的数据挖掘技术。此外，数据挖掘所分析的数据集通常不是精心设计的实验的结果，并且它们通常代表数据的时机性样本（Opportunistic Sample），而不是随机样本（Random Sample），而且这些数据集常常涉及非传统的数据类型和数据分布。

1.6 本书内容与组织

1.6.1 章节安排

本书从算法及其应用角度介绍数据挖掘所涉及的主要原理与技术。为了更好地理解数据挖掘技术，研究算法原理与技术是关键，本书的定位为数据挖掘方法与应用，为有志于从事数据挖掘与分析的读者提供基础读本。为了兼顾高层次读者对数据挖掘应用的理解，本书在应用部分添加了社交网络、癌症数据挖掘等方法的应用研究，旨在为不同层次的读者提供帮助。

本书主要分为三个部分：数据、算法与应用。其中，数据篇主要涉及数据的类型、数据的相似性计算与数据的预处理技术；算法篇主要涉及数据挖掘方法，包括分类、关联分析、聚类；应用篇主要涉及社交网络、癌症数据方面的数据挖掘与分析。书本的整体框架如图 1-9 所示。

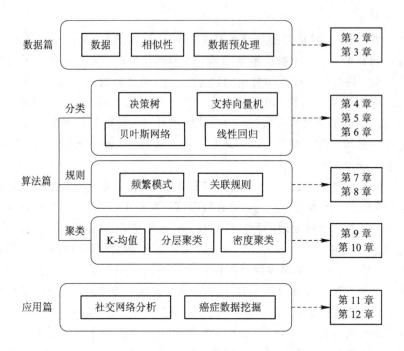

图 1-9 本书章节安排

从第 2 章开始是本书的技术分析部分。第 2 章主要讨论数据的基本类型、数据的分类。这一部分内容虽然简单，但却是数据分析的基础。为了加深对数据的理解，本书添加了相应的数据理论基础，供读者参阅。除此之外，本章重点阐述了数据相似性计算，这是分类、关联规则挖掘、聚类分析的基础。第 3 章讨论了数据的预处理技术，这是数据挖掘的前提和基础。

第 4 章、第 5 章和第 6 章涵盖了各种分类算法，从不同层面对典型的分类算法过程与原理进行深入的描述与讨论。第 4 章是基础，讨论了分类的定义、分类存在的问题与算法中使用的度量标准，同时对决策树算法原理与过程进行了详细的描述与分析。在此基础上，第 5 章介绍了支持向量机方法，包括原理推导、算法流程等。第 6 章重点阐述了基于概率的分类算法，包括朴素贝叶斯算法与贝叶斯信念网络，同时包含了回归算法。

第 7 章和第 8 章阐述了面向交易事务数据的关联分析，其中第 7 章主要涉及关联分析的基础，包括频繁项集定义及其产生算法、特殊类型的频繁项集等。第 8 章考虑如何基于频繁项集提取与挖掘关联规则，并对关联规则的评价标准进行讨论与阐述。

第 9 章和第 10 章涵盖了聚类部分，其中第 9 章的主要内容是聚类定义、目标函数、聚类评价指标，主要阐述了 K-均值算法的原理与方法以及 K-均值算法的优缺点。第 10 章主要描述分层聚类方法和基于密度的聚类方法的原理与过程，重点阐述了其关键原理与方法。

第 11 章和第 12 章是数据挖掘的应用篇，主要描述数据挖掘在社交网络、癌症数据两方面的应用，为读者提供一定的参考，也可以加深读者对数据挖掘的理解。

正文中的数学知识已经达到了算法描述的基本要求，为了增加本书的可读性，避免过分依赖数学公式描述，本书将数学基础部分放到附录中，读者可以选择性阅读。与机器学习相比，数据挖掘处于高度发展阶段。因数据挖掘学科领域发展速度快，很难通过一本书进行全面的介绍,所以本书仅选择性地介绍数据挖掘的基本概念、算法与具体应用,由于篇幅的限制,作者不能对每一部分都进行深入的阐述与分析,有兴趣的读者可通过阅读各章末参考文献来进一步学习相关内容。

1.6.2 辅助阅读材料

数据挖掘已有许多教科书,有引论性教科书、侧重于商务应用的数据挖掘书籍、侧重统计学习的书籍、侧重机器学习或模式识别的书籍等。另外,还有一些更专业的书,如 Web 挖掘)、数据挖掘早期文献汇编、可视化、科学与工程技术、分布式数据挖掘、生物信息学以及并行数据挖掘等。

有许多与数据挖掘相关的会议。致力于该领域研究的一些主要会议包括 ACM SIGKDD(知识发现与数据挖掘国际会议,简称 KDD)、IEEE 数据挖掘国际会议(ICDM)、SIAM 数据挖掘国际会议(SDM)、欧洲数据库中知识发现的原理与实践会议(PKDD)及亚太知识发现与数据挖掘会议(PKDD)等。数据挖掘的文章也可以在其他主要会议上找到,如 ACM SIGMOD/PODS 会议、超大型数据库国际会议(VLDB)、信息与知识管理会议(CIKM)、数据工程国际会议(ICDE)、机器学习国际会议(ICML)及人工智能全国学术会议(AAAI)等。

数据挖掘方面的期刊包括《IEEE 知识与数据工程汇刊》(IEEE Transactions on Knowledge and Data Engineering)、《ACM 知识发现汇刊》(ACM Transactions on Knowledge and Discovery from Data)、《数据挖掘与知识发现》(Data Mining and Knowledge Discovery)、《知识与信息系统》(Knowledge and Information Systems)、《智能数据分析》(Intelligent Data Analysis)、《信息科学》(Information Sciences)、《信息融合》(Information Fusions)、《模式识别》(Pattern Recognition)、《信息系统》(Information Systems)及《智能信息系统杂志》(Journal of Intelligent Information Systems)等。

有大量数据挖掘的一般性文章界定了该领域及其与其他领域(特别是与统计学)之间的联系。如 Fayyad 等介绍了数据挖掘,以及如何将它与整个知识发现过程协调;Chen 等从数据库角度阐释了数据挖掘;Ramakrishnan 和 Grama 给出了数据挖掘的一般讨论,并提出了若干观点;与 Friedman 一样,Hand 讨论了数据挖掘与统计学的区别;Lambert 考察了统计学在大型数据集上的应用,并对数据挖掘与统计学各自的角色提出了一些评论;Glymour 等考虑了统计学可能为数据挖掘提供的教训;Smyth 讨论了诸如数据流、图形和文本等新的数据类型和应用如何推动数据挖掘演变;新出现的数据挖掘应用也被 Han 等考虑,而 Smyth 介绍了数据挖掘研究所面临的一些挑战;Wu 等讨论了如何将数据挖掘研究成果转化成实际工具;数据挖掘标准是 Grossman 等的文章的主题;Bradley 讨论了如何将数据挖掘算法扩展到大型数据集。

随着数据挖掘新应用出现,数据挖掘面临新的挑战。例如,近年来人们对数据挖掘破坏隐私问题的关注逐步上升,在电子商务和卫生保健领域的应用尤其如此。这样,人们对开发保护用户隐私的数据挖掘算法的兴趣逐步上升。为挖掘加密数据或随机数据而开发的技术称作保护隐私的数据挖掘。该领域的一些文献包括 Agrawal 和 Srikant 的文章,Clifton 等和 Kargupta 等的文章,而 Verykios 等的文章提供了一个综述。

近年来,快速产生连续数据流的应用逐渐增加。数据流应用的例子包括网络通信流、多媒体流和股票价格。挖掘数据流时，必须考虑一些因素，如可用内存有限、需要联机分析、数据随时间而变等。数据流挖掘已经成为数据挖掘的一个重要领域。有关参考文献涉及分类、关联分析、聚类、图数据挖掘及生物信息学、变化检测、时间序列以及维归约等。

本 章 小 结

近年来，数据挖掘引起了信息产业界的极大关注，主要是其存在大量数据，可以广泛使用，并且迫切需要将这些数据转换成有用的信息和知识。获取的信息和知识可以广泛用于各种应用，包括商务管理、生产控制、市场分析、工程设计和科学探索等。数据挖掘利用了来自如下一些领域的思想：① 统计学的抽样、估计和假设检验；② 人工智能、模式识别和机器学习的搜索算法、建模技术和学习理论。数据挖掘也迅速地接纳了来自其他领域的思想，这些领域包括最优化、进化计算、信息论、信号处理、可视化和信息检索。一些其他领域也起到了重要的支撑作用。特别地，需要数据库系统提供有效的存储、索引和查询处理支持。源于高性能(并行)计算的技术在处理海量数据集方面常常是重要的。分布式技术也能帮助处理海量数据，并且当数据不能集中到一起处理时更是至关重要。

本章作为全书的开篇，主要对数据挖掘的发展历史、应用场景与相关任务进行了简单的描述。同时对本书的内容安排进行了阐述。重点解释如下几个问题：

(1) 为什么需要数据挖掘？

数据越来越重要，数据即资源，数据即信息，且已经上升到国家战略高度。

(2) 什么是数据挖掘，即数据挖掘的定义是什么？

多层面定义，包括学科、知识、模式层面定义。多数人倾向于模式定义。

(3) 什么样的数据能应用并进行挖掘？

结构化、非结构化数据都可以进行挖掘，包括典型数据图像、文本、视频。

(4) 数据挖掘技术有哪些？

粗分包括监督和半监督，细分包括分类、聚类、关联规则、异常检测等。

(5) 数据挖掘是怎么发展演变的？

三个阶段：萌芽阶段、初始阶段、快速发展阶段。

习 题

1. 讨论下列每项活动是否是数据挖掘任务。

(1) 根据性别划分公司的顾客。

(2) 根据可盈利性划分公司的顾客。

(3) 计算公司的总销售额。

(4) 按学生的标识号对学生数据库排序。

(5) 预测掷一对骰子的结果。

(6) 使用历史记录预测某公司未来的股票价格。

(7) 监视病人心率的异常变化。

(8) 监视地震活动的地震波。

（9）提取声波的频率。

2. 假定你是一个数据挖掘顾问，受雇于一家因特网搜索引擎公司。举例说明如何使用诸如聚类、分类、关联规则挖掘和异常检测等技术，让数据挖掘为公司提供帮助。

3. 对于如下每个数据集，解释数据的私有性是否是重要问题。

（1）从 1900 年到 1950 年收集的人口普查数据。

（2）访问你的 Web 站点的用户的 IP 地址和访问时间。

（3）从地球轨道卫星得到的图像。

（4）电话号码簿上的姓名和地址。

（5）从网上收集的姓名和电子邮件地址。

4. 数据挖掘的基本任务是什么？

5. 数据挖掘的挑战是什么？尝试考虑一下生活中的数据挖掘问题及其挑战。

参 考 文 献

[1]　阿尔文•托夫勒. 第三次浪潮[M]. 黄明坚，译. 北京：中信出版社，2016.

[2]　国务院. 促进大数据发展行动纲要. 北京：人民出版社，2015.

[3]　中央编译局. 中华人民共和国国民经济和社会发展第十三个五年规划纲要[M]. 北京：中央编译出版社，2016.

[4]　朱明. 数据挖掘[M]. 合肥：中国科技大学出版社，2002.

[5]　DUNHAM H. Data mining：introductory and advanced topics[M]. 北京：清华大学出版社，2003.

[6]　Zieyel E R. Data mining：concepts，models，methods and algorithms [J]. Technometrics，2003，45(3)：277.

[7]　HAND D，MANNILA H，SMYTH P. Principles of data mining[J]. Drug Sefety，2007，30(7)：621－622.

[8]　ROIGER R J. Data mining：a tutorial-based primer[M]. 北京：清华大学出版社，2017.

[9]　BERRY M J A，LINOFF G S. Data mining techniques：for marketing，sales，and customer relationship management[M]. New York：John Wiley & Sons，2004.

[10]　PYLE D. Business modeling and data mining[M]. San Francisco，CA：Morgan，2003.

[11]　RUD O P. Data mining cookbook：modeling data for marketing，risk，and customer relationship management[M]. New York：John Wiley & Sons，2001.

[12]　CHERKASSKY V，MULIER F M. Learning from data：concepts，theory，and methods[M]. New York：John Wiley & Sons，2007.

[13]　HASTIE T，TIBSHIRANI R，FRIEDMAN J. The elements of statistical learning：data mining，inference，and prediction [M]. New York：Springer Science & Business Media，2009.

[14]　DUDA R O，HART P E，STORK D G. Pattern classification[M]. New York：

John Wiley & Sons, 2012.

[15] KANTARDZIC M. Data mining: concepts, models, methods, and algorithms [M]. John Wiley & Sons, 2011.

[16] MITCHELL T M. Machine learning[M]. New York: McGraw Hill, 1997.

[17] WEBB A R. Statistical pattern recognition[M]. New Jersey: John Wiley & Sons, 2003.

[18] WITTEN I H, FRANK E. Data mining: practical machine learning tools and techniques with Java implementations[J]. Acm Sigmod Record, 2002, 31(1): 76 - 77.

[19] CHAKRABARTI S. Mining the Web: Discovering knowledge from hypertext data [M]. Boston: Elsevier, 2003.

[20] FAYYAD, USAMA M, et al. Advances in knowledge discovery and data mining [M]. Palo Alto, CA: American Association for Artificial Intelligence, 1996.

[21] Fayyad V M, Grinstein G G, et al. Information visualization in data mining and knowledge discovery. San Francisco: Morgan Kaufmann, 2002.

[22] GROSSMAN R L. Data mining for scientific and engineering applications[M]. New York, NY: Springer Science & Business Media, 2013.

[23] KARGUPTA H, CHAN P. Advances in distributed and parallel knowledge discovery[M]. Menlo Park, Calif: AAAI Press/MIT Press, 2000.

[24] WU X, JAIN L , WANG J T L , et al. Data Mining in Bioinformatics[M]. London Berlin Heidelberg: Springer Science & Business Media, 2005.

[25] ZAKI, MOHAMMED J, CHING T H. Large-scale parallel data mining[M]. Berlin Heidelberg: Springer Science & Business Media, 2000.

[26] FAYYAD U, PIATETSKY S G, SMYTH P. From data mining to knowledge discovery in databases[J]. AI magazine, 1996, 17(3): 37 - 54.

[27] CHEN M S, HAN J, YU P S. Data mining: an overview from a database perspective[J]. IEEE Transactions on Knowledge and data Engineering, 1996, 8 (6): 866 - 883.

[28] RAMAKRISHNAN N, GRAMA A Y. Data mining: from serendipity to science [J]. Computer, 1999, 32(8): 34 - 37.

[29] FRIEDMAN J H. Data mining and statistics: what's the connection? [J]. Computing Science and Statistics, 1998, 29(1): 3 - 9.

[30] HAND D J. Data mining: statistics and more? [J]. The American Statistician, 1998, 52(2): 112 - 118.

[31] LAMBERT D. What use is statistics for massive data? [J]. Lecture Notes-Monograph Series, 2003, 43: 217 - 228.

[32] GLYMOUR C, MADIGAN D, PREGIBON D, et al. Statistical themes and lessons for data mining[J]. Data Mining and Knowledge Discovery, 1997, 1(1): 11 - 28.

[33] SMYTH P, PREGIBON D, FALOUTSOS C. Data-driven evolution of data mining

algorithms[J]. Communicationsof the ACM, 2002, 45(8): 33-37.

[34] HAN J, ALTMAN R B, KUMAR V, et al. Emerging scientific applications in data mining[J]. Communications of the ACM, 2002, 45(8): 54-58.

[35] SMYTH P. Breaking out of the Black-Box: research challenges in data mining[C]. In Proceddings of the Sixth Workshop on Research Issues in Data Mining and Knowledge Discovery(DMKD2001), Santra Barbara, CA, USA, 2001.

[36] WU X, PHILIP S Y, PIATETSKY S G, et al. Data mining: how research meets practical development? [J]. Knowledge and Information Systems, 2003, 5(2): 248-261.

[37] GROSSMAN R L, HORNICK M F, Meyer G. Data mining standards initiatives [J]. Communications of the ACM, 2002, 45(8): 59-61.

[38] BRADLEY P, GEHRKE J, RAMAKRISHNAN R, et al. Scaling mining algorithms to large databases[J]. Communications of the ACM, 2002, 45(8): 38-43.

[39] AGRAWAL, RAKESH, RAMAKRISHNAN S. Privacy-preserving data mining [C]. Proceedings of the 2000 ACM SIGMOD International Conference on Management of Data, 2000: 439-450.

[40] CLIFTON C, KANTARCIOGLU M, VAIDYA J. Defining privacy for data mining [C]. National Science Foundation Workshop on Next Generation Data Mining, 2002, 1(26): 1.

[41] KARGUPTA H, DATTA S, et al. On the privacy preserving properties of random data perturbation techniques [C]. Third IEEE International Conference on Data Mining, IEEE, 2003: 99-106.

[42] VERYKIOS V S, BERTINO E, FOVINO I N, et al. State-of-the-art in privacy preserving data mining [J]. ACM Sigmod Record, 2004, 33(1): 50-57.

[43] DOMINGOS P, HULTEN G. Mining high-speed data streams [C]. Proceedings of the Sixth ACM SIGKDD International Conference on Knowledge Discovery and Data Mining, 2000: 71-80.

[44] GIANNELLA C, HAN J, PEI J, et al. Mining frequent patterns in data streams at multiple time granularities [J]. Next Generation Data Mining, 2003, 212: 191-212.

[45] GUHA, SUDIPTO, et al. Clustering data streams: theory and practice [J]. IEEE Transactions on Knowledge and Data Engineering, 2003, 15(3): 515-528.

[46] MA X, Dong D, Wang Q, et al. Community detection in multi-layer networks using joint nonnegative matrix factorization [J]. IEEE Transactions on Knowledge and Data Engineering, 2019, 31(2): 273-286.

[47] MA X, DONG D. Evolutionary nonnegative matrix factorization algorithms for community detection in dynamic networks [J]. IEEE Transactions on Knowledge and Data Engineering, 2017, 29(5): 1045-1058.

[48] MA X, SUN P, QIN G. Nonnegative matrix factorization algorithms for link prediction in temporal networks using graph communicability [J]. Pattern Recognition, 2017, 71: 361 – 374.

[49] MA X, GAO L, TAN K. Modeling disease progression using dynamics of pathway connectivity[J]. Bioinformatics, 2014, 30: 2343 – 2350

[50] KIFER, DANIEL, SHAI B D, et al. Detecting change in data streams [J]. VLDB, 2004, 4:180 – 191.

[51] PAPADIMITRIOU, SPIROS, ANTHONY B, et al. Adaptive, unsupervised stream mining [J]. The VLDB Journal, 2004, 13: 222 – 239.

[52] LAW M H C, ZHANG N, JAIN A K. Nonlinear manifold learning for data stream [C]. Proceedings of the 2004 SIAM International Conference on Data Mining. Society for Industrial and Applied Mathematics, 2004: 33 – 44.

第 2 章 数 据

数据是信息的载体，模式是信息的体现。数据是挖掘的基础与对象，在对数据挖掘之前，需要对数据有深入的认识，为挖掘奠定基础。本章阐述数据的关键技术与问题，主要内容包括：什么是数据；典型的数据类型有哪些；典型的数据操作有哪些；与数据类型的对应关系是什么；为什么要进行相似度度量；如何进行相似度度量。本章旨在向学生展示数据的属性、类型、分类标准、基本操作以及相似度度量的方法，使学生对相似度度量方法得到全面的认识和理解。

2.1 数据的定义

数据是指对客观事物进行记录并可以鉴别的符号，是对客观事物的性质、状态以及相互关系等进行记载的物理符号或这些物理符号的组合。它是可识别的、抽象的符号，不仅指狭义上的数字，还可以是具有一定意义的文字、字母、数字符号的组合、图形、图像、视频、音频等，也可以是客观事物的属性、数量、位置及其相互关系的抽象表示。例如，"0，1，2，…""阴、雨、下雪、…""学生的档案记录""货物的运输情况"等都是数据。数据经过加工后就成为了信息。

定义 2.1 数据是事实或观察的结果，是对客观事物的逻辑归纳，是用于表示客观事物的原始素材。

问题：数据与信息的区别和联系是什么？

提示： 数据与信息既有联系，又有区别。数据是信息的表现形式和载体，可以是符号、文字、数字、语音、图像、视频等，而信息是数据的内涵，信息是隐含在数据之中的，可对数据做出具有含义的解释；数据和信息是不可分离的，信息依赖数据来表达，数据则生动又具体地表达出信息；数据是符号，是物理性的，信息是对数据进行加工处理之后所得到的并对决策产生影响的数据，是逻辑性和观念性的；数据是信息的表现形式，信息是数据有意义的表示；数据是信息的表达、载体，信息是数据的内涵，是形与质的关系；数据本身没有意义，数据只有对实体行为产生影响时才成为信息。

注意： 数据本身没有确切的含义，其含义来源于背景语义。数据的表现形式还不能完全表达其内容，需要经过解释，数据和关于数据的解释是不可分的。例如，93 是一个数据，可以是一个同学某门课的成绩，也可以是某个人的体重，还可以是计算机系 2020 级学生的总人数。数据的解释是指对数据含义的说明与描述，数据含义称为数据语义，数据与其语义是不可分的。

定义 2.2(广义定义) 在计算机科学中，数据是指所有能输入到计算机中，并被计算机程序识别处理的符号的总称，是用于输入到电子计算机进行处理，具有一定意义的数字、字母、符号和模拟量等的统称，是组成地理信息系统的最基本要素。现在计算机存储和处理的对象十分广泛，表示这些对象的数据也随之变得越来越复杂。

该定义的关键是数据在计算机系统或者数据库中如何表示/存储，典型的数据表示方式为矩阵形式（表格形式），其中行表示数据对象，列表示属性，如表 2-1 所示。

表 2-1 典型的数据表示形式

编号	贷款	婚姻状况	年收入/万元	是否欺诈
1	是	单身	12.5	否
2	否	已婚	10	否
3	否	单身	7	否
4	是	已婚	12	否
5	否	离婚	9.5	是
6	否	已婚	6	否
7	是	离婚	22	否
8	否	单身	8.5	是
9	否	已婚	75	否
10	否	单身	9	是

2.2 属性的分类

数据包含数据对象与属性，其中属性定义为特征，用于描述数据某项或某个特征，其定义如下。

定义 2.3 属性（Attribute）是对象的性质或特性，因对象而异，或随时间而变化。

例如，眼球颜色是一种符号属性，具有少量可能的值｛棕色，黑色，蓝色，绿色，淡褐色，……｝，而温度是数值属性，能够取无穷多个值。追根溯源，属性并不是数字或符号，如踏上浴室的磅秤称体重，将人分为男女，清点会议室的椅子数目，以确定是否可以为全部参会者提供足够的座位。在全部这些情况下，对象属性的"物理值"都被映射为数值或符号值。

属性的分类方式多种多样，取决于不同的应用场景，如可以通过性质分类，也可以通过表现形式分类等。

按性质，可以划分为：① 定位属性，如各种坐标数据或经度、纬度等；② 定性属性，如表示事物好坏、正负等；③ 定量属性，反映事物数量特征的数据，如长度、面积、体积等几何量或重量、速度等物理量；④ 时间属性，反映事物时间特性的数据，如年、月、日、时、分、秒等。

按表现形式，可以划分为：① 数字数据，如各种统计或测量数据，其在某个区间内是离散的值；② 模拟数据，由连续函数组成，是指在某个区间连续变化的物理量。模拟数据又可以分为图形数据（如点、线、面）、符号数据、文字数据和图像数据等，如声音的大小和温度的变化等。

另外，按记录方式，可以分为地图、表格、影像、磁带、纸带等。按数字化方式，可以分为矢量数据、网格数据等。在地理信息系统中，数据的选择、类型、数量、采集方法、详细程度、可信度等，取决于系统应用目标、功能、结构和数据处理、管理与分析的要求。

数据挖掘中通常将属性分为四种类型：标量（Nominal）、序数（Ordinal）、区间（Interval）和比率或实数（Ratio）。表 2-2 给出了这些类型的定义，以及每种类型上有哪些合法的统计操作等信息。每种属性类型拥有其上方属性类型上的全部性质和操作。因此，对于标量、序数和区间属性合法的，不论什么性质或操作，对于比率属性也合法。换句话说，属性类型的定义是累积的。当然。对于某种属性类型合适的操作，对其上方的属性类型就不一定合适。进一步规约，标量和序数称为定性属性，区间和比率称为定量属性。

表 2-2　属性分类统计表

属性类型		描　述	特　征	例　子	操　作
分类的（定性的）	标量（Nominal）	标量属性的值仅仅只是不同的名字，即标称值提供足够的信息以区分对象 $=,\neq$	无大小，有区别	邮政编码、学号、眼睛颜色	众数、熵、列联相关、χ^2 检验
	序数（Ordinal）	序数属性的值提供足够的信息以确定对象的序 $=,\neq,>,<$	有大小，顺序关系	身高、体重、成绩	中值、百分位、秩相关、游程检验、符号检验
数值的（定量的）	区间（Interval）	对于区间属性，值之间的差是有意义的，即存在测量单位 $=,\neq,>,<,+,-$	范围之间有意义	温度、日期、时间	均值、标准差、皮尔逊相关、t 和 F 检验
	比率（Ratio）	对于比率变量，差和比率都是有意义的 $=,\neq,>,<,+,-,*,/$	实数值	计数、体重、年龄	几何平均、调和平均、百分比变差

在属性的基本操作中，依照长度比较对象，确定对象的排序，以及谈论长度的差和比例都是有意义的。数值的以下性质（操作）经常用来描写属性。

- 相异性（＝和≠）。
- 序（<、≤、>和≥）。
- 加减法（＋和－）。
- 乘除法（＊和／）。

不同类型的属性的取值范围与意义均不同，例如与学生有关的两个属性是学号和年龄，这两个属性都能够用整数表示。然而，谈论学生的平均年龄是有意义的，可是谈论学生的平均学号却毫无意义。对学生学号的唯一合法操作就是判定它们是否相等，但在使用整数表示学生学号时，并没暗示有此限制。对于年龄属性而言，用来表示年龄的整数的性质与该属性的性质大同小异，例如，年龄有最大值，而整数没有。基本的数据属性类别归纳如图 2-1 所示。

$$属性类别\begin{cases}定性\begin{cases}标量(Nominal)：无大小、有区别\\序数(Ordinal)：有大小、有区别\end{cases}\\定量\begin{cases}区间(Interval)：有大小、有区别\\比率(Ratio)：有大小、有区别\end{cases}\end{cases}$$

图 2-1　基本的数据属性类别

2.3　数　据　类　型

数据是对象属性与属性值所组成的集合，数据集可以看作数据对象的集合。随着对象的不同，数据在结构、类型与操作方式上将有所不同。本节将阐述数据的常用特性与数据类型。

2.3.1　数据的特性

需要强调的是，在数据挖掘之前需要对数据的特性有一定的了解，典型的数据特性包括维度(Dimension)、稀疏性(Sparsity)和分辨率(Resolution)，它们分别从不同的方面对数据进行描述。

1. 维度

维度是指数据中描述数据对象特征的数目。当数据维度低时，可以直接通过简单的数据分析，甚至直接观测以获取所期望的模式。但是当数据的维度过高时，通常很难获取模式。由于低维度与高维度存在质的不同，因此在数据挖掘过程中为了避免维数灾难问题，在数据挖掘之前有必要对数据进行约简。

2. 稀疏性

稀疏性是指数据中零元素所占有的比例。当零元素比例高时，数据稀疏性高，反之则低，例如对角矩阵就是典型的稀疏矩阵。数据的高稀疏性带来了两方面的优势：零元素不需要存储，所以极大地节约了存储空间；零元素在某些操作下不需要进行计算，所以节约了大量的计算时间。值得一提的是，稀疏表示学习是机器学习与数据挖掘中一种重要的算法。

3. 分辨率

分辨率是指在不同的精度与尺度下获取/分析数据。例如，在单位米的分辨率下，地球是平的，但在太空看来，地球是圆的。不同的分辨率下，模式也完全不同。分辨率过高，模式与噪声不能有效区分；分辨率过低，导致模式不明显或者模式错误。

2.3.2　数据的分类

数据的类型有多种，并且随着数据挖掘的发展与成熟，还会有更多的数据类型。而对于不同类型的数据，所采用的挖掘方法也不尽相同。本节将介绍一些常见的数据类型，包括记录型数据(Record Type Data)、图数据(Graph Data)与序列数据(Ordinal Data)。

1. 记录型数据

记录型数据是数据对象(记录)属性及属性值所组成的集合，其中记录之间不存在明显的关联关系，而且每个记录具有相同的属性。这些特性使得数据可以采用表格或者矩阵的形式来展示与存储，例如关系型数据库中的数据表格都属于记录型数据。典型的记录型数据包括表格数据、事务数据、数据矩阵、词频矩阵等，如图 2-2 所示。

编号	婚姻状况	性别
1	已婚	女
2	已婚	男
3	单身	男
4	离异	女
5	离异	女

(a) 表格数据

编号	商品
1	面包, 牛奶, 鸡蛋
2	苹果, 香蕉, 面包
3	尿不湿, 牛奶, 衣服
4	巧克力, 面包, 西瓜
5	书本, 铅笔, 钢笔

(b) 事务数据

身高	体重	年龄	成绩
172	75kg	35	95
155	55kg	15	84
150	65kg	18	77
170	70kg	33	69
185	85kg	57	100

(c) 数据矩阵

	理论	算法	计算	时间	空间
文档1	2	1	0	0	1
文档2	3	5	0	1	0
文档3	0	0	1	5	3
文档4	0	2	2	3	4

(d) 词频矩阵

图 2-2 典型的记录型数据

交易事务数据(又称购物篮数据)是一类特殊的记录型数据，其中每一个事务(记录)包含顾客某次所购买商品的集合，例如图 2-2(b)中就是某超市 5 条交易事务数据，每一行表示一条交易事务，所对应的表格记录该交易事务所包含的商品。

数据矩阵是指以矩阵形式存放的数据集，所有的数据对象都具有相同的特征。数据可以采用 $m \times n$ 的矩阵形式进行描述，其中每一行代表一个数据对象，每一列代表一个特征。从线性代数的观点看来，每一个数据对象都是 n 维空间的一个向量。例如图 2-2(c)中就是关于学生信息的数据矩阵。还有一类特殊的数据矩阵，即文档-关键词频率矩阵，其中每一行表示一篇文档，每一列表示一个关键词，对应位置的元素表示该文档中包含对应关键词的频次，例如图 2-2(d)就是一个词频矩阵。

2. 图数据

图数据是指包含数据对象之间存在关联关系的数据，其中图节点表示数据对象，边表示对应的数据对象之间存在一定的关联关系。记录型数据对象具有都不存在关联性的特点，而图数据比记录型数据包含更多的信息。例如，在万维网中，如果将每一个页面看作一个节点，两个页面之间存在相互链接关系就认定它们之间存在关联。现实世界中许多学科的数据都具有图结构形式，包括物理、生物、医学、社会学等。例如，化合物的结构通常采用图表示，其中节点表示原子，原子之间的化学键通常采用边来描述。在生物网络中，基因采用节点表示，基因之间的相互作用利用边来表示，如图 1-8 所示。

3. 序列数据

记录型数据与图数据都忽视了时间和空间因素，而序列数据的特点是强调顺序关系，其信息提取与模式解释需要兼顾顺序关系。典型的序列数据包括时间序列数据、遗传序列数据及空间序列数据等。

（1）时间序列数据：在不同时间上收集的数据，用于描述与刻画事物随时间变化的情况，反映了某一事物、现象等随时间的变化状态或程度。很多计量经济学的模型也用到了时间序列数据。例如，2001～2020 年我国国内生产总值数据就是时间序列数据。时间序列是统计学专业课程之一，对时间序列数据的分析一般要建立在一定的计量经济学基础上，计量经济学已有许多时间序列模型。时间序列数据可分为平稳过程、趋势平稳过程以及差分平稳过程等多种类型，其优点在于研究对象具有预测性，缺陷是无法有效地对与时间相关的变量进行控制，导致模型的准确性低等问题。

（2）遗传序列数据：包括 DNA 序列、RNA 序列、蛋白质序列等。DNA 序列或基因序列是使用一串字母表示基因信息的 DNA 分子的一级结构，包含四个字母 A、C、G 和 T，分别代表组成 DNA 的四种核苷酸——腺嘌呤、胞嘧啶、鸟嘌呤、胸腺嘧啶。两个碱基形成一个碱基对，碱基配对规律是固定的，即 A - T、C - G，无间隔地排列在一起，如 AAAGTCTGAC。关于其生物功能，则依赖于上下文的序列，一个序列只能被正读，才能解码生物学背景。

（3）空间序列数据：有些数据除了其他类型属性之外，还有空间属性（如区域位置等）。例如，气象数据涉及地理信息。空间序列数据一个最重要的特性是空间自相关性，即地理空间位置信息比其余特征信息更加有效。例如，地球上地理位置相近的地方和城市具有相同的气候条件。

2.4　相似性计算

相似性（Similarity）和相异性（Dissimilarity）是数据操作中重要的概念，也是许多数据挖掘技术的关键步骤之一。在许多情况下，一旦获取了数据对象之间的相似性或相异性，就不再需要原始数据。邻近度（Proximity）是描述空间中两变量的相近程度，是相似性或相异性的度量方式。且具体的以相似度度量相似性，相异度度量相异性。本节首先讨论相似性和相异性的定义，其次阐述单个特征的相似性计算，再拓展到向量的相似性计算，包括欧几里得距离、Jaccard 相似性系数和余弦相似性度量等，继而考虑相似性的若干属性与选择问题。

2.4.1　相似性定义

数学上定义的相似性指两个对象之间的距离。例如，给定两个向量，其中一个向量能通过放大、缩小、平移或旋转等方式与另外一个向量重合，就说它们具有相似性。相似性可从不同层面定义。相似度（相异度）是相似性（相异性）的度量，下面分别讨论相似度和相异度以理解相似性和相异性。

定义 2.4　相似度是对两个对象相似程度的数值度量，两个对象越相近，相似度就越高。通常相似度是非负的，在 0（不相似）和 1（完全相似）之间取值。

定义 2.5　相异度是对两个对象差异程度的数值度量。对象越相似，它们的相异度就越低。通常，距离（Distance）用作相异度的同义词。相似度在区间[0, 1]中取值，但是相异度在 0 和∞之间取值也很常见。

定义 2.6(严格定义)　相似度是一个函数 f,给定数据对象 a、b,相似度函数 f 刻画数据对象之间的相似程度,同时应满足如下三个条件:

(1) 非负性,即 $f(a, b) \geq 0$;

(2) 对称性,即 $f(a, b) = f(b, a)$;

(3) 有界性,即 $f(a, b) \in [0, 1]$。

相似度与相异度的区别与联系如图 2-3 所示。

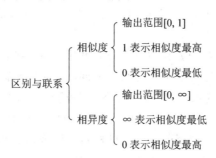

图 2-3　相似度与相异度的区别与联系

性质 2.1　一个函数 f 定义为距离函数,给定数据对象 p、q,其满足如下三个条件:

(1) 非负性,即 $f(p, q) \geq 0$;

(2) 对称性,即 $f(p, q) = f(q, p)$;

(3) 三角不等式,即 $f(p, q) \leq f(p, r) + f(r, q)$。

注意:通过对比发现,相似性不满足三角不等式,而距离满足相似性的所有要求。因此,距离可以作为相似性度量的一种方式,但是相似性不一定是距离。

利用距离描述相似性/相异性存在取值无界的问题,因此,需要进行相应的变换使得其值域为区间 $[0, 1]$。通常使用变换把相似性度量转换成相异性度量或将相异性度量转换成相似性度量,或者把邻近度变换到一个特定区间,如 $[0, 1]$。例如,我们可能有相似度,其值域为 $[0, 10]$,但是我们打算使用的特定算法或软件包只能处理相异度,或只能处理 $[0, 1]$ 区间的相似度。之所以在这里讨论这些问题,是因为在稍后讨论邻近度时,我们将使用这种变换。

通常,邻近度(特别是相似度)被变换到区间 $[0, 1]$ 中的值。这样做的动机是使用一种适当的尺度,用邻近度表明两个对象之间的相似(或相异)程度。这种变换通常是比较直截了当的。例如,如果对象之间的相似度在 1(一点也不相似)和 10(完全相似)之间变化,则我们可以使用如下变换将它变换到 $[0, 1]$ 区间:

$$s' = \frac{s-1}{9}$$

式中:s 和 s' 分别是相似度的原值和新值。可采用最大-最小标准化来进行转换,如下述公式所示:

$$s' = \frac{s - \min(s)}{\max(s) - \min(s)}$$

式中:$\max(s)$ 和 $\min(s)$ 分别是相似度的最大值和最小值。类似地,具有有限值域的相异度也能用 $d' = (d - \min(d))/(\max(d) - \min(d))$ 映射到 $[0, 1]$ 区间。

然而，将邻近度映射到[0，1]区间可能非常复杂。例如，如果邻近度度量原来在区间[0，1000]上取值，则需要使用非线性变换，并且在新的尺度上，值之间不再具有相同的联系。对于从 0 变化到 1000 的相异度度量，考虑变换 $d'=d/(1+d)$，相异度 0、0.5、2、10、100 和 1000 分别被变换到 0、0.33、0.67、0.90、0.99 和 0.999。在原来相异性尺度上较大的值被压缩到 1 附近，但是否希望如此操作则取决于具体的应用。另一个问题是邻近度度量的含义可能会被改变。例如，相关性（稍后讨论）是一种相似性度量，在区间[−1，1]上取值，通过取绝对值将这些值映射到[0，1]区间则丢失了符号信息，而对于某些应用，符号信息可能是重要的。

将相似度转换成相异度（或相反）也是比较直截了当的，尽管我们可能再次面临保持度量的含义问题和将线性尺度改变成非线性尺度的问题。如果相似度（相异度）落在[0，1]区间，则相异度（相似度）可以定义为 $d=1-s$。另一种简单的方法是定义相似度为负的相异度（或相反）。例如，相异度 0、1、10 和 100 可以分别转换成相似度 0、−1、−10 和 −100。

一般来说，任何单调减函数都可以用来将相异度转换成相似度（或相反）。当然，在将相似度转换成相异度（或相反），或者在将邻近度的值变换到新的尺度时，也必须考虑一些其他因素。

2.4.2 单属性相似性度量

通常，数据对象具有多个属性，数据对象之间的邻近度也是由单个属性的邻近度组合来定义的。因此，有必要讨论具有单个属性的数据对象之间的邻近度。单一属性对数据对象之间的邻近度与属性类型紧密相关。下面列举 4 种单属性相似性和相异性的度量方式。

（1）标量属性：考虑一个由标量属性描述的数据对象，相似意味什么呢？由于标量属性只携带对象的相异性信息，因此我们只能说两个对象有相同的值，或者没有。因而在这种情况下，如果属性值匹配，则相似度定义为 1，否则为 0；而相异度用相反的方法定义：如果属性值匹配，相异度为 0，否则为 1。

（2）顺序属性：对于具有单个序数属性的对象，情况更为复杂，因为必须考虑序数信息。考虑在一个标度{poor，fair，OK，good，wonderful}上测量产品（例如糖块）质量的属性。一个评定为 wonderful 的产品 P1 与一个评定为 good 的产品 P2 应当比它与一个评定为 OK 的产品 P3 更接近。为了量化这种观察，序数属性值常常映射到从 0 或 1 开始的相继整数，例如，{poor = 0，fair =1，OK = 2，good = 3，wonderful = 4}。于是，P1 与 P2之间的相异度 $d(P1, P2)=4-3=1$。或者，如果我们希望相异度在 0 和 1 之间取值，则$d(P1, P2)=(4-3)/4=0.25$，而序数属性的相似度可以定义为 $s=1-d$。

序数属性相似度（相异度）的这种定义可能使读者感到有点担心，因为这里我们定义了相等的区间，而事实并非如此。如果根据实际情况，我们应该计算出区间或比率属性。fair与 good 的差真的和 OK 与 wonderful 的差相同吗？可能不相同，但是在实践中，我们的选择是有限的，并且在缺乏更多信息的情况下，这是定义序数属性之间邻近度的标准方法。

（3）区间与比率：对于区间或比率属性，两个对象之间相异性的自然度量是它们的值之差的绝对值。例如，我们可以将现在的体重与一年前的体重相比较，说"我重了 10 磅"。在这类情况下，相异度通常在 0 和 x 之间，而不是在 0 和 1 之间取值。如前所述，区间或比率属性的相似度通常转换成相异度。

表 2 - 3 总结了这些讨论。在该表中，x 和 y 是两个对象，它们具有一个指明类型的属性，$d(x, y)$ 和 $s(x, y)$ 分别是 x 和 y 之间的相异度和相似度（分别用 d 和 s 表示）。其他方法也是可能的，但是表 2 - 3 中的这些是最常用的。

表 2 - 3　单属性相似度和相异度计算

属性类型	相异度	相似度
标量（Nominal）	$d = \begin{cases} 0, & x=y \\ 1, & x \neq y \end{cases}$	$s = \begin{cases} 1, & x=y \\ 0, & x \neq y \end{cases}$
序数（Ordinal）	$d = \lvert x-y \rvert /(n-1)$ （所有的值映射到 $0 \sim n-1$）	$s = 1-d$
区间（Interval）	$d = \lvert x-y \rvert$	$s = 1-d, \; s = \dfrac{1}{1+d}$
比率（Ratio）	$d = \lvert x-y \rvert$	$s = 1-d, \; s = \dfrac{1}{1+d}$

下面将介绍更复杂的涉及多个属性的对象之间的邻近度度量：① 数据对象之间的相异度；② 数据对象之间的相似度。然而，我们要强调的是使用上述技术，相似度可以变换成相异度，反之亦然。

2.4.3　多属性相似性度量

由于数据包含多种类型的属性，因此对于不同类型的数据对象可采用不同的相似性计算方法，典型的相似性度量包括：欧几里得距离、曼哈顿距离、闵可夫斯基距离、切比雪夫距离、马氏距离、余弦相似度、皮尔逊相关系数、汉明距离、Jaccard 相似系数。也包括更为复杂的度量，如编辑距离、DTW（Dynamic Time Warping）距离、KL（Kullback-Leibler）散度，更多数学知识参见附录。

1. 常用度量距离

计算数值属性相似性的常用距离度量方法包括欧几里得距离、曼哈顿距离和闵可夫斯基距离。

最流行的距离度量是欧几里得距离（Euclidean Distance），它衡量的是多维空间中各个点之间的绝对距离。假设数值点 P 和 Q 坐标为

$$P = (x_1, x_2, \cdots, x_n) \in \mathbf{R}^n, \quad Q = (y_1, y_2, \cdots, y_n) \in \mathbf{R}^n$$

则欧氏距离定义为

$$d(i, j) = \sqrt{(x_1-y_1)^2 + (x_2-y_2)^2 + \cdots + (x_n-y_n)^2}$$

因为计算是基于各维度特征的绝对数值，所以欧氏距离度量需要保证各维度指标在相同的刻度级别，例如对身高（cm）和体重（kg）这两个单位不同的指标使用欧氏距离可能使结果失效。

另一个著名的度量方法是曼哈顿距离（Manhattan Distance），它来源于城市区块距离，定义了城市两点之间的街区距离，是将多个维度上的距离进行求和后的结果。其定义为

$$d(i, j) = \lvert x_1-y_1 \rvert + \lvert x_2-y_2 \rvert + \cdots + \lvert x_n-y_n \rvert$$

而闵可夫斯基距离(Minkowski Distance)是欧几里得距离和曼哈顿距离的推广,其定义为

$$d(i,j) = \left(\sum_{i=1}^{n}|x_i - y_i|^p\right)^{\frac{1}{p}}$$

式中:p 是实数。这种距离被称为 L_p 范数,当 $p=1$ 时,它表示曼哈顿距离(即 L_1 范数);当 $p=2$ 时,它表示欧几里得距离(即 L_2 范数)。

如图 2-4 所示,假设在曼哈顿街区乘坐出租车从 P 点到 Q 点,白色表示高楼大厦,灰色表示街道,直线表示欧几里得距离,但这在现实中是不可能的。其他两条折线表示曼哈顿距离,这两条折线的长度是相等的。

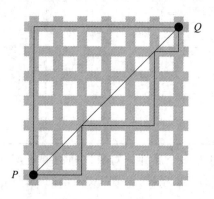

图 2-4 欧几里得距离与曼哈顿距离的关系示意图

我们知道,平面上到原点的欧几里得距离($p=2$)为 1 的点所组成的形状是一个圆,而当 p 取其他数值时的形状如图 2-5 所示。

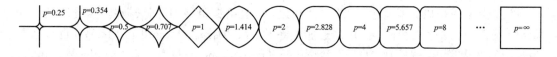

图 2-5 闵可夫斯基距离与参数 p 的关系

上确界距离(又称 L_{max}、L_{∞} 范数或切比雪夫(Chebyshev)距离)是 $p \to \infty$ 时闵可夫斯基距离的推广。为了计算它,我们找出属性 i,它产生两个对象的最大值差,这个差就是上确界距离,更形式化地定义为

$$d(i,j) = \lim_{p \to \infty}\left(\sum_{j=1}^{p}|x_i - y_i|^p\right)^{\frac{1}{p}} = \max_{1 \leqslant i \leqslant n}|x_i - y_i|$$

注意,当 $p<1$ 时,闵可夫斯基距离不再符合三角形法则。例如,当 $p<1$ 时,$(0,0)$ 到 $(1,1)$ 的距离等于 $(1+1)^{1/p}>2$,而 $(0,1)$ 到这两个点的距离都是 1。

闵可夫斯基距离比较直观,但是它与数据的分布无关,且具有一定的局限性。如果 x 方向的幅值远远大于 y 方向的幅值,这个距离公式就会过度放大 x 维度的作用。所以,在计算距离之前,我们可能还需要对数据进行 Z 变换处理,即减去均值,除以标准差:

$$(x_1, y_1) \rightarrow \left(\frac{x_1 - \mu_x}{\sigma_x}, \frac{y_1 - \mu_y}{\sigma_y}\right)$$

式中:μ 是该维度上的均值;σ 是该维度上的标准差。

可以看到,上述处理开始体现数据的统计特性了。这种方法是假设数据各个维度互不相关,利用数据分布的特性计算出不同的距离。如果维度相互之间数据相关(例如,身高较

高的信息很有可能会带来体重较重的信息,因为两者是有关联的),这时就需要使用马氏距离。

2. 马氏距离

如图 2-6 所示,椭圆表示等高线,从欧几里得距离来算,灰黑距离大于白黑距离,但是从马氏距离来看,结果恰好相反。

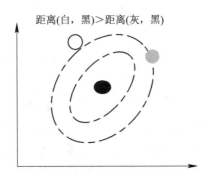

图 2-6　马氏距离可解决相关性

马氏距离实际上是利用 Cholesky 变换来消除不同维度之间的相关性和尺度不同的性质。假设样本点(列向量)之间的协方差对称矩阵是 $\boldsymbol{\Sigma}$,通过 Cholesky Decomposition(实际上是对称矩阵 LU 分解的一种特殊形式)可以转化为下三角矩阵和上三角矩阵的乘积:$\boldsymbol{\Sigma}=\boldsymbol{LL}^{\mathrm{T}}$。消除不同维度之间的相关性和尺度不同的性质后,只需要对样本点 $\boldsymbol{x}$ 做如下处理:$\boldsymbol{z}=\boldsymbol{L}^{-1}(\boldsymbol{x}-\mu)$,处理之后的欧几里得距离就是原样本的马氏距离。为了书写方便,这里求马氏距离的平方:

$$
\begin{aligned}
D_{\mathrm{M}}(\boldsymbol{x}) &= \boldsymbol{z}^{\mathrm{T}}\boldsymbol{z} \\
&= (\boldsymbol{L}^{-1}(\boldsymbol{x}-\mu))^{\mathrm{T}}(\boldsymbol{L}^{-1}(\boldsymbol{x}-\mu)) \\
&= (\boldsymbol{x}-\mu)^{\mathrm{T}}(\boldsymbol{LL}^{\mathrm{T}})^{-1}(\boldsymbol{x}-\mu) \\
&= (\boldsymbol{x}-\mu)^{\mathrm{T}}\boldsymbol{\Sigma}^{-1}(\boldsymbol{x}-\mu)
\end{aligned}
$$

图 2-7 中散点表示原样本点的分布,两颗星坐标分别是(3,3)、(2,-2)。由于 $\boldsymbol{x}$、$\boldsymbol{y}$ 方向的尺度不同,因此不能单纯采用欧几里得的方法测量它们到原点的距离。此外,由于 $\boldsymbol{x}$ 和 $\boldsymbol{y}$ 是相关的(大致可以看出斜向右上),因此也不能简单地在 $\boldsymbol{x}$ 和 $\boldsymbol{y}$ 方向上分别减去均

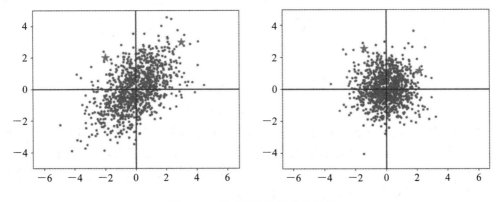

图 2-7　马氏距离数据分布举例

值，除以标准差。最恰当的方法是对原始数据进行 Cholesky 变换，即求马氏距离（可以看到，右边的星离原点较近）。

马氏距离的变换和主成分分析（PCA）的白化处理颇有异曲同工之妙，不同之处在于：就二维来看，PCA 是将数据主成分旋转到 x 轴（正交矩阵的酉变换），再在尺度上缩放（对角矩阵），实现尺度相同；而马氏距离的 L 逆矩阵是一个下三角矩阵，总体来说是一个仿射变换。

3. 余弦相似度

向量内积是线性代数里最为常见的计算，实际上它还是一种有效并且直观的相似性测量手段。向量内积的定义为

$$\text{Inner}(\boldsymbol{x}, \boldsymbol{y}) = \langle \boldsymbol{x}, \boldsymbol{y} \rangle = \sum_i x_i y_i$$

直观的解释是：如果 $\boldsymbol{x}$ 高的地方 $\boldsymbol{y}$ 也比较高，$\boldsymbol{x}$ 低的地方 $\boldsymbol{y}$ 也比较低，那么整体的内积是偏大的，也就是说 $\boldsymbol{x}$ 和 $\boldsymbol{y}$ 是相似的。例如，如果要在一段长的序列信号 A 中寻找一段与短序列信号 a 最匹配，只需要将 a 从 A 信号开头逐个向后平移，每次平移做一次内积，内积最大的相似度最大。信号处理中，DFT 和 DCT 也是基于这种内积运算计算出不同频域内的信号组分（DFT 和 DCT 是标准正交基，也可以看作投影）。向量和信号都是离散值，如果是连续的函数值，如求区间 $[-1, 1]$ 两个函数之间的相似度，同样也可以得到（系数）组分，这种方法可以应用于多项式逼近连续函数，也可以应用到连续函数逼近离散样本点（最小二乘问题，OLS Coefficients）中。

向量内积的结果是没有界限的，一种解决办法是除以长度之后再求内积，这就是应用十分广泛的余弦相似度（Cosine Similarity），如图 2-8 所示。

$$\text{CosSim}(\boldsymbol{x}, \boldsymbol{y}) = \frac{\sum_i x_i y_i}{\sqrt{\sum_i x_i^2} \sqrt{\sum_i y_i^2}} = \frac{\langle \boldsymbol{x}, \boldsymbol{y} \rangle}{\|\boldsymbol{x}\| \|\boldsymbol{y}\|}$$

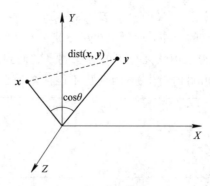

图 2-8 余弦相似度示意图

余弦相似度与向量的幅值无关，只与向量的方向相关，在文档相似度（TF-IDF）和图片相似性（Histogram）计算中都有它的身影。需要注意的是，余弦相似度受到向量的平移影响，上式如果将 $\boldsymbol{x}$ 平移到 $\boldsymbol{x}+1$，余弦值就会改变。怎样才能实现平移不变性？这就是下面要说的皮尔逊相关系数（Pearson Correlation）。

4. 皮尔逊相关系数

皮尔逊相关系数有时也称为相关系数，其具有平移不变性和尺度不变性。皮尔逊相关系数的定义为

$$\mathrm{Corr}(\boldsymbol{x}, \boldsymbol{y}) = \frac{\sum_i (x_i - \bar{x})(y_i - \bar{y})}{\sqrt{\sum (x_i - \bar{x})^2}\sqrt{\sum (y_i - \bar{y})^2}} = \frac{\langle \boldsymbol{x} - \bar{x}, \boldsymbol{y} - \bar{y}\rangle}{\|\boldsymbol{x} - \bar{x}\|\|\boldsymbol{y} - \bar{y}\|}$$
$$= \mathrm{CosSim}(\boldsymbol{x} - \bar{x}, \boldsymbol{y} - \bar{y})$$

该式计算出了两个向量（维度）的相关性。不过，一般我们在谈论相关系数时，将 $\boldsymbol{x}$ 与 $\boldsymbol{y}$ 对应位置的两个数值看作一个样本点，皮尔逊相关系数用来表示这些样本点分布的相关性。

由于皮尔逊相关系数具有良好的性质，因而其在各个领域都应用广泛。例如，在推荐系统中，根据皮尔逊相关系数查找喜好相似的用户，进而提供影片推荐，优点是可以不受每个用户评分标准不同和观看影片数量不一样的影响。

5. 分类数据点间的距离

汉明距离（Hamming Distance）：两个等长字符串 $s1$ 与 $s2$ 之间的汉明距离定义为将其中一个变为另外一个所需要进行的最小替换次数。例如：

（1）1011101 与 1001001 之间的汉明距离是 2；

（2）2143896 与 2233796 之间的汉明距离是 3；

（3）"toned"与"roses"之间的汉明距离是 3。

还可以用简单的匹配系数来表示两点之间的相似度——匹配字符数÷总字符数。

在一些情况下，某些特定的值相等并不能代表什么。举个例子，用 1 表示用户看过该电影，用 0 表示用户没有看过，那么用户看电影的信息就可用 0、1 表示成一个序列。考虑到电影基数非常庞大，用户看过的电影只占其中非常小的一部分，如果两个用户都没有看过某一部电影（两个都是 0），并不能说明两者相似。反之，如果两个用户都看过某一部电影（序列中都是 1），则说明用户有很大的相似度。在这个例子中，序列中等于 1 所占的权重应该远远大于等于 0 的权重，这就引出下面要说的杰卡德相似性系数（Jaccard Similarity Coefficient）。

在上面的例子中，用 M_{11} 表示两个用户都看过的电影数目，M_{10} 表示用户 A 看过，用户 B 没看过的电影数目，M_{01} 表示用户 A 没看过，用户 B 看过的电影数目，M_{00} 表示两个用户都没有看过的电影数目。Jaccard 相似性系数可以表示为

$$J = \frac{M_{11}}{M_{01} + M_{10} + M_{11}}$$

Jaccard 相似性系数还可以用集合的方式来表达，这里不再说明。

6. 序列之间的距离

汉明距离可以度量两个长度相同的字符串之间的相似度，但如果要比较两个不同长度的字符串，不仅要进行替换，而且要进行插入与删除的运算，在这种场合下，通常使用更加复杂的编辑距离（Edit Distance）等算法。编辑距离是指两个字符串之间，由一个字符串转成另一个字符串所需的最少编辑操作次数。许可的编辑操作包括将一个字符替换成另一

个字符、插入一个字符、删除一个字符。编辑距离求的是最少编辑次数，这是一个动态规划的问题，有兴趣的同学可以自己研究。

时间序列是序列间距离的另外一个例子。DTW(Dynamic Time Warp)是序列信号在时间或者速度上不匹配时的一种衡量相似度的方法。例如，两份原本一样的声音样本 A、B 都说"你好"，A 在时间上发生了扭曲，"你"这个音延长了几秒。最后，A："你～～好"，B："你好"。DTW 正是这样一种可以用来匹配 A、B 之间的最短距离的算法。

DTW 距离在保持信号先后顺序的限制下对时间信号进行"膨胀"或者"收缩"，找到最优的匹配，与编辑距离相似，这其实也是一个动态规划的问题。

7. 概率分布之间的距离

前面我们谈论的都是两个数值点之间的距离，实际上两个概率分布之间的距离也是可以测量的。在统计学里面经常需要测量两组样本分布之间的距离，进而判断出它们是否出自同一个分布，常见的方法有卡方(Chi-Square)检验和 KL 散度(KL-Divergence)。

先从信息熵说起，假设一篇文章的标题叫作"黑洞到底吃什么"，包含词语分别是｛黑洞，到底，吃什么｝，我们现在要根据一个词语推测这篇文章的类别。哪个词语给予我们的信息最多？很容易就知道是"黑洞"，因为"黑洞"这个词语在所有的文档中出现的概率很低，一旦出现，就表明这篇文章很可能是在讲科普知识。而其他两个词语"到底"和"吃什么"出现的概率很高，给予我们的信息反而越少。如何用一个函数 $h(x)$ 表示词语给予的信息量呢？第一，肯定与 $p(x)$ 相关，并且是负相关；第二，假设 x 和 y 是独立的(黑洞和宇宙不相互独立，谈到黑洞必然会说宇宙)，即 $p(x,y)=p(x)p(y)$，那么获得的信息也是叠加的，即 $h(x,y)=h(x)+h(y)$。满足这两个条件的函数肯定是负对数形式，即

$$h(x)=-\ln p(x)$$

假设一个发送者要将随机变量 X 产生的一长串随机值传送给接收者，接收者获得的平均信息量就是它的数学期望，即

$$H[x]=-\sum_x p(x)\ln p(x)$$

$$H[x]=-\int p(x)\ln p(x)\mathrm{d}x$$

这就是熵的概念。另外一个重要特点是，熵的大小与字符平均最短编码长度是一样的。假设有一个未知的分布 $p(x)$，而 $q(x)$ 是我们所获得的一个对 $p(x)$ 的近似，按照 $q(x)$ 对该随机变量的各个值进行编码，平均长度比按照真实分布的 $p(x)$ 进行编码要额外长一些，多出来的长度就是 KL 散度(之所以不说距离，是因为不满足对称性和三角不等式)，即

$$\mathrm{KL}(p\parallel q)=-\int p(x)\ln q(x)\mathrm{d}x-\left(-\int p(x)\ln p(x)\mathrm{d}x\right)$$

$$=-\int p(x)\ln\left\{\frac{q(x)}{p(x)}\right\}\mathrm{d}x$$

除这些方法外，还有互信息熵、排序系数等许多相似度方法，更多关于数据相似性计算的数学知识可以参看附录。

本 章 小 结

相似性分析是数据挖掘的重要步骤，对原始数据进行相似度度量是聚类、最近邻分类、异常检测等数据挖掘应用的前提，需要重点研究和讲述。

本章中回答如下几个问题：

(1) 什么是数据？

数据是指对客观事件进行记录并可以鉴别的符号，是对客观事物的性质、状态以及相互关系等进行记载的物理符号或这些物理符号的组合。

在计算机科学中，数据是指所有能输入到计算机中，并被计算机程序识别处理的符号的总称，是用于输入电子计算机进行处理，具有一定意义的数字、字母、符号和模拟量等的统称。

(2) 典型的数据类型有哪些？

标量、序数、区间、比率。

(3) 典型的数据操作有哪些，与数据类型的对应关系是什么？

标量：众数，熵，列联相关，χ^2 检验；

序数：中值，百分位，秩相关，游程检验，符号检验；

区间：均值，标准差，皮尔逊相关，t 和 F 检验；

比率：几何平均，调和平均，百分比变差。

(4) 相似性的定义是什么？ 有什么性质？ 如何度量？

相似性是一个函数，输出为一个位于 [0，1] 之间的实数值，用于量化相近程度，满足非负、对称、有界性。相似性是数据操作中重要的概念，被许多数据挖掘技术所使用，如聚类、最近邻分类和异常检测等。在许多情况下，一旦计算出相似性，就不再需要原始数据。两个对象之间的邻近度是两个对象对应属性之间的距离函数，包括欧几里得距离、Jaccard 相似性系数和余弦相似性度量等。

理解待分析的数据至关重要，并且在基本层面，为了更深层次地理解数据，下面给出一些相关的文献注释，以供读者参考。例如，定义属性类型的初始动机是精确地指出哪些统计操作对何种数据是合法的。测量理论源于 Stevens 的经典文章（表 2 - 2 和表 2 - 3 的取值也源于 Stevens 的文章）。尽管这些是最普遍的观点，并且很容易理解和使用，但是测量理论远不止这些。权威的讨论可以在测量理论基础的三卷系列中找到。同样值得关注的是 HAND 的文章，文中广泛地讨论了测量理论和统计学，并且附有该领域其他研究者的评论。

数据质量是一个范围广泛的主题，涉及使用数据的每个学科。精度、偏度、准确率的讨论和一些重要的图可以在许多学科、工程学和统计学的导论性教材中找到。数据质量"适合使用"的观点在 Redman 的书中有更详细的解释。

习　　题

1. 将下列属性分类成二元的、离散的或连续的，并将它们分类成定性的（标称的或序数的）或定量的（区间的或比率的）。某些情况下可能有多种解释，因此如果你认为存在二义性，简略给出你的理由。

（1）用 AM 和 PM 表示的时间。

（2）根据曝光表测量亮度。

（3）根据人的判断测量亮度。

（4）按度测出 0°和 360°之间的角度。

（5）在奥运会上颁发的铜牌、银牌和金牌等奖项。

（6）海拔高度。

（7）在医院里的病人数。

（8）书籍的 ISBN 号。

（9）可以通过以下值表示透光能力：不透明、半透明、透明。

（10）军衔。

（11）到园区中心的距离。

（12）以克每立方厘米表示出物质的密度。

（13）外套寄存号码（当你参加活动时，你会把衣服交给服务生，他将为你提供号码。当你离开时，你可以使用号码取走外套）。

2. 对于日降水量和日气温，哪一项的数量很可能会表现出更多的时间自相关性？为什么？

3. 许多科学领域依赖于观测而不是（或不仅是）设计的实验，比较涉及观测科学与实验科学和数据挖掘的数据质量问题。

4. 讨论测量精度与单精度和双精度之间的差别。单精度和双精度用在计算机科学中，通常分别表示 32 位和 64 位浮点数。

5. 比较和对比某些相似性和距离度量。

（1）对于二元数据，L_1 距离对应于汉明距离，即两个二元向量不同的二进位数。Jaccard 相似性是衡量两个二元向量之间的相似性。当 $x=0101010001, y=0100011000$ 时，计算这两个二元向量之间的汉明距离和 Jaccard 相似度。

（2）Jaccard 相似度与汉明距离哪种方法更类似于简单匹配系数？哪种方法更类似于余弦度量？解释你的结论。（注意：汉明度量是距离，而其他三种度量是相似性，但是不要被这一点所迷惑）

（3）假定你正在根据共同包含的基因的个数，比较两个不同物种的有机体的相似性。你认为哪种度量更适合用来比较构成两个有机体的遗传基因，是汉明距离还是 Jaccard 相似度？解释你的结论。（假定每种动物用一个二元向量表示，其中，如果一个基因出现在有机体中，则对应的属性取值 1，否则取值 0）

（4）如果要比较构成相同物种的两个有机的遗传基因（例如，两个人），你会使用距离、Jaccard 相似度，还是一种不同的相似性或距离度量？解释你的选择。（注意，两个人的相同基因超过 99.9%）

6. 对于下面的向量 x 和 y，计算出指定的相似性或距离度量。

（1）$x=(1,1,1,1), y=(2,2,2,2)$，计算余弦相似度、皮尔逊相关系数、欧几里得距离。

（2）$x=(0,1,0,1), y=(1,0,1,0)$，计算余弦相似度、皮尔逊相关系数、欧几里得距离、Jaccard 相似性系数。

(3) $x=(0，-1，0，1)$，$y=(1，0，-1，0)$，计算余弦相似度、皮尔逊相关系数、欧几里得距离。

(4) $x=(1，1，0，1，0，1)$，$y=(1，1，1，0，0，1)$，计算余弦相似度、皮尔逊相关系数、Jaccard 相似性系数。

(5) $x=(2，-1，0，2，0，-3)$，$y=(-1，1，-1，0，0，-1)$，计算余弦相似度。

7. 在这里，我们深入探讨余弦度量和相关性度量。

(1) 对于余弦度量，可能的值域是什么？

(2) 如果两个对象余弦值的测量值为 1，它们是相同的吗？请给出解释。

(3) 如果余弦度量与相关性度量有关，有何关系？（提示：在余弦和相关性相同或不同的情况下，考虑诸如均值、标准差等统计量）

(4) 当每个数据点通过减去均值并除以其标准差标准化时，推导相似度与欧几里得距离之间的数学关系。

8. 解释为什么计算两个属性之间的邻近度通常比计算两个对象之间的相似性要简单。

参 考 文 献

[1] STEVENS S S. On the theory of scales of measurement[J]. Science，1946，103 (2684)：677 - 680.

[2] STEVENS S S. Measurement [M]. In G. M. Maranell, editor, Scaling：A Sourcebook for behavioral Scientists，Aldine Publishing Co，Chicago，1974：22 - 41.

[3] KRANTZ D，LUCE R D，et al. Foundations of measurements：Volume I：Additive and polynomial representations[M]. New York：Academic Press，1971.

[4] LUCE R D，KRANTZ D，SUPPES P，et al. Foundations of measurements：Volume 3：Representations, Axiomatization, and Invariance[M]. New York：Academic Press，1990.

[5] SUPPES P，KRANTZ D，LUCE R D，et al. Foundations of measurements：Volume 2：Geometrical，Threshold，and Probabilistic Representations[M]. New York：Academic Press，1989.

[6] HAND D J. Statistics and the theory of measurement[M]. Journal of the Royal Statistical Society：Series A (Statistics in Society)，1996，159(3)：445 - 492.

[7] REDMAN T C. Data quality：The field guide[M]. Boston：Digital press，2001.

第 3 章　数据预处理

在数据收集过程中，人为与设备等不确定性因素导致数据存在不完整、不一致等问题，直接使用未经处理的原始数据进行挖掘会导致效果不佳。为了提高数据的质量，数据预处理技术应运而生。本章重点阐述数据质量的标准及其存在的问题，同时介绍了经典的数据预处理方法，包括数据清洗、数据集成、数据转换、数据约简等。在数据挖掘任务之前进行数据处理，不但可以大大提高数据挖掘模式的质量，还可以降低数据挖掘任务所需要的时间。

3.1　数　据　质　量

在统计学实验设计或调查中，所收集的数据在质量上都达到了一定的要求，其原因有两点：一是数据收集的目标十分明确，可在源头上对数据质量进行有效的控制；二是数据规模小，便于操作与分析。但数据挖掘所分析的数据常常是为其他用途而收集的，或者在收集时未明确其目的，因此难以从源头上对数据质量进行有效控制，导致数据中存在严重的质量问题。数据质量问题无法避免，对数据进行预处理可以尽可能地减少由于数据质量问题而对数据挖掘结果产生的各种影响。数据预处理技术涉及两方面的问题：一是数据质量问题的检测和纠正；二是使用可以容忍低质量数据的算法。

3.1.1　误差与噪声

期望数据完美是不现实的，人为误差、测量设备的局限或数据收集过程的漏洞都可能导致数据质量低的问题。数据属性值乃至整个数据对象都可能会丢失。在某些情况下，会出现不真实的、重复的数据对象，即对应于单个"实际"对象出现了多个数据对象。例如，对于一个最近住过两个不同地方的人，可能有两个不同的记录。即使所有的数据都不缺，并且"看上去很好"，也可能存在不一致，如一个人身高 2 m，但体重只有 200 g。

在数据质量检测方面，先定义测量误差和数据收集错误，然后讨论典型的数据质量问题，包括噪声、伪像、精度和准确率，最后讨论可能同时涉及测量和数据收集的数据质量问题，包括离群点、遗漏和不一致的值、重复数据等。

1. 测量误差和数据收集错误

测量误差（Measurement Error）是指测量过程中出现的数据质量问题。一个常见的问题是在某种程度上记录值与实际值不同。对于连续属性，测量值与实际值的差称为误差（Error）。术语数据收集错误（Data Collection Error）是指诸如遗漏数据对象或属性值，或者包含了不恰当的其他数据对象等错误。例如，一种特定种类动物研究可能包含了相关种类的其他动物，它们只是表面上与要研究的种类相似。测量误差和数据收集错误可能是系统性的，也可能是随机性的。

我们只考虑一般的错误类型。在特定的领域总有些类型的错误是常见的，并且常常有相关的技术来检测并纠正这些错误。例如，人工输入数据时键盘录入错误是常见的，因此许多数据输入程序具有检测技术，并且可通过人工干预纠正这类错误。

2. 噪声和伪像

噪声是测量误差的随机部分，涉及数值的扭曲或噪声的加入。图 3-1 显示被随机噪声干扰前后的时间序列，如果在时间序列上添加更多的噪声，形状将会消失。

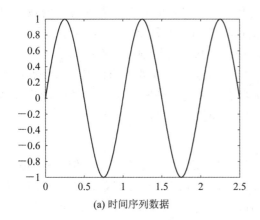
(a) 时间序列数据

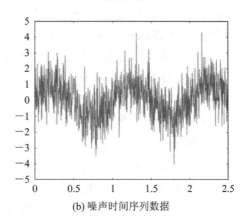
(b) 噪声时间序列数据

图 3-1　时间序列数据噪声

"噪声"通常用于包含时间或空间分量的数据。在这些情况下，常常可以使用信号或图像处理技术降低噪声，从而帮助发现可能"淹没在噪声中"的模式(信号)。尽管如此，完全消除噪声通常是困难的，而许多数据挖掘工作都关注设计鲁棒算法(Robust Algorithm)，即在噪声干扰下也能产生可以接受的结果。数据错误可能是更确定性现象的结果，如一组照片在同一地方出现条纹。数据的这种确定性失真常称作伪像(Artifact)。

3. 精度、偏倚和准确率

在统计学和实验科学中，测量过程和结果数据的质量用精度和偏倚度量。我们给出标准的定义，随后简略加以讨论。对于下面的定义，我们假定对相同的基本量进行重复测量，并使用测量值集合计算均值(平均值)，作为实际值的估计。

定义 3.1(精度，Precision)　同一个量的重复测量值之间的接近程度。

定义 3.2(偏倚，Bias)　测量值与真实值之间的偏离。

精度通常用值集合的标准差度量，而偏倚是均值与已知值之间的差值。只有那些通过外部手段能够得到测量值的对象，偏倚才是可确定的。假定我们有 1 g 质量的标准实验室重量，为了评估实验室新天平的精度和偏倚，称重 5 次得到下列值{1.015, 0.990, 1.013, 1.001, 0.986}。这些值的均值是 1.001，因此偏倚是 0.001。用标准差度量，精度是 0.013。

通常使用更一般的术语即准确率来表示数据测量误差的程度。

定义 3.3(准确率，Accuracy)　被测量的测量值与实际值之间的接近程度。

准确率依赖于精度和偏倚，但是由于它是一个一般化的概念，因此准确率的公式中没有显式地出现这两个变量。准确率的一个重要方面是有效数字(Significant Digit)的使用，其目标是使用数字位数表示测量或计算结果。例如，对象长度用最小刻度为毫米的米尺测量，则只能记录最接近毫米的长度数据，这种测量的精度为±0.5 mm。大部分读者应当在先前的课程中接触过准确率，尤其是理工科和统计学教材中讨论得相当深入。

在某些应用领域，有效数字、精度、偏倚和准确率等问题常常被忽视，但是对于数据挖掘、统计学和自然科学，这些指标都极为重要。通常数据并不包含数据精度信息，而且分析程序的返回结果也不涉及这些信息，但是如果缺乏对数据和结果准确率的理解，可能会出现严重的数据分析错误。

4. 离群点

离群点(Outlier)是在某种意义上具有不同于数据集中其他大部分数据对象的数据对象，或是相对于该属性的典型值来说不寻常的属性值，也称之为异常对象或异常值(Anomaly)。有许多定义离群点的方法，并且统计学和数据挖掘领域已经提出了很多不同的定义。此外，区别噪声和离群点这两个概念是非常重要的。需要指出的是，离群点可以是合法的数据对象或值。因此，不同于噪声，离群点是人们感兴趣的对象。例如，欺诈和网络攻击检测中，目标就是从大量正常对象或事件中发现不正常的对象或事件。

5. 缺失值

数据对象遗漏一个或多个属性值的情况并不少见，导致信息收集不全，例如有的人拒绝透露年龄或体重。某些属性并不能用于所有对象，例如表格常常有条件地选择部分信息，仅当填表人以特定的方式回答前面的问题时，条件选择部分才需要填写，但为简单起见存储了表格的所有字段。无论何种情况，在数据分析时都应当考虑缺失值。

针对数据值缺失的问题，现有许多处理策略，每种策略可能适用于特定的情况，典型的方法包括以下两种：

(1) 删除策略。一种简单而有效的策略是删除包含缺失值的数据对象，但是选择这种方式需要慎重，因为即使不完整的数据对象也包含一些有用的信息，删除数据对象同时也减少了数据量，可能会影响数据挖掘的结果。如果数据只有少量的对象具有缺失值，则忽略它们可能是合算的。但是如果许多对象都有缺失值，则很难甚至不可能进行可靠的分析。一种与之相关的策略是删除具有缺失值所对应的属性。同理，该策略的选择也需要谨慎，其原因是被删除的属性可能对分析是至关重要的。

(2) 估计缺失值。对缺失的属性值可以进行可靠的估计是广泛接受的方式，例如，在考虑以大致平滑的方式变化的、具有少量但分散的时间序列时，缺失值可以使用其他值来估计(插值)。类似的，一个具有许多相似数据点的数据集，与具有缺失值的点邻近的点的属性值常常可以用来估计遗漏的值。如果属性是连续的，则可以使用最近邻的平均属性值；如果属性是分类的，则可以取最近邻中最常出现的属性值。例如，考虑地面站记录的降水量，对于未设地面站的区域，降水量可以使用邻近地面站的观测值估计。

6. 不一致的值

数据可能包含不一致的值。比如地址字段列出了邮政编码和城市名，但是有的邮政编码所对应的城市并不包含在对应的城市中。可能是人工输入该信息时颠倒了两个数字，或是在手写体扫描时错读了一个数字。无论导致不一致值的原因是什么，重要的是能检测出来，并且如果可能的话，纠正这种错误。

有些不一致类型容易检测，例如人的身高不应当是负的。有些情况下，可能需要查阅外部信息源，例如当保险公司处理赔偿要求时，它将对照顾客数据库核对赔偿单上的姓名与地址。

检测到不一致后，有时可以对数据进行更正。产品代码可能有"校验"数字，或者可以通过一个备案的已知产品代码列表，复核产品代码。如果发现它不正确但接近一个已知代码，则纠正它。纠正不一致，需要额外的或冗余的信息。

7. 重复数据

数据可能包含重复或近似重复的数据对象，例如，许多人都收到过重复的邮件。为了检测并删除这种重复，必须处理两种情况：一是如果两个对象实际代表同一个对象，则对应的属性值不同，必须解决这些不一致的值；二是需要避免意外地将两个相似但并非重复的数据对象(如两个人具有相同的姓名)合并在一起。去重复(Deduplication)通常用来表示处理这些问题的过程，在某些情况下，两个或多个对象在数据库的属性度量上是相同的，但是仍然代表不同的对象。这种重复是合法的。但是如果某些算法设计中没有专门考虑这些属性可能相同的对象，可能还会导致问题。

3.1.2　应用问题

数据质量问题也可以从应用角度考虑。特别是对工业、商业等领域，数据质量是至关重要的，甚至影响到整个市场的走势。类似的观点也出现在统计学和实验科学中，它们强调精心设计实验来收集与特定假设相关的数据，这与测量和收集数据一样。许多数据质量问题与特定的应用和领域有关，这里仍然只考虑一些一般性问题。需要指出的是，在特定条件下，数据的时效性也极为重要，有些数据收集后就开始老化，例如顾客的购买行为或Web浏览模式，而快照只代表有限时间内的真实情况。如果数据已经过时，则基于它的模型和模式也已经过时。

同时，相关可用数据必须包含应用所需要的信息，例如交通事故发生率预测模型忽略了驾驶员的年龄和性别信息，那么除非这些信息可以间接地通过其他属性得到，否则模型的精度可能是有限的。确保数据集中的对象相关不太容易，常见问题是抽样偏倚(Sampling Bias)，指样本包含的不同类型的对象与它们在总体中的出现情况不成比例。例如，调查数据只反映对调查做出响应的那些人的意见。由于数据分析的结果只反映现有的数据，因此抽样偏倚通常导致不正确的分析。关于数据的知识，在理想情况下，数据集附有描述数据的文档。文档质量的好坏决定它是支持还是干扰其后的分析。例如，如果文档标明若干属性是强相关的，则说明这些属性可能提供了高度冗余的信息。然而，如果文档很糟糕，例如没有告诉我们某特定字段上的缺失值用9999指示，则我们的数据分析就有可能出问题。

3.2　数据预处理概述

数据预处理是数据挖掘(知识发现)过程中的一个重要步骤，尤其是在对包含有噪声、不完整、不一致数据进行数据挖掘时，更需要进行数据预处理，以提高数据挖掘对象的质量，并最终达到提高数据挖掘质量的目的。例如，对于负责销售的商场主管来说，他需要仔细检查公司数据库或数据仓库内容，精心挑选与挖掘任务相关数据对象的描述特征或数据仓库的维度（Dimensions），包括商品类型、价格、销售量等。但或许会发现数据库中有几条记录的一些特征值没有被记录下来，甚至数据库中的数据记录还存在着一些错误、不寻常（Unusual）或不一致的情况，对于这样的数据对象，在进行数据挖掘前，必须进行数据预处理，才能进行正式的数据挖掘工作。

典型的数据预处理技术包括数据清洗、数据集成、数据转换、数据约简等。

（1）数据清洗（Data Cleaning）：主要处理数据缺失、噪声、异常点问题，通过计算与分析手段填补遗漏的数据值、平滑有噪声数据、识别或除去异常值（Outlier），以及解决不一致问题。尽管大多数数据挖掘过程均包含有对不完全（Incomplete）或噪声数据的处理，但它们并不鲁棒，其重点放在如何避免所挖掘出的模式对数据过分逼近（Overfitting）的描述上。因此，使用一些数据清洗过程对待挖掘的数据进行预处理是十分必要的。

（2）数据集成（Data Integration）：旨在将多源（如数据库、文件等）数据进行合并。由于描述同一个概念的属性在不同数据库取不同的名字，在进行数据集成时就常常会引起数据的不一致或冗余。例如，在一个数据库中顾客身份编码为"custom_id"，而在另一个数据库中则为"cust_id"。命名不一致常常也会导致同一属性值的内容不同，如在一个数据库中姓名为"Bill"，而在另一个数据库中则为"B."。同样的，大量的数据冗余不仅会降低挖掘速度，而且还会误导挖掘进程。因此，除了进行数据清洗之外，在数据集成中还需要注意消除数据的冗余。此外，在完成数据集成之后，有时还需要进行数据清洗以便消除可能存在的数据冗余。

（3）数据转换（Data Transformation）：对数据进行规范化（Normalization）操作，以满足数据挖掘下游分析的需求。在正式进行数据挖掘之前，尤其是使用基于对象距离（Distance-Based）的挖掘算法时，比如神经网络、K - 最近邻分类（Nearest Neighbor Classifier）等，必须进行数据标准化，即将其缩至特定的范围之内，如［0，1］。例如，对于顾客信息数据库中的年龄属性或工资属性，由于工资属性的取值比年龄属性的取值要大许多，如果不进行标准化处理，基于工资属性的距离将远超过基于年龄属性的距离，这就意味着工资属性的作用在整个数据对象的距离计算中被错误地放大。

（4）数据约简（Data Reduction）：在不影响挖掘结果的前提下缩小所挖掘数据规模的操作/过程。当然，完全不影响挖掘结果是不可能的，所以数据约简的目标是尽可能减少信息的丢失。现有的数据约简包括：① 数据聚合（Data Aggregation），如构造数据立方（Cube）；② 维数约简（Dimension Reduction），如通过相关分析消除多余属性；③ 数据压缩（Data Rompression），如利用编码方法（最小编码长度或小波等）；④ 数据块约简（Numerosity Reduction），如利用聚类或参数模型替代原有数据。此外，利用基于概念树的泛化（Generalization）也可以实现对数据规模的约简，有关概念树的详情将在稍后介绍。

这里需要强调的是，以上所提及的各种数据预处理方法并不是相互独立的，而是相互关联的。例如，消除数据冗余既可以看成是一种数据清洗，也可以认为是一种数据约简。由于现实世界中的数据常常是含有噪声的、不完全的和不一致的，数据预处理能够帮助改善数据的质量，进而帮助提高数据挖掘进程的有效性和准确性。高质量的决策来自高质量的数据。因此，数据预处理是整个数据挖掘与知识发现过程中的一个重要步骤。

3.3　数 据 清 洗

数据清洗旨在通过填补缺失数据、消除异常数据、平滑噪声数据，以纠正不一致的数据。以下将详细介绍数据清洗的主要处理方法。

3.3.1　缺失数据处理

假设在分析一个商场销售数据时，发现有多个记录中的属性值为空(如顾客的收入属性)，对于为空的属性值，可以采用以下方法进行缺失数据(Missing Data)处理。

(1) 忽略该条记录。若一条记录中有属性值被遗漏了，则将此条记录排除在数据挖掘过程之外。在缺失值数据对象数量少的情况下，这种策略不会在很大程度上影响挖掘结果，但是在含有属性缺失值的记录比例较大的情况下，这种方法并不很有效。

(2) 手工填补缺失值。利用专家知识或者常识对缺失的属性值进行补充与完善。一般来说，这种方法比较耗时，而且对于存在许多遗漏情况的大规模数据集而言可行性较差，尤其是很多属性很难利用专家知识来判断。例如，顾客的年纪属性一般很难准确估计。

(3) 利用缺省值填补缺失值。对一个属性的所有缺失值均利用一个事先确定好的缺省值来填补，如都用 OK 来填补。但当一个属性缺失值较多时，若采用这种方法，就可能误导挖掘进程。因此这种方法虽然简单，但并不推荐使用，或使用时需要仔细分析填补后的情况，以尽量避免对最终挖掘结果产生较大的误导。

(4) 利用均值填补缺失值。计算一个属性值的平均值，并用此值填补该属性所有遗漏的值。例如，若一个顾客的平均收入为 12 000 元，则用此值填补收入属性中所有被遗漏的值。

(5) 利用同类别均值填补缺失值。这种方法尤其适合于在进行分类挖掘时使用。例如，若要对商场顾客按信用风险进行分类挖掘，就可以用在同一信用风险类别下(如良好)收入属性的平均值，来填补所有在同一信用风险类别下收入属性的缺失值。

(6) 利用预估值填补缺失值。可以利用回归分析、贝叶斯计算公式或决策树推断出该条记录特定属性的最大可能的取值。例如，利用数据集中其他顾客的属性值，可以构造一个决策树来预测收入属性的缺失值。

最后一种方法是一种较常用的方法，与其他方法相比，它最大限度地利用了当前数据所包含的信息来帮助预测所遗漏的数据，通过利用其他属性的值来帮助预测属性输入的值。

3.3.2　噪声数据处理

噪声是指被测变量的一个随机错误和变化，常用的去噪方法有以下四种：

(1) 桶平滑方法(Bin 方法)。该方法利用周围点(近邻)对数据进行去噪处理，首先对一组数据进行排序，排序后将数据分配到若干桶。例如，首先对商品价格数据进行排序，然后将其划分为若干等高度的桶(两种典型桶平滑方法示意描述如图 3 - 2 所示)。这时既可以利用每个桶的均值进行平滑，即对每个桶中的所有值均用该桶的均值替换；也可以利用桶边界进行平滑，对于给定的桶，利用每个桶的边界值(最大值或最小值)，替换该桶中的所有值。一般来说，每个桶的宽度越宽，其平滑效果越明显。可按照等宽划分，即每个桶的取值间距（左右边界之差）相同；也可要求每个桶的高度一致，即频率一致。此外，桶平滑方法也可以用于属性的离散化处理。

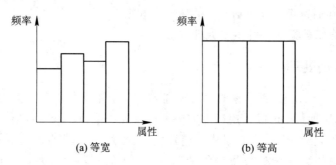

图 3 - 2　两种典型桶平滑方法

（2）聚类方法。通过聚类分析可帮助发现异常数据（Outliers），如图 3 - 3 所示，相似或相邻近的数据聚合在一起形成了各个聚类集合，而那些位于这些聚类集合之外的数据对象，自然而然就被认为是异常数据。聚类分析方法的具体内容将在第 9 章、第 10 章进行详细的介绍。

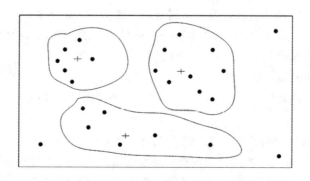

图 3 - 3　基于聚类分析的异常数据监测

（3）人机结合检查方法。通过人与计算机检查相结合的方法，可以帮助发现异常数据。例如，利用基于信息论方法可帮助识别用于分类识别手写符号库中的异常模式，所识别出的异常模式可输出到一个列表中，然后由人对这一列表中的各异常模式进行检查，并最终确认无用的模式（真正异常的模式）。这种人机结合检查方法比单纯利用手工方法手写符号库进行检查要快很多。

（4）回归方法。可以利用拟合函数对数据进行平滑。如借助线性回归（Linear Regression）方法，包括多变量回归方法，就可以获得多个变量之间的一个拟合关系，从而达到利用一个（或一组）变量值来帮助预测另一个变量取值的目的。利用回归分析方法所获得的拟合函数，能够帮助平滑数据并除去其中的噪声。回归将在第 6 章中进行详细的描述。

许多数据平滑方法，同时也是数据约简方法。例如，上述桶平滑方法，可以帮助约简一个属性中不同的取值，这也就意味着该方法可以作为基于逻辑挖掘方法中的数据约简处理。

3.3.3　不一致数据处理

现实世界的数据库中常出现数据记录内容不一致的情况，其中一些数据可以利用它们与外部的关联手工加以解决。例如，数据录入错误一般可以通过与原稿进行对比来加以纠正。此外，还有一些例程可以帮助纠正使用编码时所发生的不一致问题。知识工程工具也可以帮助发现违反数据约束条件的情况。由于同一属性在不同数据库中的取名不规范，使得在进行数据集成时，不一致的情况时有发生。数据集成以及消除数据冗余将在下一节中介绍。

3.4　数据集成与转换

数据挖掘任务常常涉及数据集成操作，即将来自多个数据源（如数据库、数据立方（Data Cubic）、普通文件等）的数据结合在一起并形成一个统一的数据集合，以便为数据挖掘工作的顺利完成提供完整的数据基础。

同时，由于数据采集的格式不一定满足数据挖掘算法的要求，需要对数据格式、类型或者描述形式进行转换以提高数据挖掘的针对性与准确性。

3.4.1　数据集成处理

在数据集成过程中，需要考虑解决以下几个问题：

（1）模式集成（Schema Integration）问题，即如何使来自多个数据源的实体相互匹配，涉及实体识别问题（Entity Identification Problem）。例如，如何确定一个数据库中的"custom_id"与另一个数据库中的"custum_number"是否表示同一实体。数据库与数据仓库通常包含元数据（Metadata），这些元数据可以帮助避免在模式集成时发生错误。

（2）数据冗余问题（Redundancy），是指相似的数据或者特征重复出现的现象，这是数据集成中经常发生的另一个问题。若一个属性完全可以从其他属性中推演出来，那这个属性就是冗余属性。例如，一个顾客数据表中的平均月收入属性就是冗余属性，显然它可以根据月收入属性计算出来。此外，属性命名不一致也会导致集成后的数据集出现不一致的情况。

利用相关分析可以帮助发现一些数据冗余情况。例如，给定两个属性 A、B，则根据这两个属性的数值，可以分析出这两个属性间的相互关系：

$$r_{A,B} = \frac{\sum (A - \overline{A})(B - \overline{B})}{(n-1)\sigma_A \sigma_B} \qquad (3-1)$$

式中：$\overline{A}$ 和 $\overline{B}$ 分别代表属性 A、B 的平均值；σ_A 和 σ_B 分别表示属性 A、B 的标准方差。若有 $r_{A,B} > 0$，则属性 A、B 是正关联，也就是说若 A 增加，则 B 也增加。相关系数值越大，说明属性正关联关系越密。若有 $r_{A,B} = 0$，则属性 A、B 相互独立，两者之间没有关系。若有 $r_{A,B} < 0$，则属性 A、B 之间是负关联，也就是说若 A 增加，则 B 就减少。$r_{A,B}$ 绝对值越大，说明属性负关联关系越密切。利用式（3-1）可以分析以上提及的两个属性"custom_id"与"custum_number"之间的关系，如果相关性高，则有足够的理由认为这两个属性为相同属性，否则为不同属性。除了检查属性是否冗余之外，还需要检查记录行的冗余。

（3）数值冲突检测与消除。对于一个现实世界实体，其来自不同数据源的属性值或许不同，产生这样问题的原因可能是表示的差异、比例尺度的不同或编码的差异等。例如，重量属性在一个系统中采用国际单位制，而在另一个系统中却采用英制，又如同样价格属性在不同的地点采用不同的货币单位。这些语义的差异为数据集成提出了许多问题。

3.4.2 数据转换处理

数据转换就是将数据转换或归并，使得其描述形式适合数据挖掘的要求。数据转换包含以下处理内容：

（1）平滑处理，用以帮助除去数据中的噪声，主要技术方法有桶平滑方法、聚类方法和回归方法等。

（2）归并处理，即对数据进行总结或合计操作。例如，每天的销售额（数据）可以进行合计操作以获得每月或每年的总额。这一操作常用于构造数据立方或对数据进行多尺度的分析。

（3）数据泛化处理，即用更抽象（更高层次）的概念来取代低层次或数据层的数据对象。例如，街道属性就可以泛化到更高层次的概念，诸如城市、国家。同样的，对于数值型的属性，如年龄属性，就可以映射到更高层次的概念，如年轻、中年和老年。

（4）标准化，即将有关属性数据按比例投射到特定范围之中。例如，将工资收入属性值映射到区间$[-1,1]$，其中-1表示极度贫困，而1表示极度富裕。标准化可以消除数值型属性因大小不一而造成挖掘结果的偏差，常用于神经网络、基于距离计算的最近邻分类和聚类挖掘的数据预处理。对于神经网络，采用标准化后的数据不仅有助于确保学习结果的正确性，而且也会帮助提高学习的速度。对于基于距离计算的挖掘，标准化方法可以帮助消除因属性取值范围不同而影响挖掘结果的公正性。下面介绍三种标准化方法。

① 最大-最小标准化方法。该方法对初始数据进行一种线性转换。设$\min_A$和$\max_A$为属性A的最小值和最大值，最大-最小标准化方法将属性A的一个值v映射为v'，且有$v'\in[\text{new\_min}_A,\text{new\_max}_A]$。具体映射计算公式为

$$v'=\frac{v-\min_A}{\max_A-\min_A}(\text{new\_max}_A-\text{new\_min}_A)+\text{new\_min}_A \qquad (3-2)$$

最大-最小标准化方法保留了原来数据中存在的关系，但若遇到超过目前属性A取值范围的数值，将会引起系统出错。

例3.1 假设收入属性的最小、最大值分别是12 000元和98 000元，若要利用最大-最小标准化方法将属性收入的值映射到0~1的范围内，则收入73 600元将被转化为

$$\frac{73600-12000}{98000-12000}(1.0-0.0)=0.716$$

② 零均值标准化方法。该方法是根据属性A的均值和偏差来对A进行标准化。属性A的v值可以通过以下计算公式获得其映射值：

$$v'=\frac{v-\overline{A}}{\sigma_A} \qquad (3-3)$$

式中：$\overline{A}$和σ_A分别为属性A的均值和方差。这种标准化方法常用于属性A最大值与最小值未知，或使用最大-最小标准化方法会出现异常的情况。

例3.2 假设属性收入的均值与方差分别为54 000元和16 000元，使用零均值标准化方法将73 600元的属性收入值映射为

$$\frac{73600 - 54000}{16000} = 1.225$$

③ 十基数变换标准化方法。该方法通过移动属性 A 值的小数位置来达到标准化的目的。所移动的小数位数取决于属性 A 绝对值的最大值。属性 A 的 v 值可以通过以下计算公式计算新值 v'：

$$v' = \frac{v}{10^j} \tag{3-4}$$

式中：j 为使 $\max(|v'|) < 1$ 成立的最小值。假设属性 A 的取值范围为 $-986 \sim 917$，属性 A 绝对值的最大值为 986。采用十基数变换标准化方法，就是将属性 A 的每个值除以 1000（即 $j=3$）即可，因此，-986 则映射为 -0.986。

另外，属性构造方法可以利用已有属性集构造出新的属性，并加入到现有属性集合中，以帮助挖掘更深层次的模式知识、提高挖掘结果的准确性。例如，根据宽、高属性，可以构造一个新属性：面积。构造合适的属性能够帮助减少学习构造决策树时所出现的碎块问题（Fragmentation Problem）。此外，通过属性结合可以帮助发现所遗漏的属性间的相互联系，而这常常对于数据挖掘过程十分重要。

3.4.3　离散化和二进制化

1. 特征赋权的原因

在数据挖掘算法中，尤其是分类算法中，对于数据类别属性（Categorical Attributes）是有具体的格式要求的。同样的，关联规则挖掘算法对交易事务数据的要求是二进制形式（Binary Attributes）。因此，常常需要将连续属性（Continuous Attributes）转变成类别属性（Categorical Attributes），即离散化（Discretization）。而连续属性或者类别属性则可能需要进行二进制化。此外，如果类别属性有太多的值，或者当一些值出现的频率很小时，需要归并一些值以减少类别的数目。

2. 典型方法

（1）二进制（Binarization）。一个简单的二进制例子是：如果类别有 m 个值，给每个原始的值赋予唯一的整数，其值域为 $\{0, 1, \cdots, m-1\}$。如果属性是顺序的，则赋值也是顺序的。需要注意的是，即便原始属性值是整数类型的，这一步也是必需的，因为原始的属性值可能不在 $\{0, 1, \cdots, m-1\}$ 集合中。下一步是将每个整数转化成二进制形式。由于 $n = \lceil \text{lb}(m) \rceil$ 个二进位制可以代表这些整数，因此表示这些数据需要有 n 位二进制字符长度，如表 3-1 所示。

表 3-1　数据二元化示例

类别	整数值	x_1	x_2	x_3
Awful	0	0	0	0
Poor	1	0	0	1
Ok	2	0	1	0
Good	3	0	1	1
Great	4	1	0	0

但是，这种转变会带来复杂性。如属性 x_2 和 x_3 会产生联系，因为 Good 这个属性的编码同时用到了这两个属性。此外，关联分析需要非对称的二进制属性，只有那些值为 1 的属性才是重要的。因此，对于关联问题，有必要给每个类别值引入一个二进制属性，如表 3 - 2 所示。如果结果属性数量过大（包括连续取值情况），下面的内容可以减少分类类别数目。

表 3 - 2　数据二元化示例

类别	整数值	x_1	x_2	x_3	x_4	x_5
Awful	0	1	0	0	0	0
Poor	1	0	1	0	0	0
Ok	2	0	0	1	0	0
Good	3	0	0	0	1	0
Great	4	0	0	0	0	1

（2）连续属性离散化（Discretization of Continuous Attributes）。离散化通常在分类和关联分析中使用。一般情况下，最好的离散化依赖于使用的算法，也要考虑到其他属性。然而，一个属性的离散化通常是单独考虑的。连续属性转变成类别属性通常涉及两个子任务，一是如何确定类别数量，二是如何确定映射关系，即第一步通过指定 $n-1$ 个分割点（Split Points）将原来的值域分割成 n 个区间，第二步将位于同一区间内的值映射到相同的类别值上。因此，离散化的问题主要是确定选择多少个分割点并在哪里分割，其结果可以表示成一个区间的集合 $\{(x_0, x_1], (x_1, x_2], \cdots, (x_{n-1}, x_n)\}$，其中 x_0 和 x_n 可能分别代表 $-\infty$ 或者 $+\infty$，且 $x_0 < x \leqslant x_1, \cdots, x_{n-1} < x < x_n$，如图 3 - 4 所示。

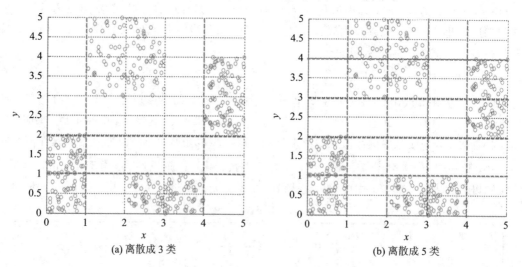

(a) 离散成 3 类　　　　　　　　　　(b) 离散成 5 类

图 3 - 4　离散化示意图

（3）非监督离散化（Unsupervised Discretization）。分类问题中离散化方法有可能使用类别信息，使用了类别信息的方法称之为监督式（Supervised）离散化方法，没有使用类别信息的方法称之为非监督（Unsupervised）离散化方法。典型的非监督离散化方法包括等宽法（Equal Width）与等频法（Equal Frequency），其中等宽法将范围内的属性划分成一个用户指定的区间数量，每个区间都有相同的宽度(Width)，这类方法的缺陷是受离群值影响很大。等频法是将相同数量的对象分到每个区间中。

(4) 监督式离散化(Supervised Discretization)。使用额外信息(如类标签)通常会产生更好的结果，而离散化所构造的区间通常会包含类别与非类别标签。从概念上讲，分割的原理是最大化区间纯度(Purity)，关于纯度的概念在第 4 章中会详细阐述。实际中，该方法需要人工选择区间纯度和区间大小。为了克服这些困难，统计方法尝试解决这些问题，其过程是先将每个类别值都作为单独的区间，再根据统计测试，合并临近的相似区间(Adjacent Intervals)以获取更大的区间。

(5) 极端情况。有太多值的类别属性(Categorical Attributes with Too Many Values)有时会产生很多极端情况。如果类别属性是顺序的，则可以利用类似连续属性离散化的方法；如果类别属性是分类的，则要利用一些领域知识。例如一个大学可以有很多学院，学院名称可能有很多值，这种情况可以将多个学院联合在一起组成更大的组织，如工程学部、社会科学学部、生物科学学部等。如果领域知识无法使用，则要根据实际情况进行操作。只有在分类精确度提高时才考虑是否合并。

3.5　数　据　约　简

对大规模的数据库内容进行复杂的数据分析通常需要耗费大量时间，这使得大数据挖掘通常变得不现实和不可行。解决这些问题通常有两类方法：一是在不改变数据的条件下通过并行处理技术提高计算效率，例如 Hadoop 平台等；二是通过算法在尽量保持数据信息不变的条件下降低数据规模。数据约简是第二类方法，可从原有庞大数据集中获得一个精简的数据集合，并使这一精简数据尽可能地保持原有数据集的完整性。显然，在精简数据集上进行数据挖掘效率更高，而且挖掘结果与使用原有数据集所获得的结果在很大程度上保持一致。

数据约简的主要策略包括：① 数据立方归并(Aggregation)，这类合计操作主要用于构造数据立方；② 维数约简，主要用于检测和消除无关或冗余的属性；③ 数据压缩，利用编码技术压缩数据集的规模大小；④ 数据块约简，利用更简单的数据表达形式，如参数模型、非参数模型(聚类、采样、直方图等)，来取代原有的数据。

3.5.1　数据立方归并

图 3-5 是对某公司三年销售额进行归并处理的示意图，其特点是针对单个维度进行归并。实际上，通过需要归并的维度远远超过一个维度。图 3-6 是一个三维数据立方从时间(年代)、公司分支和商品类型三个角度(维度)描述相应(时空)的销售额(对应一个小立方块)。每个属性都可对应一个概念层次树，以帮助进行多抽象层次的数据分析。

在最低层次所建立的数据立方称为基立方(Base Cuboid)，而最高抽象层次的数据立方称为顶立方(Apex Cuboid)，其中顶立方代表整个公司三年、所有分支、所有类型商品的销售总额。显然，每一层次的数据立方都是对其低一层数据的抽象。因此，数据立方从不同尺度对数据进行分析，是一种有效的数据约简。

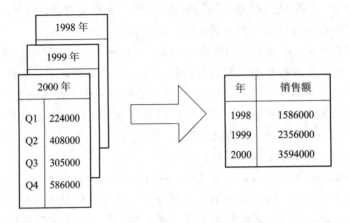

图 3 - 5　数据合计描述示意图

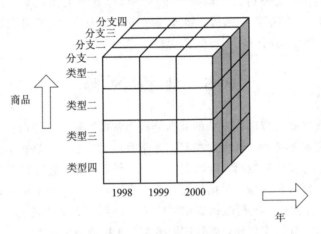

图 3 - 6　数据立方合计描述示意图

3.5.2　维数约简

　　由于数据集通常包含成千上万的属性，但是许多属性与挖掘任务无关或冗余，例如，挖掘顾客是否会在商场购买某种商品的分类规则时，顾客的电话号码很可能与挖掘任务无关。无论是漏掉相关属性，还是选择了无关属性参加数据挖掘工作，都将严重影响数据挖掘最终结果的正确性和有效性。此外，多余或无关的属性也将影响数据挖掘的挖掘效率。最有效的方式就是利用专家知识来人工筛选出最有代表性的特征，但如果利用人类专家进行属性筛选是一件困难和费时费力的工作，特别是当数据内涵并不十分清楚时。

　　维数约简可通过计算消除多余和无关属性，从而有效地降低数据属性的规模。属性子集选择方法（Attribute Subset Selection）是在确保新数据子集概率分布尽可能接近原始数据集概率分布的前提下，寻找出最小的属性子集，再利用筛选后的属性集进行数据挖掘与下游分析。由于使用了属性子集，从而使得用户更加容易理解挖掘结果。

　　从原始数据的属性集中提取最优属性子集是一个枚举搜索的过程，但是枚举方式最大的困难在于搜索空间的大小。例如，d 个属性集共有 2^d 个不同子集，显然随着属性数目 d 的不断增加，搜索空间出现指数级增长，难以实现。因此，一般利用启发知识来帮助有效缩小搜索空间，而且这类启发式搜索通常都是基于局部最优来指导并帮助获得相应的属性子集。

一般利用统计重要性的测试来帮助选择"最优"或"最差"属性，这里假设各属性之间是相互独立的。此外，还有许多评估属性的方法，如用于构造决策树的信息增益方法。构造属性子集的基本启发式方法有以下几种：

（1）逐步添加。该方法从一个空属性集开始，每次从原来属性集中选择一个当前最优的属性添加到当前属性子集中，直到无法选择出最优属性或满足一定的阈值为止。

（2）逐步约简。该方法从一个全属性集开始，每次从当前属性子集中选择一个当前最差的属性并将其从当前属性子集中消去，直到无法选择出最差属性或满足一定的阈值为止。

（3）约简与添加相结合。该方法将逐步添加与逐步约简的方法进行结合，每次从当前属性子集中选择一个当前最差的属性并将其从当前属性子集中消去，以及从原来属性集中选择一个当前最优的属性添加到当前属性子集中，直到无法选择出最优属性且无法选择出最差属性，或满足一定的阈值为止。

（4）决策树归纳。该方法利用决策树算法构造属性子集，具体做法是：利用决策树的归纳方法对初始数据进行分类归纳学习，获得一个初始决策树，所有没有出现在这个决策树上的属性均认为是无关属性，并将这些属性从初始属性集合中删除，从而获得一个较优的属性子集(决策树算法在第 4 章中将详细阐述)。

通常可以利用类别属性来帮助进行属性选择，以使所提取的属性能够更加适合概念描述和分类挖掘。由于在冗余属性与相关属性之间没有绝对界线，利用无监督学习方法进行属性选择是一个较新的研究领域。

3.5.3　数据压缩

数据压缩就是利用数据编码或数据转换等方式将原始数据进行压缩。如果利用压缩后的数据可以完全恢复原始数据，称之为无损压缩，否则就称为有损压缩。由于无损压缩的压缩比例相对较低，因此在数据挖掘领域通常使用有损压缩，典型的有损数据压缩方法是小波变换(Wavelet Transforms)和主成分分析(Principal Components Analysis，PCA)。

1. 小波变换

离散小波变换是一种线性信号处理技术，其将一个数据向量 D 转换为另一个数据向量 D'，且两个向量具有相同长度。但是对后者而言，可以舍弃一些小波相关系数，仅保留所有大于用户指定阈值的小波系数，而将其他小波系数置为 0，以帮助提高数据处理的运算效率。小波变换可以在保留原始数据主要特征的情况下剔除数据噪声，可有效地进行数据清洗。此外，给定一组小波相关系数，利用离散小波变换的逆运算还可以近似恢复原来的数据。

离散小波变换与离散傅里叶变换相近，后者也是信号处理的关键技术之一。一般来说，离散小波变换具有更好的有损压缩性能。也就是说，给定同一组数据向量(相关系数)，利用离散小波变换所获得的数据比利用离散傅里叶变换所获得的数据更接近原始数据。

应用离散小波变换进行数据转换时，通常采用通用层次算法，其中每次循环将要处理的数据一分为二进行处理，以获得更快的运算性能。其主要步骤说明如下：

（1）L 为所输入数据向量的长度（2 次方），必要时，需用 0 补齐数据向量以确保向量长度满足要求。

（2）设计两个函数，其中一个负责进行初步的数据平滑，而另外一个负责完成差值计算以获得数据的主要特征。

（3）将数据向量一分为二，分别代表输入数据的低频部分和输入数据的高频部分，然后采用步骤（2）中两个函数分别对两部分数据进行处理。

（4）对所输入的数据向量循环使用（3）中的处理步骤，直到所有划分的子数据向量的长度均为 2 为止。

（5）提出步骤（3）与（4）的结果即为小波相关系数。

类似的，也可以使用矩阵乘法对输入的数据向量进行处理来获得相应的小波相关系数，其中矩阵内容依赖于所采用的离散小波变换方法。此外，小波变换方法也可用于多维数据立方处理，具体操作就是先对第一维数据进行变换，然后再对第二维、第三维等。值得一提的是，小波变换对于稀疏或怪异（Skewed）数据也有较好的处理结果。

2. 主成分分析

假设需要压缩的数据是由 N 个数据行（向量）组成，共有 k 个维度（属性或特征），主成分分析从 k 个维度中寻找出 c 个向量，其中 $c \ll N$，从而实现对初始数据进行有效的数据压缩。主成分分析方法的主要处理步骤如下：

（1）对输入数据进行标准化，以确保各属性取值均落入相同的数值范围。

（2）根据已标准化的数据计算 c 个向量，其中所输入数据均可以表示为这 c 个向量的线性组合。

（3）对 c 个主要向量按其重要性（计算所得变化量）进行递减排序。

（4）根据所给定的用户阈值，消去重要性较低的向量，以便最终获得约简后的数据集合。

此外，利用最主要的主要素也可以较好地近似恢复原来的数据。

主成分分析方法的计算量不大且可以用于取值有序或无序的属性，同时也能处理稀疏或怪异数据。与离散小波变换相比，主成分分析方法能较好地处理稀疏数据，而离散小波变换则更适合对高维数据进行处理。

3.5.4 数据块约简

数据块约简主要包含参数与非参数两种基本方法，其中参数方法利用数学模型来帮助通过计算获得原来的数据，只需要存储模型的参数即可（当然，异常数据也需要存储）。例如，线性回归模型就可以根据一个变量预测另一个变量。而非参数方法则是存储利用直方图、聚类或取样而获得的约简后的数据集。

1. 回归与线性对数模型

回归与线性对数模型可对给定数据进行拟合，线性回归方法是利用直线对数据进行拟合。例如，利用自变量 X 的一个线性函数可以拟合因变量 Y 的输出，其线性函数模型为

$$Y = \alpha + \beta X \tag{3-5}$$

式中：系数 α、β 称为回归系数，也是直线的截距与斜率，可以通过最小二乘法进行计算。

多变量回归则是利用多个自变量的一个线性函数拟合因变量 Y 的输出,其主要计算方法与单变量线性函数计算方法类似(线性回归将在第 6 章中进行详细的阐述)。

对数线性模型则是拟合多维离散概率分布,其根据构成数据立方的较小数据块对属性的基本单元分布概率进行估计,并且利用低阶的数据立方构造高阶的数据立方。对数回归模型可用于数据压缩和数据平滑,还可用于稀疏数据以及异常数据的处理。回归模型对异常数据的处理结果要好得多。应用回归方法处理高维数据时计算复杂度较大,而对数线性模型则具有较好的可扩展性(在处理 10 个左右的属性维度时)。

2. 直方图

直方图是利用插值方法对数据分布情况进行近似,一个属性 A 的直方图就是根据属性的数据分布将其划分为若干不相交的子集(称之为桶,Bucket)。这些子集沿水平轴显示,其高度(或面积)与该桶中数据的平均(出现)频率成正比。通常,桶代表某个属性的一段连续值,若桶中仅代表一个属性值或频率,则这一桶就称为单桶。

例 3.3　以下是一个商场所销售商品的价格清单(按递增顺序排列,括号中的数表示前面数字出现的次数):1(2),5(5),8(2),10(4),12(1),14(3),15(5),18(8),20(7),21(4),25(5),28(2),30(3),上述数据所形成的属性值/频率对的直方图如图 3-7 所示。

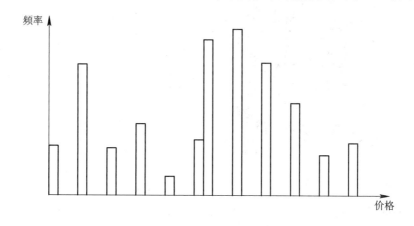

图 3-7　数据直方图描述示意图

构造直方图所涉及的数据集划分方法有:

(1)等宽方法:在一个等宽的直方图中,每个桶的宽度(范围)是相同的(如图 3-7 所示)。

(2)等高方法:在一个等高的直方图中,每个桶中的数据个数是相同的。

(3)V-最优直方图方法:若对指定桶个数的所有可能直方图进行考虑,该方法所获得的直方图在这些直方图中的变化最小。

(4)最大差异测量法:即让受访者从一组对象中指出能表明最大差异偏好的对象。例如,在几个对象中指出"最好的"和"最差的"。

一般来说,后两种方法更准确和实用,而直方图在拟合稀疏和异常数据时具有较高的效能。此外,直方图方法也可用于处理多维(属性)情况,多维直方图能够描述出属性间的相互关系。

3. 聚类

聚类技术将数据对象进行分组,使得隶属于同一组的数据对象具有以下性质:同一组或类中的对象彼此相似,而不同组或类中的对象彼此不相似。一个组或类的"质量"可以用其所含对象间的最大距离(称为半径)来衡量,也可以用中心距离(Centroid Distance),即以组或类中各对象与中心点(Centroid)距离的平均值(聚类分析将在第 9 章、第 10 章中详细阐述)来衡量。

在数据约简中,数据聚类分析的结果可替换原始数据。当然,这一技术的有效性依赖于实际数据的内在规律,在处理带有较强噪声的数据时,采用数据聚类方法常常是非常有效的。

4. 采样

数据挖掘与统计学中,抽样的动机并不相同。统计学使用抽样是因为得到感兴趣的整个数据集费用太高,也费时间,而数据挖掘使用抽样是因为处理所有数据的代价太大。抽样使样本具有代表性,即样本与总体有近似的属性,如图 3-8 所示。

图 3-8　基于采样技术的抽样例子

最简单的抽样方法是随机抽样,包括放回抽样和不放回抽样。当样本与总体数据相比很小时,两种方法没有大的区别,但是放回抽样在分析时相对简单,因为在样本处理中,选取任何对象的概率是一样的。当数据总体分布不均匀,且数量有很大不同时,简单随机抽样并不适合。随机抽样是典型的抽样方法,即要求严格遵循概率原则,每个抽样单元被抽中的概率相同,并且可以重现。随机抽样常常用于总体个数较少时,它的主要特征是从总体中逐个抽取。随机抽样可以分为单纯随机抽样、系统抽样、分层抽样以及整群抽样。

(1)分层抽样:在抽样时,将总体分成互不相交的层,然后按照一定的比例,从各层独立地抽取一定数量的个体,将各层取出的个体合在一起作为样本的方法。层内变异越小越好,层间变异越大越好。

(2)整群抽样:又称聚类抽样,是将总体中各单位归并成若干个互不交叉、互不重复的集合(称之为群),然后以群为抽样单位抽取样本的一种抽样方式。应用整群抽样时,群有较好的代表性。

(3)系统抽样法:又称等距抽样法或机械抽样法,是依据一定的抽样距离,从总体中抽取样本。要从容量为 N 的总体中抽取容量为 n 的样本,可将总体分成均衡的若干部分,然后按照预先规定的规则，从每一部分抽取一个个体，最后得到所需要的样本。

这几种抽样方法的优缺点如表 3-3 所示。

表 3-3　几种随机抽样方法的优缺点

方　　法	优　　点	缺　　点	误　　差
单纯随机抽样	操作简单、均值与方差计算简单	准确性难以保证	高
系统抽样	简单易行	容易产生偏差	较高
整群抽样	节约时间	误差率高	最高
分层抽样	代表性高、误差小	计算复杂	低

本 章 小 结

本章主要介绍了数据挖掘过程中的第一个重要处理步骤：数据预处理，其所涉及的主要内容有数据质量、数据清洗、数据集成、数据转换和数据约减等。

（1）数据质量。在实验设计中，实验数据的质量会对结果造成很大影响，因此采用预处理技术解决两个方面的问题：一是数据质量问题的检测和纠正；二是使用可以容忍低质量数据的算法。

（2）数据清洗。主要用于填补数据记录中（各属性）的遗漏数据，识别异常数据，以及纠正数据中的不一致问题。

（3）数据集成。主要用于将来自多个数据源的数据合并到一起并形成完整的数据集合。元数据、相关分析、数据冲突检测，以及不同语义整合，都是便于最终完成平滑数据的集成。

（4）数据转换。主要用于将数据转换成适合数据挖掘的形式，如标准化数据处理。

（5）数据约减。主要包括：数据立方合计、维数约减、数据压缩、数据块消减和离散化，这些方法主要用于在保证原来数据信息减少最小化的同时对原来数据规模进行消减，并提出一个简洁的数据表示。

习 　 题

1. 导致数据测量误差的原因有哪些？可以采用什么方法有效地减少测量误差？举例说明。

2. 用螺旋测微仪器对某产品进行 7 次测量，测量数据为：9.153，9.162，9.159，9.177，9.149，9.553，9.166，计算均值、方差与置信区间。

3. 马氏距离克服了欧氏距离的无关性假设，在哪种情况下马氏距离更有用？举例说明。

4. 主成分分析方法的物理解释是什么？（提示：通过特征值与线性代数分析方差，尝试给出理论解释）

5. 假定用于分析的数据包含属性 age。数据元组的 age 值(以递增排序)是:13,15,16,16,19,20,20,21,22,22,25,25,25,25,30,33,33,35,35,35,35,36,40,45,46,52,70。

(1) 该数据的均值是什么? 中位数是什么?

(2) 该数据的众数是什么? 讨论数据的峰(即双峰、三峰等)。

(3) 数据的中列数是什么?

(4) (粗略地)找出数据的第一个四分位数(Q1)和第三个四分位数(Q3)。

(5) 给出数据的五数概括,即最小值、第一四分位数(Q1)、中位数(Q2)、第三四分位数(Q3)和最大值。

(6) 画出数据的盒图。

6. 在许多应用中,新数据集可增量地添加到已有的大型数据集中。这样,计算描述性数据汇总的一个重要考虑是,是否能够以增量的方式有效地计算度量。以计数、标准差和中位数为例,说明为什么分布的或代数的度量有利于有效的增量计算,而整体度量却不行。

7. 在现实数据中,元组在某些属性缺少值是经常发生的事。描述处理该问题的各种方法。

8. 使用习题 5 给出的 age 数据回答如下问题:

(1) 使用分箱均值光滑(把一段连续的值平均分成若干段,每一段用该段均值代替,把连续值转换成离散值的过程)对以上数据进行光滑,箱的深度为 3。解释你的步骤,并评述对于给定的数据,该技术的效果。

(2) 如何确定数据中的离群点?

(3) 对于数据光滑,还有哪些其他方法?

9. 以下规范化方法的值域是什么?

(1) min-max 规范化。

(2) z-score 规范化。

(3) 小数定标规范化。

(4) 使用(1)、(2)两种方法规范化如下数据组并给出相应的值域:200,300,400,600,1000。

10. 使用流程图概述如下属性子集选择过程:

(1) 逐步向前选择。

(2) 逐步向后删除。

(3) 向前选择和向后删除的结合。

11. 假设 12 个销售价格记录组已经排序如下:5,10,11,13,15,35,50,55,72,92,204,215,使用如下方法将它们划分成三个箱。

(1) 等频(等深)划分。

(2) 等宽划分。

(3) 聚类。

参 考 文 献

［1］ WOLD S. Principal component analysis[J]. Chemometrics & Intelligent Laboratory Systems，1987，2(1)：37 − 52.

［2］ HOCKING R R . The analysis and selection of variables in linear regression[J]. Biometrics，1976，32(1)：1 − 49.

［3］ TIBSHIRANI R. Regression shrinkage and selection via the LASSO[J]. Journal of the Royal Statistical Society：Series B，1996，58(1)：267 − 288.

［4］ CRAMMER K，SINGER Y. On the learnability and design of output codes for multiclass problems[J]. Machine learning，2002，47(2 − 3)：201 − 233.

［5］ JAIN A K，DUBES R C. Algorithms for clustering data[M]. upper saddle River NJ：Prentice Hall，1988.

［6］ JAIN A K，MURTY M N，FLYNN P J. Data clustering：A review[J]. ACM Computing Surveyss，1999，3(31)：264 − 323.

［7］ XU R，WUNSCH II D. Survey of clustering algorithm[J]. IEEE Transactions on Neural Networks，2005，3(16)：645 − 678.

第4章 分类 I：概念与决策树算法

分类是一个有监督的学习过程，旨在对数据对象进行类别预测，具有广泛的应用背景，包括人脸识别、垃圾邮件识别、入侵检测、肿瘤良恶性诊断等应用。本章主要介绍分类的基本概念、决策树算法、分类性能的衡量。通过本章的学习，读者对分类的定义与意义、如何构建基于决策树的分类器、如何对分类器进行评估会有一定的了解。尽管本章只针对决策树分类算法进行详细阐述，但是本章的主要内容也是其他分类算法的基础，更多分类技术将在接下来的两章中进行详细的阐述。

4.1 引 言

4.1.1 分类的定义

简单地说，分类（Categorization or Classification）就是按照某种标准给对象贴标签（Label），再根据标签进行区分归类，而聚类是指事先没有"标签"而通过某种成团分析找出事物之间存在聚集性原因的过程。这两者的区别是：分类是事先定义好类别，且类别数不变，分类器需要由人工标注的训练样本学习得到，属于有指导学习范畴；聚类则没有事先预定的类别，类别数不确定，分类器不需要人工标注和预先训练，类别在聚类过程中自动生成。分类适合类别或分类体系已经确定的场合，如按照国图分类法分类图书；聚类则适合不存在分类体系、类别数不确定的场合，一般作为某些应用的前端，如多文档文摘、搜索引擎结果后聚类（元搜索）等。

分类的目的是学习一个分类函数或分类模型（也常常称作分类器），该模型能把数据库中的数据项映射到给定类别中的某一个类中。要构造分类器，需要有一个训练样本数据集作为输入。训练集由一组数据库记录或元组构成，每个元组是一个由有关字段（又称属性或特征）值组成的特征向量。此外，训练样本还有一个类别标签。一个具体样本的形式可表示为$(x_1, x_2, \cdots, x_n; y)$，其中 x_i 表示字段值，y 表示类别标签。分类器的构造方法有统计方法、机器学习方法、神经网络方法等。

分类的定义也存在多样性，可从不同层面定义相似程度，代表性的定义如下。

定义 4.1 通过对训练集（已知类别属性的数据）进行学习构建一个函数，利用这个函数可以尽可能准确地对测试集（未知类别属性的数据）数据对象进行预测，把这样的一个过程称为分类。分类的基本流程如图 4-1 所示，包含输入训练数据、分类模型的训练、输出类别信息三部分。

图 4-1 分类的基本流程

分类问题的目标是构建分类器或分类函数；分类问题的三大要素是训练集、测试集、模型。训练集与测试集的区别：训练集数据对象的类别属性值已知，而测试集数据对象的类别属性未知。

　　分类模型根据其应用目的不同，可分为描述性模型与预测性模型。描述性模型通常作为解释性工具，用于区分不同类中的对象。例如对于生物学家来说，一个描述性模型有助于对动物的类别进行有效识别，其中每个特征对分类的作用很明确。预测性模型则可看作一个黑箱子，自动对未知类别属性的数据对象进行预判，其特征对分类结果的影响不明确。

　　具体来说，分类技术（分类）是一种根据输入数据建立分类模型的系统方法，包括学习过程、模型构建、模型测试三个关键的步骤，其中要求所学习的模型能够很好地反映输入数据，同时也要对测试集数据进行准确的预测。图 4-2 展示的是一个完整的分类算法流程。

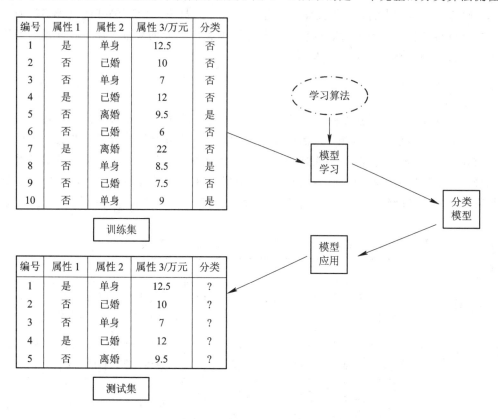

图 4-2　典型的分类算法流程

　　根据分类的数目，可以将分类问题规约为二分类问题与多分类问题。二分类问题的类别值只有两类，例如临床诊断中肿瘤的恶性与良性判断、产品检测中合格与不合格等；多分类问题的类别值有多类，例如在动物分类中有哺乳类、爬行类、两栖类、鸟类等。本书只考虑二分类问题。

4.1.2　分类的应用

　　分类是一种应用非常广泛的数据挖掘技术，应用的例子也很多。例如，根据信用卡支付历史记录，来判断具备哪些特征的用户往往具有良好的信用；根据某种病症的诊断记录，来分析哪些药物组合可以带来良好的治疗效果。这些过程的一个共同特点是：根据数据的某些属性，来估计一个特定属性的值。例如在信用分析案例中，根据用户的"年龄""性别""收入水平""职业"等属性的值，来估计该用户"信用度"属性的值应该取"好"还是"差"。在这个例子中，所研究的属性"信用度"是一个离散属性，它的取值是一个类别值，这种问题在数据挖掘中被称为分类。还有一种问题，例如根据股市交易的历史数据估计下一个交易日的大盘指数，这里所研究的属性"大盘指数"是一个连续属性，它的取值是一个实数，这种问题在数据挖掘中被称为预测。

分类的应用领域包括金融、医疗、科技等领域。在金融领域，分析多维数据，把握金融市场的变化趋势；运用分类等方法，研究洗黑钱等犯罪活动；对顾客信用进行分类，为维持与客户的关系以及为客户提供相关服务等决策提供参考。在医疗领域，运用分类算法等技术，预测病人是否患病，在很大程度上有助于医疗人员发现疾病的一些规律，从而提高诊断的准确性和治疗的有效性，不断促进人类健康医疗事业的发展。在科技领域，利用分类算法对天气与科技活动进行预报等。

4.1.3 分类算法

不同的应用背景，所获取的数据类型与任务不同，分类算法就有不同的分组。可通过不同层次对分类算法进行分组。按照机器学习的类型，将分类算法分成有监督学习的分类与无监督学习的分类；按照类别属性是连续还是离散取值，分类算法可分为分类器算法与回归分析；按照类别属性的取值多少，分为二分类算法或多分类算法等。典型的分类算法包括决策树、神经网络、SVM、贝叶斯、KNN、深度学习，它们各自的优点和缺点如表4-1所示。

表4-1 典型分类算法的优缺点列表

算 法	优 点	缺 点
朴素贝叶斯	所需估计的参数少；对于缺失数据不敏感	假设属性之间相互独立；需要知道先验概率；分类决策错误率高
决策树	不需要参数假设；适合高维数据；简单易于理解；能获得较好的性能	容易产生过拟合；忽略了属性之间的相关性；不支持在线学习
支持向量机(SVM)	可以解决小样本下机器学习的问题；可解决高维、非线性问题；可避免神经网络结构选择和局部极小的问题	缺失数据敏感；内存消耗大，难以解释；运行和调参复杂
KNN	速度极快，近似于线性；结果可解释性高	对于参数极为敏感；准确性低
神经网络	分类准确率高；并行处理能力强；分布式存储和学习能力强；鲁棒性较高	参数多；模型解释困难；训练时间过长
深度学习	分类准确率高；并行处理能力强；分布式存储和学习能力强	参数多；样本需求大；训练时间过长

4.2　决　策　树

决策树(Decision Tree)是一类常见的分类方法,其目的是通过训练集获取一个分类模型用以对新示例进行分类。分类任务可以通过一系列的问答方式进行,如"当前样本属于正类吗?"通过答案对分类的走向进行"决策"或"判定"。顾名思义,决策树是基于树结构进行决策的,这恰恰是人类面临决策问题时一种自然的处理机制。例如,校园中小猫和小狗的匹配问题,如图 4-3 所示。猫的信息为:年龄<0.5,不心仪;年龄大于≥0.5,6.5≤体重≤8.5,心仪;年龄≥0.5,体重>8.5,长相好,心仪;其余情况不心仪;根据上述条件可以构建一棵树。

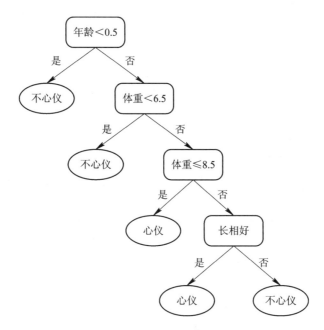

图 4-3　动物匹配问题的决策树

显然,决策过程的最终结论对应判定结果,即"心仪"或"不心仪"。决策过程中提出的每个判定问题都是对某个属性的"测试",例如"年龄=?"、"长相=?"。每个测试的结果导出最终结论,或是导出进一步的判定问题,其考虑范围是在上次决策结果的限定范围之内。例如,若在"体重=9"之后再判断"长相=?",则仅考虑体重大于 8.5 对象的长相。

决策树分类算法包含两大关键技术问题:① 决策树定义与工作流程;② 决策树构建原理。

决策树又称为判定树,是应用于分类的一种树结构,其每个内部节点代表对某一属性的一次测试,每条边代表一个针对测试的判断,叶节点代表最终的分类结果。给定一棵决策树,决策过程需要从树的根节点出发,将待测数据与决策树中的特征节点进行比较,并按照比较结果选择下一个比较分支,直到叶节点成为最终的决策结果。

定义 4.2　决策树是一种树形结构的分类器,由节点和有向边构成,节点有内部节点和叶节点,内部节点代表一个特征或者属性判定条件,叶节点代表分类结果。

节点是一棵决策树的主体。其中，没有父节点的节点称为根节点，如图 4-4 中的节点"有房"；没有子节点的节点称为叶节点。从根节点到每个叶节点的路径对应了一个判定测试序列。决策树学习的目的是产生一棵泛化能力强，即处理未见示例能力强的决策树，其基本流程遵循简单且直观的"分而治之"（Divide-and-Conquer）策略，如算法 4.1 所示。

算法 4.1　决策树学习基本算法

输入：训练集 $D=\{(x_1, y_1), (x_2, y_2), \cdots, (x_m, y_m)\}$
　　　　属性集 $A=\{a_1, a_2, \cdots, a_d\}$

过程：函数 TreeGenerate(D, A)

1：生成节点 node；
2：**if** D 中样本全属于同一类别 C **then**
3：　　将 node 标记为 C 类叶节点；**return**
4：**end if**
5：**if** $A=\phi$ **or** D 中样本在 A 上取值相同 **then**
6：　　将 node 标记为叶节点，其类别标记为 D 中样本数最多的类；**return**
7：**end if**
8：从 A 中选择最优划分属性 a_*
9：**for** a_* 的每一个值 a_*^v **do**
10：　　为 node 生成一个分支；令 D_v 表示 D 中在 a_* 上取值为 a_*^v 的样本子集
11：**if** D_v 为空 **then**
12：　　将分支节点标记为叶节点，其类别标记为 D 中样本最多的类 **return**
13：**else**
14：　　　以 TreeGenerate$(D_v, A\backslash\{a_*\})$ 为分支节点
15：**end if**
16：**end for**

输出：以 node 为根节点的一棵决策树

显然，决策树的生成是一个递归过程。在决策树基本算法中，有三种情形会导致递归返回：① 当前节点包含的样本全属于同一类别，无须划分；② 当前属性集为空，或是所有样本在所有属性上取值相同，无须划分；③ 当前节点包含的样本集合为空，不能划分。在第②种情形下，我们把当前节点标记为叶节点，并将其类别设定为该节点所包含样本最多的类别；在第③种情形下，同样把当前节点标记为叶节点，但将其类别设定为其父节点所含样本最多的类别。注意这两种情形的处理实质不同：情形②是利用当前节点的后验分布，而情形③则是把父节点的样本分布作为当前节点的先验分布。

问题 1：决策树的关键词是什么？

决策树三大要素包括：

- 树状结构；
- 非叶节点代表属性；
- 叶节点代表类别。

问题 2：决策树预测的关键是什么？

第二个关键问题是：给定决策树，如何对测试集中的数据对象进行预测，并为人们提供决策依据。决策树可以用来回答是和否问题，通过树形结构将各种情况组合都表示出来，每个分支表示一次选择（选择是还是否），直到所有选择都进行完毕，最终给出正确答案。

定义 4.3　决策树预测是指沿从根节点到叶节点的路径进行查找，即从根节点出发，根据属性取值寻找下一个节点，并重复上述过程，直到当前节点为叶节点。叶节点对应的值即为该数据对象的属性类别，如图 4-4 所示。

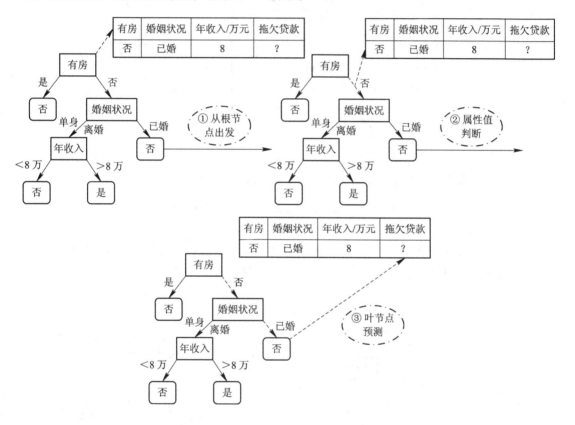

图 4-4　决策树预测过程示意图

由图 4-4 可以看出，决策树预测通过三个步骤完成：① 从根节点出发；② 根据根节点属性值进入下一个非叶节点；③ 进入叶节点，叶节点中的值就是该数据对象的类别（即最终决策）。

4.3　决策树原理与构建

本节将详细介绍决策树的原理与构建过程，以及如何构建决策树。更多决策树算法在 4.4 节中将进行详细的阐述。

4.3.1 算法原理

通过 4.2 节决策树的定义和工作流程可知，要构建决策树，需要解决三方面的问题：① 如何选择特征；② 如何对特征进行分支；③ 决策树修剪。

构建决策树的难点如下：

（1）给定训练数据集，如何来选择特征作为根节点？如图 4-5 所示，如何解决特征重要性刻画问题和什么是特征的重要性两个问题。

编号	有房者	婚姻状况	年收入/万元	拖欠贷款
1	是	单身	12.5	否
2	否	已婚	10	否
3	否	单身	7	否
4	是	已婚	12	否
5	否	离婚	9.5	是
6	否	已婚	6	否
7	是	离婚	22	否
8	否	单身	8.5	是
9	否	已婚	7.5	否
10	否	单身	9	是

图 4-5 决策树构建难点之一：特征选择困难

（2）给定特征，如何判断分支和分支数？

一旦上述两个难点问题得到解决，就可以利用递归方式构建决策树。通过将训练记录相继划分成纯度更高的子集，以递归方式建立决策树，如图 4-6 所示。

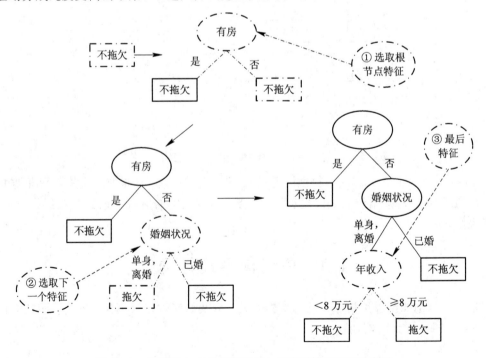

图 4-6 基于图 4-5 的训练数据，匈牙利算法流程示意图

问题 3: 对于一个完整的决策树算法, 需要解决的问题是什么?

- 如何选择特征?
- 特征如何分支?
- 最佳分支如何获取?
- 算法如何终止?

4.3.2 分支原则

假设特征已经选定(后续讨论), 该如何解决特征分支问题? 如何合理地对已选择的特征进行分支需要考虑两方面的因素, 包括特征属性取值、多分类/二分类, 具体内容如图 4 - 7 所示。

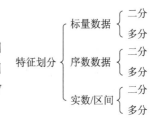

图 4 - 7 特征分支分类

现针对图 4 - 7 中的各种情况分别进行讨论与分析。

1. 标量特征分支问题

标量数据只有不同特征之间的区别, 无大小。给定车型特征, 其取值为标量, 例如, 车型(Cartype)特征包括豪华型(Luxury)、家用型(Family)、运动型(Sports)。

由于标量的取值为离散的, 所以可采用不同的值作为一个分支。车型特征可分为三个分支, 如图 4 - 8 所示, 其中每种车型为一个分支。该情况下, 多分带来的优点是: ① 简单, 易于实现; ② 可解释性强。但多分同样也有一定的缺点: 当标量取值过多时, 会导致子节点过多; 特征的取值数过多时, 分类的准确性极低。

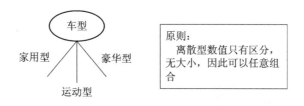

图 4 - 8 车型特征的三分支情况

为了克服该缺陷, 可以采用二分情况, 如图 4 - 9 所示。但车型特征的二分支情况存在一些缺点: 当特征的取值过多时, 组合模式呈指数级增长。

图 4 - 9 车型特征的二分支情况

2. 序数特征分支问题

序数数据的特征既有大小, 也有顺序。给定车尺寸特征, 其取值为序数数据。例如, 车尺寸(CarSize)特征包括大型(Large)、中型(Medium)、小型(Small)。

由于序数数据的取值为离散的, 所以可采用不同的值作为一个分支。与车型特征的三分支情况相同, 采用三分支对车尺寸特征进行分割, 如图 4 - 10 所示, 其中每种尺寸类型为一个分支。该情况下，多分带来的优点是：① 简单，易于实现；② 可解释性强。但它同样也有一定的缺点：分支数过多，导致过拟合，影响准确性。

图 4-10　车尺寸特征的三分支情况

为了克服该缺陷，可以采用二分情况。图 4-9 中所涉及的二分支策略不适合序数数据的二分支要求，主要原因是标量数据仅考虑大小，不考虑顺序关系，而序数数据要求分支同时考虑大小和顺序关系。对序数数据而言，进行二分支时，不能破坏顺序关系，如图 4-11 所示。

图 4-11　车尺寸特征的二分支情况

根据图 4-11，对于车尺寸特征的二分支情况，可以合理划分为以下三种：
- {小型，中型}，{大型}，划分合理；
- {小型}，{中型，大型}，划分合理；
- {小型，大型}，{中型}，划分错误，破坏数据的顺序性。

3. 实数/区间特征分支问题

实数/区间取值范围都是连续的。因此，基于标量数据与序数数据的二分/多分的技术和方法不适用于实数数据。离散化是连续特征进行分支的方式，如给定个人收入（Taxable Incomes）特征，可以通过选取不同的阈值进行二分支和多分支，如图 4-12 所示。

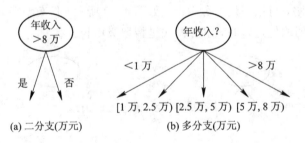

图 4-12　个人收入的分支情况

问题 4：二分策略和多分策略哪一个更好？

尽管已经知道如何进行二分和多分测序，但是还应思考哪种策略更好，这个问题将在4.3.3 节通过最优划分选择进行详细的介绍。

4.3.3 最优划分

如何判断最优划分，具体包括：① 多分还是二分的选择？② 二分/多分条件下，多种方案如何选择最优？例如图 4-13 中，如何判断和量化二分、三分、多分的优劣性？其中 C_0 表示第 0 类中的数据对象数，C_1 表示第 1 类中的数据对象数。

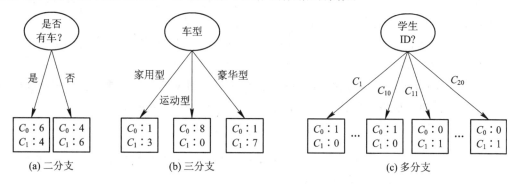

图 4-13 不同特征的分支情况

图 4-14 所示为图 4-13 的两种分类结果。可知，左侧结果不能有效地区分两类，而右侧结果可以区分两类，因此左边同质性低/纯度低，右边同质性高/纯度高。即隶属于同一类的数据对象越多，同质性越高。

那么，如何量化同质性/纯度？一旦有了量化标准，可以选择最优的划分，一般而言，随着划分过程的不断进行，

图 4-14 两种不同的分类结果

我们希望决策树的分支节点所包含的样本尽可能属于同一类别，即节点的"纯度"(Purity)越来越高。划分的原则是：导致最大同质性/纯度变化的划分为最优划分，如图4-15 所示。

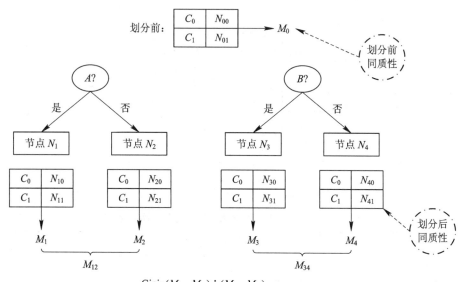

图 4-15 基于同质性/纯度标准的最优划分示意图

有很多度量可以用来确定划分记录的最佳方法，这些度量用划分前和划分后记录的类分布定义。目前通用的度量方式有三种：Gini 系数（基尼系数）、信息增益与最大错误率。

1. Gini 系数

Gini 系数是经济学里的一个概念，它是美国经济学家阿尔伯特·赫希曼根据劳伦茨曲线所定义的判断收入分配公平程度的指标。Gini 系数是一个比值，是国际上用来综合考察居民内部收入分配差异状况的一个重要分析指标。

回归分类树（Classification and Regression Tree，CART）使用"基尼系数"（Gini Index）来选择划分属性。

定义 4.4（Gini 系数） 给定决策树中的某个节点 t，其对应一组数据对象，统计该组数据中第 j 类数据对象所占有的比例，表示为 $P(j|t)$，则 Gini 系数定义为

$$Gini(t) = 1 - \sum_j P(j \mid t)^2 \qquad (4-1)$$

直观来说，$Gini(t)$ 反映了从节点 t 中随机抽取两个样本，其类别标记不一致的概率。因此，$Gini(t)$ 越小，则节点 t 的纯度越高。

问题 5：Gini 系数的性质是什么？

提示：利用数据示例引导学生分析、理解 Gini 系数的基本性质。Gini 系数的基本性质如下：

- 取值范围是 $[0, 0.5]$；
- 最小取值是 0，对应所有的数据对象都隶属于一个类别；
- 最大取值是 0.5，对应所有的数据对象都均匀分布在每个类别上；
- 值越小，纯度越高。

图 4-16 显示了二元分类问题中不同二元分布问题的 Gini 系数的计算，相应的 Gini 系数结果列于表 4-2 中。

C_1	0	$P(C_1)=0/6=0$ $P(C_2)=6/6=1$
C_2	6	$Gini=1-P(C_1)^2-P(C_2)^2=1-0-1=0$

C_1	1	$P(C_1)=1/6$ $P(C_2)=5/6$
C_2	5	$Gini=1-(1/6)^2-(5/6)^2=0.278$

C_1	2	$P(C_1)=2/6$ $P(C_2)=4/6$
C_2	4	$Gini=1-(2/6)^2-(4/6)^2=0.444$

图 4-16 Gini 系数计算

表 4-2 不同数据对象数目对应的 Gini 系数

类别	数据对象数目			
C_0	0	1	2	3
C_1	6	5	4	3
Gini 系数	0	0.278	0.444	0.500

问题 6：Gini 系数可以选择最佳划分，是否可以决定特征可分？

决策树算法追求更高的准确性以及高度的同质性，一个特征是否可分，取决于同质性/纯度是否提高，如图 4-17 所示。假设有两种方法将数据划分成较小的子集。划分前，Gini 系数等于 0.5，因为属于两个类的记录个数相等。如果选择属性 B 划分数据，节点 N_1 的 Gini 系数等于 0.408，节点 N_2 的 Gini 系数等于 0.320，派生节点的 Gini 系数的加权平均为 $7/12 \times 0.408 + 5/12 \times 0.320 = 0.371$。划分后的 Gini 指标比划分前的 Gini 指标更小，划分后更可取，即 Gini 指标降低（纯度提高）选择继续划分。

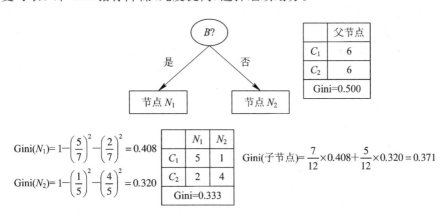

图 4-17 基于纯度/同质性决定特征是否划分

问题 7：Gini 系数可以选择最佳划分，是否可以选择二分与多分？

二分还是多分，取决于同质性/纯度是否提高，如图 4-18 所示。二元划分的 Gini 系数计算与二元属性的类似。对于车型属性，第一种二元分组{运动型，豪华型}和{家用型}的 Gini 系数加权平均是 0.4；第二种二元分组{运动型}和{家用型，豪华型}的 Gini 系数的加权平均是 0.419。第一种分组的 Gini 系数值相对较低，因为其对应的子集的纯度高得多。

三分/二分选择				二分情况下：选择最优组合分枝					

	车型				车型			车型	
	家用型	运动型	豪华型		{运动型，豪华型}	{家用型}		{运动型}	{家用型，豪华型}
C_1	1	2	1	C_1	3	1	C_1	2	2
C_2	4	1	1	C_2	2	4	C_2	1	5
Gini	0.393			Gini	0.400		Gini	0.419	

图 4-18 基尼系数可有效地解决特征分支问题与最优分支

对于多路径划分，类似于二元划分，需要计算每个属性值的 Gini 系数，再进行加权求和。由图 4-18 可知，最终得到的多路径划分的总 Gini 系数为 0.393。多路径划分的 Gini 系数比两个二元划分的都小。这一结果并不奇怪，因为二元划分实际上合并了多路径划分的某些输出，自然降低了子集的纯度。

结论：我们在候选属性集合中，选择那个使得划分后 Gini 系数最小的属性作为最优划分属性。

也可得出结论：特征是否多分/二分，选择 Gini 系数最小时所对应的划分。

那么 Gini 系数如何引导连续型特征划分？常采用离散化方式对连续型特征进行划分，其关键技术在于最优阈值的选择。那么如何选择最优阈值？

考虑图 4-19 所示的例子，图 4-20 是图 4-19 对应的离散化的结果，其中"年收入$\leqslant v$"用来划分拖欠欠款分类问题的训练记录。用穷举方法确定 v 的值，将 N 个记录中所有属性值都作为候选划分点，对每个候选 v，都要扫描一次数据集，统计年收入大于和小于 v 的记录数，然后计算每个候选的 Gini 系数，并从中选择具有最小值的候选划分点。这种计算方法代价昂贵，因为对每个候选划分点计算 Gini 系数需要 $O(N)$ 次操作，由于有 N 个候选，总的计算复杂度为 $O(N^2)$。为了降低计算复杂度，按照年收入将训练记录排序，所需要的时间为 $O(N\lg N)$，从两个相邻的排过序的属性值中选择中间值作为候选划分点，得到候选划分点 5.5、6.5、7.2 等。无论如何，与穷举方法不同，这种方法在计算候选划分点的 Gini 系数时，不需要考察所有 N 个记录。

编号	有房者	婚姻状况	年收入/万元	拖欠贷款
1	是	单身	12.5	否
2	否	已婚	10	否
3	否	单身	7	否
4	是	已婚	12	否
5	否	离婚	9.5	是
6	否	已婚	6	否
7	是	离婚	22	否
8	否	单身	8.5	是
9	否	已婚	7.5	否
10	否	单身	9	是

图 4-19　Gini 系数如何选取实数最优的阈值

作弊	否		否		否		是		是		是		否		否		否		否	
	年收入/万元																			
	6		7		7.5		8.5		9		9.5		10		12		12.5		22	
	5.5		6.5		7.2		8		8.7		9.2		9.7		11		12.2		17.2		23
	$\leqslant$	$>$	$\leqslant$	$>$	$\leqslant$	$>$	$\leqslant$	$>$	$\leqslant$	$>$	$\leqslant$	$>$	$\leqslant$	$>$	$\leqslant$	$>$	$\leqslant$	$>$	$\leqslant$	$>$
是	0	3	0	3	0	3	0	3	1	2	2	1	3	0	3	0	3	0	3	0
否	0	7	1	6	2	5	3	4	3	4	3	4	3	4	4	3	5	2	6	1	7	0
Gini	0.420		0.400		0.375		0.343		0.417		0.400		<u>0.300</u>		0.343		0.375		0.400		0.420	

图 4-20　图 4-19 对应的 Gini 系数结果

对于第一个候选 $v=5.5$，没有年收入小于 5.5 万元的记录，所以年收入<5.5 万元的派生节点的 Gini 系数是 0；另一方面，年收入大于或等于 5.5 万元的样本记录数目分别为 3（类"是"）和 7（类"否"），则该节点的 Gini 系数是 0.42。该候选划分的总 Gini 系数等于 $0\times0+1\times0.420=0.420$。

对于第二个候选 $v=6.5$，通过更新上一个候选的类分布，就可以得到该候选的类分布。更具体地说，新的分布通过考察具有最低年收入（即 6 万元）的记录类标得到。因为该记录的类标号是"否"，所以类"否"的计数从 0 增加到 1（对于年收入≤6.5 万元），从 7 降到 6（对于年收入>6.5 万元），类"是"的分布保持不变。新的候选划分点的加权平均 Gini 系数为 0.400。

重复这样的计算，直到算出所有候选的 Gini 系数值，如图 4-20 所示。最佳的划分点对应于产生最小 Gini 系数值的点，即 $v=9.7$。该过程的代价相对较低，因为更新每个候选划分点的类分布所需的时间是一个常数。该过程还可以进一步优化：仅考虑位于具有不同类标号的两个相邻记录之间的候选划分点。例如，因为前三个排序后的记录（分别具有年收入 6 万元、7 万元和 7.5 万元）具有相同的类标号，所以最佳划分点肯定不会在 6 万元和 7.5 万元之间，因此候选划分点 $v=5.5$ 万元、6.5 万元、7.2 万元、8.7 万元、9.2 万元、11 万元、12.2 万元、17.2 万元和 23 万元都将被忽略，因为它们都位于具有相同类标号的相邻记录之间。该方法使得候选划分点的个数从 11 个降到 2 个。因此，可以通过近似枚举的方式选择阈值，选择纯度最高的阈值。

2. 信息增益

定义 4.5（信息熵）　"信息熵"（Information Entropy）是度量样本集合纯度最常用的一种指标。假定当前样本集合 D 中第 k 类样本所占的比例为 $p_k(k=1, 2, \cdots, |y|)$，则 D 的信息熵定义为

$$\text{Ent}(D) = -\sum_{k=1}^{|y|} p_k \text{lb} p_k \qquad (4-2)$$

$\text{Ent}(D)$ 的值越小，则 D 的纯度越高。信息熵的基本性质如下：

- 取值范围是 $[0, 1]$；
- 最小取值是 0，对应所有的数据对象都隶属于一个类别；
- 最大取值是 1，对应所有的数据对象都均匀分布在每个类别上；
- 熵越小，纯度越高。

假定离散属性 a 有 V 个可能的取值 $\{a^1, a^2, \cdots, a^V\}$，若使用 a 来对样本集 D 进行划分，则会产生 V 个分支节点，其中第 v 个分支节点包含了 D 中所有在属性 a 上取值为 a^v 的样本，记为 D^v。可根据式（4-2）计算出 D^v 的信息熵，再考虑到不同的分支节点所包含的样本数不同，给分支节点赋予权重 $|D^v|/|D|$，即样本数越多的分支节点的影响越大，于是可计算出用属性 a 对样本集 D 进行划分所获得的"信息增益"（Information Gain）：

$$\text{Gain}(D, a) = \text{Ent}(D) - \sum_{v=1}^{V} \frac{|D^v|}{|D|} \text{Ent}(D^v) \qquad (4-3)$$

一般而言，信息增益越大，则意味着使用属性 a 来进行划分所获得的"纯度提升"越大。因此，我们可用信息增益来进行决策树的划分属性选择，即在算法 4.1 第 8 行选择属性 $a_* = \underset{a \in A}{\arg\max} \text{Gain}(D, a)$。著名的 ID3 决策树学习算法就是以信息增益为准则来选择划分属性的。

练习题示例：

表 4-3 为购车顾客的数据，其中包括顾客年龄、性别、月收入及是否购买汽车等属性。目标是建立能够估计客户是否会购买汽车的决策树。该数据包含 16 个训练样本，用以

学习一棵能预测客户是否会购买汽车的决策树。显然 $|y|=2$，即购买和不购买。在决策树开始时，根节点包含 D 中的所有样例，其中正例占 $p_1=\dfrac{4}{16}$，反例占 $p_2=\dfrac{12}{16}$。根据式(4-2)可计算出根节点的信息熵为

$$\text{Ent}(D)=-\sum_{k=1}^{2}p_k\text{lb}p_k=-\left(\frac{4}{16}\text{lb}\left(\frac{4}{16}\right)+\frac{12}{16}\text{lb}\left(\frac{12}{16}\right)\right)=0.8113$$

表 4 - 3 顾 客 数 据

编号	年龄	性别	月收入	是否购买
1	<30	男	中	否
2	≥30	女	中	否
3	≥30	女	中	否
4	≥30	女	低	否
5	<30	男	高	否
6	≥30	女	低	否
7	<30	女	低	否
8	<30	女	高	是
9	≥30	男	中	是
10	<30	男	高	否
11	≥30	女	中	否
12	<30	男	低	否
13	≥30	女	中	否
14	≥30	男	低	是
15	≥30	男	中	是
16	≥30	女	低	否

现在要找到一个能够最有效划分买车与不买车两类行为的特征，即希望引入该特征后，能够使纯度最有效地提高。接下来分别以属性{年龄，性别，月收入}为特征对样本进行划分，计算其信息增益。

若采用"年龄"作为根节点，则把所有样本分为两组，30 岁以下组有 6 人，1 人购买（因此该组内 $p_1=\dfrac{1}{6}$，$p_2=\dfrac{5}{6}$）；30 岁以上组有 10 人，3 人购买（因此该组内 $p_1=\dfrac{3}{10}$，$p_2=\dfrac{7}{10}$）。所以总的信息熵是这两组样本上计算的熵按样本比例的加权求和，即

$$\sum_{v=1}^{V} \frac{|D^v|}{|D|} \mathrm{Ent}(D^v) = -\frac{6}{16}\Big(\frac{1}{6}\,\mathrm{lb}\Big(\frac{1}{6}\Big) + \frac{5}{6}\,\mathrm{lb}\Big(\frac{5}{6}\Big)\Big) - \frac{10}{16}\Big(\frac{3}{10}\,\mathrm{lb}\Big(\frac{3}{10}\Big) + \frac{7}{10}\,\mathrm{lb}\Big(\frac{7}{10}\Big)\Big)$$

$$= 0.7946$$

于是，根据式(4−3)可计算出特征年龄的信息增益为

$$\mathrm{Gain}(D, 年龄) = \mathrm{Ent}(D) - \sum_{v=1}^{V} \frac{|D^v|}{|D|} \mathrm{Ent}(D^v)$$

$$= 0.8113 - 0.7946$$

$$= 0.0167$$

类似地，我们可以计算出采用其他两个特征"性别"和"月收入"作为根节点的信息增益分别为

$$\mathrm{Gain}(D, 性别) = 0.0972$$

$$\mathrm{Gain}(D, 月收入) = 0.0177$$

显然，特征"性别"的信息增益最大，于是将其选为划分属性。如图 4−21 所示，16 个样本被按照性别特征分成了两组，"性别＝女性"组有 9 个样本，其中 1 人购车；"性别＝男性"组有 7 个样本，其中 3 人购车。

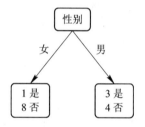

图 4−21　基于"性别"特征对根节点进行划分

然后，决策树算法将对每个分支节点进行进一步的划分。对"性别＝女性"组和"性别＝男性"组，采用与上面相同的方法分别计算两组样本上如果再采用"年龄"或"月收入"作为划分属性所得的信息增益。结果发现，对于"性别＝男性"组，采用"年龄"特征后信息增益最大，为 0.9852；而对于"性别＝女性"组，采用"月收入"作为特征后信息增益最大，为 0.688。这样就可以分别用这两个特征构建决策树下一级的节点，最终得到的决策树如图4−22 所示。

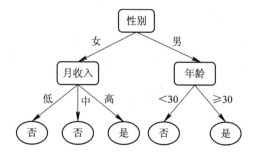

图 4−22　表 4−3 数据生成的判断客户是否购车的决策树

问题 8：决策树构建过程中节点的纯度一定是越高越好吗？

实际上，纯度并非越高越好，例如图 4−23 中最右侧的决策树，其每个节点下面的 Gini 系数都达到最优，但是这种方式未必是最好的。

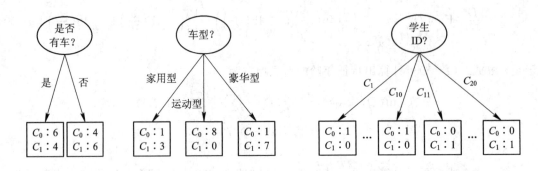

图 4 - 23 在决策树中是否纯度越高越好？

上面的例子中，有意忽略了表 4 - 3 中的"编号"这一列。这很容易理解：若把"编号"也作为一个候选划分属性，"编号"将产生 16 个分支，每个分支节点仅包含一个样本，这些分支节点的纯度已达最大。然而，这样的决策树显然不具有泛化能力，无法对新样本进行有效预测。

实际上，信息增益准则对可取值数目较多的属性有所偏好，为减少这种偏好可能带来的不利影响，著名的 C4.5 决策树算法不直接使用信息增益，而是使用"增益率"（Gain Ratio）来选择最优划分属性。采用与式（4 - 3）相同的符号表示，增益率定义为

$$\text{Gain}_{\text{ratio}(D,\,a)} = \frac{\text{Gain}(D,\,a)}{\text{IV}(a)} \tag{4 - 4}$$

其中

$$\text{IV}(a) = -\sum_{v=1}^{|V|} \frac{|D^v|}{|D|} \text{ lb } \frac{|D^v|}{|D|} \tag{4 - 5}$$

称为属性 a 的"固定值"（Intrinsic Value）。属性 a 的可能取值数目越多（即 V 越大），则 $\text{IV}(a)$ 的值通常会越大。显然，对于表 4 - 3 汽车销售的例子，也可以使用这种决策对"年龄"和"月收入"进行处理，选出当前数据下最优的划分方案。

需注意的是，增益率准则对可能取值数目较少的属性有所偏好。因此，C4.5 算法并不是直接选择增益率最大的候选划分属性，而是使用了一个启发式：先从候选划分属性中找出信息增益高于平均水平的属性，再从中选择增益率最高的。

3. 最大错误率（Maximum Error Rate）

定义 4.6（最大错误率） 给定决策树中的某个节点 t，其对应一组数据对象，统计该组数据中第 j 类数据对象所占有的比例，表示为 $p(j|t)$，则最大错误率定义为

$$\text{Error}(t) = 1 - \max_j p(j \mid t) \tag{4 - 6}$$

类似于 Gini 系数、信息增益，可利用数据来分析最大错误率的基本性质。最大错误率的基本性质如下：

- 取值范围是 $[0, 1]$；
- 最小取值是 0，对应所有的数据对象都隶属于一个类别；
- 最大取值是 $1 - 1/n$，对应所有的数据对象都均匀分布在每个类别上；
- 错误率越小，纯度越高。

课堂练习示例：图 4 - 24 给出了最大错误率不纯性度量方法的计算实例。

C_1	0	$P(C_1)=0/6=0$　$P(C_2)=6/6=1$
C_2	6	Error$=1-\max(0,1)=1-1=0$

C_1	1	$P(C_1)=1/6$　$P(C_2)=5/6$
C_2	5	Error$=1-\max(1/6,5/6)=1-5/6=1/6$

C_1	2	$P(C_1)=2/6$　$P(C_2)=4/6$
C_2	4	Error$=1-\max(2/6,4/6)=1-4/6=1/3$

最大错误率性质：
- [0, 1] 范围
- 0 表示纯度最高，如第一子图
- 纯度高，错误率值越小

图 4-24　最大错误率不纯性度量方法计算实例

启发学生提问：

问题 9：Gini 系数、信息熵、最大错误率的区别是什么？

图 4-25 展示了二元分类问题不纯性度量值的比较，可以看出，不同的不纯性度量是一致的。三种量化方式的区别是：① Gini 系数与信息熵是连续的，而最大错误率是不连续的；② 都是在 $p=0.5$ 时取值最大；③ 两端时取值最小。图 4-26 具体展示了三种量化方式的区别。其中最大错误率不发生变化，为 Error$=1-\max\left(\dfrac{7}{10},\dfrac{3}{10}\right)=0.3$，Gini 系数改进了结果。因此以 Gini 系数为划分准则更准确。

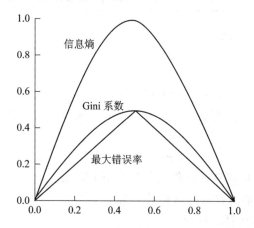

图 4-25　Gini 系数、信息熵、最大错误率之间的比较

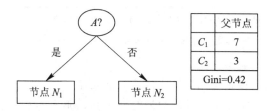

	N_1	N_2
C_1	3	4
C_2	0	3
Gini=0.361		

Gini$(N_1)=1-\left(\dfrac{3}{3}\right)^2-\left(\dfrac{0}{3}\right)^2=0$

Gini$(N_2)=1-\left(\dfrac{4}{7}\right)^2-\left(\dfrac{3}{7}\right)^2=0.489$

Gini(子节点)$=\dfrac{3}{10}\times0+\dfrac{7}{10}\times0.489=0.342$

Gini 系数改进！

图 4-26　Gini 系数、信息熵、最大错误率实例对比

4.4 补充算法

典型的决策树算法包括匈牙利算法、Cart 算法、ID3、C4.5 和 Sprint 算法等。ID3 算法是最有影响力的决策树算法之一，由 Quinlan 提出。针对 ID3 算法的缺陷，C4.5 算法的综合性能大幅度提高。本节主要详细介绍 ID3 和 C4.5 算法。

4.4.1 ID3 算法

任何一个决策树算法，其核心步骤都是为每一次分裂确定一个分裂属性，即究竟按照哪一个属性来把当前数据集划分为若干个子集，从而形成若干个"树枝"。ID3 算法以"信息增益"为度量来选择分裂属性。哪个属性在分裂中产生的信息增益最大，就选择该属性作为分裂属性。ID3 算法是一个从上到下、分而治之的归纳过程。ID3 算法的核心是：在决策树各级节点上选择分裂属性时，通过计算信息增益来选择属性，以使得在每一个非叶节点进行测试时，能获得关于被测试样本最大的类别信息。其具体方法是：检测所有的属性，选择信息增益最大的属性产生决策树节点，由该属性的不同取值建立分支，再对各分支的子集递归调用该方法建立决策树节点的分支，直到所有子集仅包括同一类别的数据为止，最后得到一棵决策树。它可以用来对新的样本进行分类，如算法 4.2 所示。

算法 4.2 ID3 算法

输入：训练数据 X

输出：决策树 T

1. 初始化决策树 T 只包含一个根节点 (X, Q)
2. **如果** T 中所有叶节点都满足 X 中属于同一类或者为空，**算法终止**
3. **否则**
4.   任意选择一个不具备步骤 2 所描述的叶节点 (X, Q)
5.   对每一个 Q 中的属性计算信息收益 $\mathrm{Gain}(X, Q)$
6.   选择具有最高信息收益的属性 B 作为分支属性
7.   利用 Gini 系数选择最佳分支
8. 跳转到步骤 2

ID3 算法是一种典型的决策树分析算法，许多决策树算法都是以 ID3 算法为基础发展而来的。ID3 算法的优点在于：构建决策树的速度比较快，计算时间随问题的难度呈线性增加，适合处理大批量数据集。

ID3 算法的缺点也很突出，具体包括以下几点：

（1）ID3 算法对训练样本质量的依赖性很强。训练样本的质量主要是指是否存在噪声和是否存在足够的样本。

（2）ID3 算法只能处理分类属性（离散属性），不能处理连续属性（数值属性）。在处理连续属性时，一般要先将连续属性划分为多个区间，转化为分类属性。例如"年龄"，要把其数值事先转换为诸如"小于 30 岁""30～50 岁""大于 50 岁"这样的区间，再根据年龄值落入某一个区间取相应的类别值。通常，区间端点的选取包含着一定的主观因素和大量的计算。

（3）ID3 算法生成的决策树是一棵多叉树，分支的数量取决于分裂属性有多少个不同的取值，这不利于处理分裂属性取值数目较多的情况。因此，目前流行的决策树算法大多采用二叉树模型。

（4）ID3 算法不包含对树的修剪，无法对决策树进行优化。

正因为 ID3 还存在着许多不足，Quinlan 对 ID3 算法进行了改进，并于 1993 年提出了 ID3 的改进算法——C4.5。

4.4.2　C4.5 算法

在决策树算法中，最常用、最经典的是 C4.5 算法。C4.5 算法由 ID3 演变而来，它在决策树算法中的主要优点是：形象直观。该算法通过两个步骤建立决策树：树的生成阶段和树的剪枝阶段。该算法主要基于信息论中的熵理论（见定义 4.5）。熵在统计学上表示事物的无序度，是系统混乱程度的统计量。C4.5 基于生成的决策树中节点所含的信息熵最小的原理，把信息增益率作为属性选择的度量标准，可以得出很容易理解的决策规则。

1. 用信息增益率来选择属性

假设要选择有 n 个输出的检验，把训练样本集 T 分区成子集 $\{T_1, T_2, T_3, \cdots, T_n\}$。假如 S 是任意样本集，设 $\mathrm{freq}(C_i, T)$ 代表 S 中属于类 C_i 的样本数量，$|S|$ 表示集 S 中的样本数量。最初的 ID3 算法用增益标准来选择需要检验的属性，即基于信息论中熵的概念。下面的关系式可以计算出集合 T 的信息熵：

$$\mathrm{Infox}(T) = -\sum_{i=1}^{k} \left(\left(\frac{\mathrm{freq}(C_i, T)}{|T|} \right) \cdot \mathrm{lb} \left(\frac{\mathrm{freq}(C_i, T)}{|T|} \right) \right)$$

按照一个属性检验 X 的 n 个分区 T 后，现在考虑另一个相似度的度量标准，所需信息可以通过这些子集熵的加权和求得：

$$\mathrm{Infox}(T) = -\sum_{i=1}^{n} \left(\left(\frac{|T_i|}{|T|} \right) \cdot \mathrm{Info}(T_i) \right)$$

进而

$$\mathrm{Gain}(X) = \mathrm{Info}(T) - \mathrm{Infox}(T)$$

表示按照检验 X 分区 T 所得到的信息。该增益标准选择了使 $\mathrm{Gain}(X)$ 最大化的检验 X，即此标准选择的是具有最高信息增益的属性。算法 4.3 给出了 C4.5 的具体算法。

算法 4.3　C4.5 算法

输入：训练数据 X

输出：决策树 T

1. 初始化决策树 T 只包含一个根节点 (X, Q)

2. **如果** T 中所有叶节点都满足 X 中属于同一类或者为空，**算法终止**

3. **否则**

4. 　　任意选择一个不具备步骤 2 所描述的叶节点 (X, Q)

5. 　　对每一个 Q 中的属性计算信息熵收益比例 (X, Q)

6. 　　选择具有最高信息增益率的属性 B 作为分支属性

7. 　　　　利用信息熵选择最佳分支

8.　　跳转到步骤 2

2. 可以处理连续数值型属性

C4.5 既可以处理离散描述型属性，也可以处理连续描述型属性。由于连续属性的可取值数目不再有限，因此，不能直接根据连续属性的取值来对节点进行划分。此时可以采用连续属性离散化技术。最简单的策略是采用二分法（Bi-Partition）对连续属性进行处理，这正是 C4.5 决策树算法中采用的机制。对此，首先要选择最优分割点，使连续属性分布于分割点两侧（二分离散化）。最优分割点是从候选分割点选取出来的，有两种生成候选分割点的方式：

（1）对连续属性排序，在每两个相邻的连续属性之间，以它们的均值作为分割点。因此，对于 N 条数据记录，将会有 $N-1$ 个分割点。

（2）对连续属性排序，在分类结果产生变化的两组数据之间确定分割点，这样可以有效地减少计算量。

给定样本集 D 和连续属性 a，假定 a 在 D 上出现了 n 个不同的取值，将这些值从小到大进行排序，记为 $\{a^1, a^2, \cdots, a^n\}$。基于划分点 t 可将 D 分为子集 D_t^- 和 D_t^+，其中 D_t^- 包含那些在属性 a 上取值小于等于 t 的样本，而 D_t^+ 则包含那些在属性 a 上取值大于 t 的样本。显然，对相邻的属性取值 a^i 和 a^{i+1} 来说，t 在区间 $[a^i, a^{i+1})$ 中取任意值所产生的划分结果相同。因此，对连续属性 a，我们可考虑包含 $n-1$ 个元素的候选划分点集合：

$$T_a = \left\{ \frac{a^i + a^{i+1}}{2} \mid 1 \leqslant i \leqslant n-1 \right\} \tag{4-7}$$

即把区间 $[a^i, a^{i+1})$ 的中位点 $\dfrac{a^i + a^{i+1}}{2}$ 作为候选划分点。然而，确定最优分割点的原则应该要求该处分割达到信息增益的最大化。而在选择分裂属性时，仍使用增益率，并且从中选择信息增益比最大的分割点来划分数据集。这样我们就可像离散属性值一样来考虑这些划分点，选择最优的划分点进行样本集合的划分。例如，可对式（4-3）稍加改造：

$$\begin{aligned}
\text{Gain}(D, a) &= \max_{t \in T_a} \text{Gain}(D, a, t) \\
&= \max_{t \in T_a} \text{Ent}(D) - \sum_{\lambda \in \{-, +\}} \frac{|D_t^\lambda|}{|D|} \text{Ent}(D_t^\lambda)
\end{aligned} \tag{4-8}$$

式中：$\text{Gain}(D, a, t)$ 是样本集 D 基于划分点 t 二分后的信息增益。这样，就可选择使 $\text{Gain}(D, a, t)$ 最大化的划分点。

3. 采用后剪枝方法修剪决策树

C4.5 采用后剪枝方法，使用特殊的方法估计误差率，该方法称为悲观修剪，可以避免树的高度无节制地增长，并且可以避免过度拟合数据。

该方法使用训练样本集本身来估计剪枝前后的误差，从而决定是否确定要剪枝。方法中使用的公式为

$$\Pr\left[\frac{f - q}{\sqrt{q(1-q)/N}} > z \right] = c$$

式中：N 是实例的数量；$f = E/N$ 为观察到的误差率（其中 E 为 N 个实例中分类错误的个数）；q 为真实的误差率；c 为置信度（C4.5 算法的一个输入参数，默认值为 0.25）；z 为对

应于置信度 c 的标准差，其值可根据 c 的设定值通过查正态分布表得到。通过该公式即可计算出真实误差率 q 的一个置信度上限，用此上限为该节点误差率 e 做一个悲观的估计：

$$e = \frac{f + \frac{z^2}{2N} + Z\sqrt{\frac{f}{N} - \frac{f^2}{N} + \frac{z^2}{4N^2}}}{1 + \frac{z^2}{N}}$$

通过判断剪枝前后 e 的大小，从而决定是否需要剪枝。

4. 对于缺失值的处理

在某些情况下，可供使用的数据可能缺少某些属性的值。假如 $\langle x, c(x) \rangle$ 是样本集 S 中的一个训练实例，但是其属性 A 的值 $A(x)$ 未知。处理缺少属性值的一种策略是赋给它节点 n 所对应的训练实例中该属性的最常见值。另外一种更复杂的策略是为 A 的每个可能值赋予一个概率。例如，给定一个属性 A，如果节点 n 包含 6 个已知 $A=1$ 和 4 个 $A=0$ 的实例，那么 $A(x)=1$ 的概率是 0.6，而 $A(x)=0$ 的概率是 0.4。于是，实例 x 的 60% 被分配到 $A=1$ 的分支，40% 被分配到另一个分支。这些片断样例的目的是计算信息增益。另外，如果有第二个缺失值的属性必须被测试，这些样例可以在后继的树分支中被进一步细分。

对于缺失值数据我们需要解决两个问题：① 如何在属性值缺失的情况下进行划分属性选择？② 给定划分属性，若样本在该属性上的值缺失，如何对样本进行划分？

以下是对两种缺失值问题的解决方案的描述：

给定训练样本集 D 和属性 a，令 $\widetilde{D}$ 表示 D 中在属性 a 上没有缺失值的样本子集。对于问题①，显然我们仅可以根据 $\widetilde{D}$ 判断属性 a 的优劣。假定属性 a 有 V 个可取的值 $\{a^1, a^2, \cdots, a^V\}$，令 $\widetilde{D}^v$ 表示 $\widetilde{D}$ 中在属性 a 上取值为 a^v 的样本子集，$\widetilde{D}^k$ 表示 $\widetilde{D}$ 中属于第 k 类 $(k=1, 2, \cdots, |y|)$ 的样本子集，显然有 $\widetilde{D} = \bigcup_{k=1}^{|y|} \widetilde{D}_k$，$\widetilde{D} = \bigcup_{v=1}^{V} \widetilde{D}^v$。假定为每个样本 x 赋予一个权重 w_x，并定义：

$$\rho = \frac{\sum\limits_{x \in \widetilde{D}} w_x}{\sum\limits_{x \in D} w_x} \tag{4-9}$$

$$\widetilde{p}_k = \frac{\sum\limits_{x \in \widetilde{D}_k} w_x}{\sum\limits_{x \in \widetilde{D}} w_x} \quad (1 \leqslant k \leqslant |y|) \tag{4-10}$$

$$\widetilde{r}_k = \frac{\sum\limits_{x \in \widetilde{D}^v} w_x}{\sum\limits_{x \in \widetilde{D}} w_x} \quad (1 \leqslant k \leqslant V) \tag{4-11}$$

可以看出，对属性 a，ρ 表示无缺失值样本所占比例，$\widetilde{p}_k$ 表示无缺失值样本中第 k 类所占的比例，$\widetilde{r}_v$ 表示无缺失值样本中在属性 a 上取值 a^v 的样本所占的比例。显然，$\sum\limits_{k=1}^{|y|} \widetilde{p}_k = 1$，$\sum\limits_{v=1}^{V} \widetilde{r}_v = 1$。

基于上述定义，可以将信息增益的计算公式(4-3)推广为

$$\begin{aligned}
\text{Gain}(D, a) &= \rho \times \text{Gain}(\widetilde{D}, a) \\
&= \rho \times \left(\text{Ent}(\widetilde{D}) - \sum_{v=1}^{V} \tilde{r}_v \text{Ent}(\widetilde{D}^v) \right)
\end{aligned} \tag{4-12}$$

其中：

$$\text{Ent}(\widetilde{D}) = - \sum_{k=1}^{|y|} \tilde{p}_k \, \text{lb} \, \tilde{p}_k$$

对于问题②，若样本 x 在划分属性 a 上取值已知，则将 x 划入与其取值对应的子节点，且样本权值在子节点中保持为 w_x。若样本 x 在划分属性 a 上取值未知，则将 x 同时划入所有子节点，且样本权值在与属性值 a^v 对应的子节点中调整为 $\tilde{r}_v \cdot w_x$。直观地看，这就是让同一个样本以不同的概率划入到不同的子节点中去。

C4.5 算法使用上述解决方案进行缺失值处理。C4.5 算法的优缺点总结如下：

优点：C4.5 算法采用信息增益率作为选择分支属性的标准，克服了 ID3 算法中信息增益选择属性时偏向选择取值多的属性的不足，并能够完成对连续属性离散化处理，还能够对不完整数据进行处理。C4.5 算法属于基于信息论的方法，它以信息论为基础，以信息熵和信息增益度为衡量标准，从而实现对数据的归纳分类。

缺点：在构造树的过程中，需要对数据集进行多次的顺序扫描和排序，因而导致算法的效率低。此外，C4.5 只适合于能够驻留于内存的数据集，当训练集无法在内存中容纳时，程序将无法运行。

4.5　过拟合/欠拟合

分类器构建中需要避免的两个问题是过分学习（过拟合）与不充分学习（欠拟合），它们都会导致算法的准确性下降、泛化能力差等。本节解释过拟合与欠拟合的基本概念，以及相应的抑制技术。

4.5.1　定义

分类包括两大关键技术：分类器构建与分类器评估。前面介绍的都是分类器的构建，下面主要介绍分类器评估方法。分类器模型的评估涉及如何有效地选择评价指标的问题。通常来说，偏差和方差是两个典型的指标。偏差是指忽略了多少数据，即预测出来的数据与真实值的差距；而方差是指模型对数据的依赖程度，即预测出来的数据的分散程度。假设使用 g 来代表预测值（这里我们把它看成是随机变量，即不同数据学习得到的模型），f 代表真实值，$\bar{g} = E(g)$ 代表算法的期望预测（如可以用不同的数据集 $D_1, D_2, \cdots, D_K$ 来得到 $\bar{g} = \frac{1}{K} \sum_k g_k(x)$），则有

$$\begin{aligned}
E(g-f)^2 &= E(g^2 - 2gf + f^2) \\
&= E(g^2) - \bar{g}^2 + (\bar{g} - f)^2 \\
&= E(g^2) - 2\bar{g}^2 + \bar{g}^2 + (\bar{g} - f)^2 \\
&= E(g^2 - 2g\bar{g}^2 + \bar{g}^2) + (\bar{g} - f)^2 \\
&= E(g - \bar{g})^2 + (\bar{g} - f)^2
\end{aligned}$$

由上式可知，偏差和方差之和是个定值。在任何建模中，总是会在偏差和方差之间进行权衡，建立模型时，我们会尝试达到最佳平衡。

借助偏差和方差可以有效地评价一个分类器。一个过拟合的模型具有高方差和低偏差。而反过来则被称为欠拟合，即不是过于密切地跟踪训练数据，而是一个不合适的模型忽略了训练数据的训练，并且无法学习输入和输出之间的潜在关系。如图 4 - 27 所示为过拟合与欠拟合示意图。分类器过拟合/欠拟合最直观的定义为：

过拟合：模型在训练样本下效果很好，但预测时表现不好的情况；

欠拟合：模型在训练和预测时表现都不好的情况。

导致过拟合/欠拟合的原因大致有：数据噪声导致不能很好地对训练数据集进行学习；样本量过小，导致学习不足，不能很好地泛化到测试数据集；过度追求纯度，导致对训练数据集过分学习，分类效果不佳。

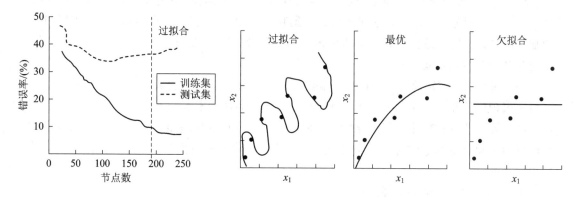

图 4 - 27　过拟合与欠拟合示意图(每个示例的过拟合/欠拟合情况均有标注)

4.5.2　规避策略

通常来说，有几种方式分别从不同的方面来解决过拟合问题，如表 4 - 4 所示。

表 4 - 4　过拟合问题的解决方法

问题	解决方法
模型过于复杂	剪枝：预剪枝、后剪枝
数据存在缺失值	赋权计算纯度
其他问题	树复制等

剪枝(Pruning)是决策树学习算法对付"过拟合"的主要手段。实验研究表明，在数据带有噪声时通过剪枝甚至可以将决策树的泛化能力提高 25% 左右。在决策树学习中，为了尽可能正确分类训练样本，节点划分过程将不断重复，有时会造成决策树分支过多，这时就可能因训练样本学得"太好"了，以至于把训练集自身的一些特点当做所有数据都具有的一般性质而导致过拟合。因此，可通过主动去掉一些分支来降低过拟合的风险。理想决策树算法满足如下三个标准：

(1) 叶节点数最少；

（2）叶节点深度最小。

决策树剪枝的基本策略有"预剪枝"（Prepruning）和"后剪枝"（Postpruning）。预剪枝是指在决策树生成过程中，对每个节点在划分前先进行评估，若当前节点的划分不能带来决策树泛化性能提升，则停止划分并将当前节点标记为叶节点；后剪枝则是先从训练集生成一棵完整的决策树，然后自底向上地对非叶节点进行考察，若将该节点对应的子树替换为叶节点能带来决策树泛化性能的提升，则将该子树替换为叶节点。

本节假定采用留出法判断决策树的泛化能力是否提升，即留一部分数据作为"验证集"进行性能评价。

1. 预剪枝

首先讨论预剪枝。在决策树生长过程中需要决定某些节点是否继续分支或直接作为叶节点。若某些节点被判断为叶节点，则该分支停止生长。用于判断决策树停止的方法一般有三种：

（1）数据划分法。即将数据划分为训练集和验证集，首先基于训练样本对决策树进行生成，直到验证集上的分类错误率达到最小时停止生长。通常采用多次交叉验证的方法，以充分利用样本数据集信息。

（2）阈值法。预先设定一个信息增益阈值，当从某节点往下生成时得到的信息增益小于设定阈值时停止树的生长。但在实际应用中，阈值的选择不容易确定。

（3）信息增益的统计显著性分析法。对已有节点获得的所有信息增益统计其分布，如果继续生长得到的信息增益与该分布相比不显著，则停止树的生长，一般可以采用卡方检验验证其显著性。

由上总结预剪枝的主要原则如下：

• 定义一个高度，当决策树达到该高度时就停止决策树的生长；

• 达到某个节点的示例具有相同的特征向量，即使这些示例不属于同一类，也可以停止决策树的生长；

• 定义一个阈值，当达到某个节点的示例个数小于阈值时停止决策树的生长；

• 定义一个阈值，计算每次扩张对系统性能的增益，通过比较信息增益值与该阈值的大小来决定是否停止决策树的生长。

图 4-28 给出了预剪枝算法示意图。

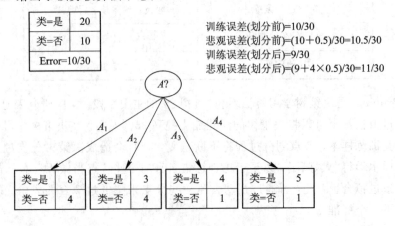

图 4-28 预剪枝算法示意图

由图 4-28 可以看出,特征 A 划分前的错误率为 0.33,划分后的错误率为 0.3,错误率增加是停止划分的一个标准。预剪枝使得决策树的很多分支都没有"展开",这不仅降低了过拟合的风险,还显著减少了决策树的训练时间开销和测试时间开销。但另一方面,有些分支的当前划分虽不能提升泛化性能,甚至可能导致泛化性能暂时下降,但在其基础上进行的后续划分却有可能导致性能显著提高。预剪枝基于"贪心"本质禁止这些分支展开,这给预剪枝决策树带来了欠拟合的风险。

2. 后剪枝

与预剪枝不同,后剪枝(Postpruning)首先构造完整的决策树,再对其进行修剪。其核心思想是对一些分支进行合并,它从叶节点出发,如果消除具有相同父节点的叶节点后不会导致信息熵的明显增加,则取消执行,并以其父节点作为新的叶节点。如此不断地从叶节点往上进行回溯,直到合并操作不再需要为止。相比于预剪枝,这种方法更常用,因为在预剪枝方法中精确地估计何时停止树增长很困难。常用的后剪枝规则包含三种:

(1) 减少分类错误的修剪法。该方法试图通过独立的剪枝集估计剪枝前后分类错误率的改变,并基于此对是否合并分支进行判断。

(2) 最小代价与复杂性的折中。该方法对合并分支后产生的错误率增加与复杂性减少进行折中考虑,最后生成一棵综合性能较优的决策树。

(3) 最小描述长度(Minimal Description Length,MDL)准则。该方法的核心思想是:最简单的决策树就是最好的决策树。首先对决策树进行编码,再通过剪枝得到编码最短的决策树。

由上总结后剪枝的主要方法如下:
- Reduced-Error Pruning(REP,错误率降低剪枝);
- Pesimistic-Error Pruning(PEP,悲观错误剪枝);
- Cost-Complexity Pruning(CCP,代价复杂度剪枝);
- Error-Based Pruning(EBP,基于错误的剪枝)。

图 4-29 给出了后剪枝算法示意图,乐观估计条件下都不剪掉,悲观估计下不剪左边剪右边。

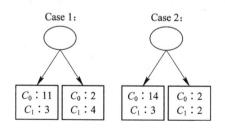

图 4-29 后剪枝算法示意图

问题 11:预剪枝与后剪枝的优点和缺点是什么?

提示:从时间、复杂度、模型复杂性与准确性等方面思考。

预剪枝与后剪枝的选择需要根据实际问题具体分析。预剪枝的策略更直接,它的困难在于估计何时停止树的生长。由于决策树的生长过程采用的是贪婪算法,即每一步都只以当前的准则最优为依据，没有全局的观念，且不会进行回溯，因此该策略缺乏对于后效性的考虑，可能导致树生长的提前中止。

后剪枝的决策树通常比预剪枝保留了更多的分支。一般情形下，后剪枝决策树的欠拟合风险很小，泛化能力往往优于预剪枝决策树。但后剪枝过程是在生成完全决策树之后进行的，并且要自底向上对树中的所有非叶节点逐一进行考察，因此其训练时间消耗比不剪枝的决策树和预剪枝决策树都要大得多。

3. 缺失值处理方法

现实任务中常会遇到不完整样本，也就是说样本的某些属性值缺失。例如由于诊测成本、隐私保护等因素，患者的医疗数据在某些属性上的取值（如 HIV 测试结果）未知；尤其是在属性数目较多的情况下，往往会有大量样本出现缺失值。如果简单地放弃这些不完整样本，只使用无缺失值样本进行学习，显然是对数据极大的浪费。数据属性值缺失有多种情况：

（1）树节点中包括缺失特征值的记录，影响其不纯性计算；

（2）父节点中包括缺失特征值的记录，影响该记录如何分配到子节点；

（3）测试记录中包括缺失特征值的记录，影响测试记录的分类。

针对问题（1）纯度计算问题，采用数据完整的样本数来估计信息增益，如图 4-30 所示。该估计值可以有效替代缺失值，从而不影响 Gini 系数的计算。在划分前，Gini 系数为 0.8813，利用树中节点（包括缺失值的记录）估计缺失值，Gini 系数为 0.2973。

编号	有房者	婚姻状况	年收入/万元	类
1	是	单身	12.5	否
2	否	已婚	10	否
3	否	单身	7	否
4	是	已婚	12	否
5	否	离婚	9.5	是
6	否	已婚	6	否
7	是	离婚	22	否
8	否	单身	8.5	是
9	否	已婚	7.5	否
10	?	单身	9	是

缺失值

划分前：熵(Parent)=$-0.3\lg(0.3)-0.7\lg(0.7)=0.8813$

	类=是	类=否
有房=是	0	3
有房=否	2	4
有房=?	1	0

在"有房"划分：

熵(有房=是)=0

熵(有房=否)=$-\frac{2}{6}\lg\left(\frac{2}{6}\right)-\frac{4}{6}\lg\left(\frac{4}{6}\right)=0.9183$

熵(Children)=$-0.3(0)+0.6(0.9183)=0.551$

Gain=$0.9\times(0.8813-0.551)=0.2973$

图 4-30　数据缺失导致纯度计算问题

针对问题（2）纯度计算问题，采用父节点的值来估计信息增益，如图 4-31 所示。

父节点"有房"的情况下，已婚状况的可能性为 0.5502，单身和离婚状况的可能性是 0.4498，从而估计得到婚姻状况的概率。可利用父节点的取值估计子节点的取值概率，进而解决数据分类问题。

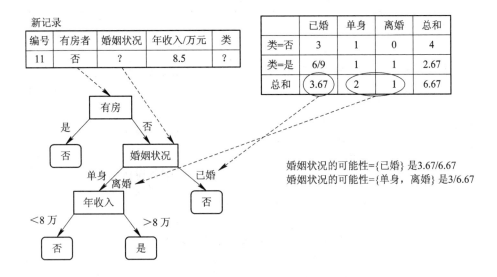

	已婚	单身	离婚	总和
类=否	3	1	0	4
类=是	6/9	1	1	2.67
总和	3.67	2	1	6.67

婚姻状况的可能性={已婚} 是3.67/6.67
婚姻状况的可能性={单身，离婚}是3/6.67

图 4-31　利用父节点的取值解决数据分类问题

针对问题(3)测试记录中包括缺失特征值的记录，影响测试记录的分类，通过不同样本所占有的比例分别对子节点进行赋权，利用概率方式进行估计与计算，如图 4-32 所示。

编号	有房者	婚姻状况	年收入/万元	类
1	是	单身	12.5	否
2	否	已婚	10	否
3	否	单身	7	否
4	是	已婚	12	否
5	否	离婚	9.5	是
6	否	已婚	6	否
7	是	离婚	22	否
8	否	单身	8.5	是
9	否	已婚	7.5	否

编号	有房者	婚姻状况	年收入/万元	类
10	?	单身	9	是

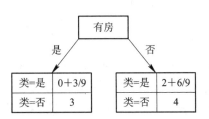

有房的可能性为"是"=3/9
有房的可能性为"否"=6/9

将记录分配给左子节点的权重=3/9
将记录分配给右子节点的权重=6/9

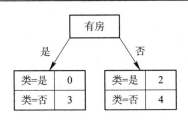

图 4-32　利用概率赋权方式解决子节点分配问题

4. 其他处理方法

解决过拟合问题除了上面提到的方法外，还有决策边界、树复制、数据分割等。多种解决过拟合问题的方法与策略的优点和缺点如表 4-5 所示。

表 4 - 5 解决过拟合方法的优缺点与使用范围

方　法	优　点	缺　点
剪枝方法	提前终止； 降低算法和模型复杂性； 提高准确性	剪枝条件判断困难
缺失估计方法	拓展使用范围； 降低模型复杂性	权重估计困难
其他类（树复制）	降低算法复杂性	子树选择困难； 复制位置难以确定

4.6　分类准确性评估

分类器构建完成之后，需要对其进行评估。目前广泛采用的准确判断方式有两类：基于混淆矩阵的准确性进行计算和构建 ROC 曲线，其区别在于前者针对离散情况，后者针对连续情况。

4.6.1　准确性

混淆矩阵（Confusion Matrix）也称误差矩阵，是表示精度评价的一种标准格式，用 n 行 n 列的矩阵形式来表示。具体评价指标有总体精度、制图精度、用户精度等，这些精度指标从不同的侧面反映了图像分类的精度。在人工智能中，混淆矩阵是可视化工具，特别用于监督学习，在无监督学习中一般称作匹配矩阵。

以分类模型最简单的二分类为例，对于这种问题，我们的模型最终需要判断样本的结果是 0 还是 1，或者说是阳性（Positive）还是阴性（Negative）。通过样本的采集，能够直接知道真实情况下，哪些数据的结果是 positive，哪些数据的结果是 negative。同时，我们通过用样本数据得到分类模型的结果，也可以通过模型预测知道这些数据哪些是 positive，哪些是 negative。因此，我们能够得到四个基础指标，它们被称为一级指标（最底层指标）：

- 真实值是 Positive，模型预测是 Positive 的数量（True Positive＝TP）；
- 真实值是 Positive，模型预测是 Negative 的数量（False Negative＝FN）；
- 真实值是 Negative，模型预测是 Nositive 的数量（False Positive＝FP）；
- 真实值是 Negative，模型预测是 Negative 的数量（True Negative＝TN）。

将这四个指标一起呈现在表格中，就能得到如图 4 - 33 所示的一个矩阵，我们称它为混淆矩阵。

说明：混淆矩阵的每一列代表了预测类别，每一列的总数表示预测为该类别的数据的数目；每一行代表了数据的真实归属类别，每一行的数据总数表示该类别的数据实例的数目。基于混淆矩阵，最常用的准确性定义为

		预测类别	
		Positive	Negative
真实 类别	Positive	a(TP)	b(FN)
	Negative	c(FP)	d(TN)

图 4 - 33 二分类问题混淆矩阵

$$Accuracy = \frac{c+d}{a+b+c+d} = \frac{TP+TN}{TP+TN+FP+FN}$$

其物理意义：正确分类数据对象所占有的比例。它的优势是常用、简单易懂，但准确性指标对于不均衡样本数据存在严重缺陷。如图 4-34 所示，当样本类别分布严重不平衡时，如正类 9990，负类 10，即使将所有样本分为正类（准确性结果为 99.9%），分类准确率依然很高，但这时分类器完全没有识别出负类，分类效果不佳，此时准确性已不能很好地评估分类模型。这种极端情况的分类结果毫无意义，应该避免所有样本分到一个类别中。

		预测标签	
		+	−
真实标签	+	9990	0
	−	10	0

图 4-34　基于混淆矩阵的准确性在样本分布不均衡情况下存在的问题

如何有效避免这类情况？可采用其他函数方式进行度量。测量分类性能的典型函数包括查准率（Precision）、查全率（Recall）、F-测度（F-值）等，如表 4-6 所示。查准率是针对模型的预测结果而言的，它表示预测为正的样本中有多少是真正的正样本；而查全率是针对真实样本而言的，它表示样本中的正例有多少被预测正确了。

表 4-6　基于混淆矩阵的准确性度量函数

名　　称	定　　义	意　　义
查准率	$Precision(P) = \dfrac{TP}{TP+FP}$	预测为阳性在真阳样本中占的比例
查全率	$Recall(R) = \dfrac{TP}{TP+FN}$	真阳样本中预测为阳性所占的比例
F-测度	$F\text{-}measure(F) = \dfrac{2PR}{P+R} = \dfrac{2TP}{样本总数+TP-TN}$	查全率与查准率的调和平均值

查准率和查全率是一对矛盾的度量。一般来说，查准率高时，查全率往往偏低；而查全率高时，查准率往往偏低。如极端情况下，只搜出了一个结果，且是准确的，那么查全率是 100%，但是查准率就很低；而如果我们把所有结果都返回，查准率必然是 100%，但是查全率却很低。往往在一些简单任务中，才可能使查准率和查全率都很高。

F-测度指标综合了查准率与查全率的结果。F-测度的取值范围为 0~1，1 代表模型的输出结果最好，0 代表模型的输出结果最差。

4.6.2　ROC 曲线

基于混淆矩阵的准确性计算前提是预测对象的隶属分类是确切的，即要么是第一类，要么是第二类，不存在第三种情况。如果算法输出值是连续的，比如概率情况下，该方法就会完全失效。解决这类问题的方法是 ROC 曲线。

受试者工作特征曲线(Receiver Operating Characteristic Curve，ROC 曲线)用构图法揭示敏感性和特异性的相互关系，是一种反映敏感性和特异性连续变量的综合指标，通过将变量设定出多个不同的阈值，从而计算出一系列成对的敏感性和特异性。ROC 曲线以真阳性(True Positive Rate，TPR)(敏感性)为纵坐标，假阳性(False Positive Rate，FPR)(1-特异性)为横坐标。ROC 曲线可以将分类器的性能可视化，方便直观地对不同分类器进行对比选择。ROC 曲线分析被广泛地用于医学、生物识别等领域，现在被越来越多地用于机器学习和数据挖掘的研究中。

考虑一个二分问题，即将实例分成正类(Positive)或负类(Negative)。对一个二分问题来说，如 4.6.1 节所述，会出现四种情况。如果一个实例是正类并且也被预测成正类，即为真阳性(TP)，也就是敏感性；如果实例是负类，被预测成正类，称之为假阳性(FP)，也就是 1-特异性。相应地，如果实例是负类，被预测成负类，称之为真阴性(TN)；正类被预测成负类，则为假阴性(FN)。根据混淆矩阵，定义真阳性率(TPR)为

$$TPR = \frac{TP}{TP+FN}$$

假阳性率(FPR)为

$$FPR = \frac{FP}{FP+TN}$$

绘制 ROC 曲线时，对每个样本确定的分类阈值 $f(y)$，以 $f(y)$ 的值降序对样本排序，分别以每个 $f(y)$ 作为阈值，计算得到成对的假阳性、真阳性，以此得到一系列成对的坐标点，这样就可以在二维平面内绘制 ROC 曲线。在一个二分类模型中，对于所得到的连续结果，假设已确定一个阈值(如 0.6)，大于这个值的实例划归为正类，小于这个值则划归为负类。如果减小阈值，减到 0.5，固然能识别出更多的正类，也就是提高了识别出的正例占所有正例的比例，即提高了 TPR，但同时也将更多的负实例当成了正实例，即提高了FPR。为了形象化这一变化，在此引入 ROC 曲线。ROC 曲线可以用于评价一个分类器，其原理如图4-35 所示。

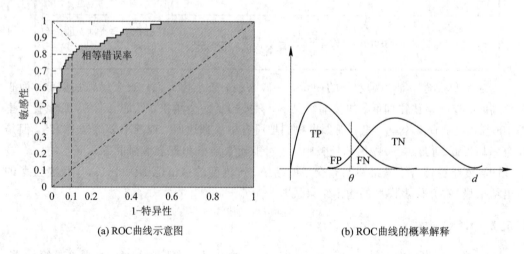

(a) ROC曲线示意图　　　　　　　　　(b) ROC曲线的概率解释

图 4-35　ROC 曲线

注意，ROC 曲线有三个关键点：

- (0，0)代表所有数据对象都分在负类，应该避免；
- (1，1)代表所有数据对象都分在正类，应该避免；
- (0，1)代表所有数据对象都正确分类，完美分类。

即 ROC 曲线越靠近左上角，该分类器分类效果越好。ROC 曲线构建算法描述如算法 4.4 所示。

算法 4.4　ROC 曲线构建算法

输入：每个数据对象预测隶属于不同分类的概率

输出：ROC 曲线

1. 把所有概率值从小到大排序
2. 从小到大选取每个概率值作为阈值
3. 以当前阈值计算 TPR 与 FNR，得到一个点
4. 当所有点完成，将点连接而成

若一个学习器的 ROC 曲线被另一个学习器的 ROC 曲线完全"包住"，则可断言后者的性能优于前者；若两个学习器的 ROC 曲线发生交叉，则难以直接断言两者的优劣。此时如果一定要进行比较，则较为合理的判别依据是比较 ROC 曲线下的面积，即 AUC（Area Under ROC Curve，ROM 曲线下面积）。如图 4-35(a)中的阴影部分就是 ROC 曲线对应的 AUC。

从定义可知，AUC 可通过对 ROC 曲线下各部分的面积求和而得。假定 ROC 曲线是由坐标为 $\{(x_1，y_1)，(x_2，y_2)，\cdots，(x_m，y_m)\}$ 的点按序列顺序形成的（$x_1=0$，$x_m=1$），则 AUC 可估算为

$$AUC = \frac{1}{2} \sum_{i=1}^{m-1} (x_{i+1} - x_i) \cdot (y_i + y_{i+1})$$

形式化来看，AUC 考虑的是样本预测的排序质量，因此它与排序误差有紧密联系。给定 m^+ 个正例和 m^- 个反例，令 D^+ 和 D^- 分别表示正、反集合，则排序"损失"（Loss）定义为

$$l_{rank} = \frac{1}{m^+ + m^-} \sum_{x^+ \in D^+} \sum_{x^- \in D^-} \left(I(f(x^+) < f(x^-)) + \frac{1}{2} I(f(x^+) = f(x^-)) \right)$$

即考虑每一对正、反例，若正例的预测值小于反例，则记一个"罚分"；若相等，则记 0.5 个"罚分"。可以看出，l_{rank} 对应的是 ROC 曲线之上的面积，若一个正例在 ROC 曲线上对应标记点的坐标为 $(x，y)$，则 x 恰是排序在其之前的反例所占的比例，即假阳性率。因此有

$$AUC = 1 - l_{rank}$$

通常，有效的学习器的 AUC 值介于 0.5～1 之间，而 AUC 越接近于 1，分类精度越高。AUC 是对学习器的平均性能进行描述的。

课堂示例：给定如表 4-7 的数据，ROC 曲线的构建过程如图 4-36 所示。

表 4-7　样本对应的阈值与类别

Id	1	2	3	4	5	6	7	8	9	10
概率	0.95	0.93	0.87	0.85	0.85	0.85	0.76	0.53	0.43	0.25
类别	+	+	−	−	−	+	−	+	−	+

Class	+	-	+	-	-	-	+	-	+	+	
阈值≥	0.25	0.43	0.53	0.76	0.85	0.85	0.85	0.87	0.93	0.95	1.00
TP	5	4	4	3	3	3	3	2	2	1	0
FP	5	5	4	4	3	2	1	1	0	0	0
TN	0	0	1	1	2	3	4	4	5	5	5
FN	0	1	1	2	2	2	2	3	3	4	5
→ TPR	1	0.8	0.8	0.6	0.6	0.6	0.6	0.4	0.4	0.2	0
→ FPR	1	1	0.8	0.8	0.6	0.4	0.2	0.2	0	0	0

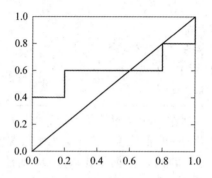

图 4 - 36   ROC 曲线构建过程示意图

本 章 小 结

决策树算法是数据挖掘中重要的组成部分，本章主要讲述分类的定义、性质、决策树构建算法的原理、典型的分类算法过程。

本章回答了如下几个问题：

（1）什么是分类？

预测数据对象类别的过程。

（2）为什么需要分类？

金融、科技、医疗、生活各方面都需要分类。

（3）什么是决策树分类器？

以树结构来构建的分类器。

（4）如何构建决策树？

四大关键技术。

（5）过拟合/欠拟合的定义？

偏差和方差不能达到一个很好的平衡。

（6）如何有效避免过拟合/欠拟合？

三大方法：剪枝、缺失值补充、其他。

习   题

1.考虑表 4 - 8 中二元分类问题的训练样本。其中，F 表示女性，M 表示男性。

表 4-8 习题 1 的数据集

客户标识	性别	车型	衬衫尺寸	类别
1	M	家庭	小	C_0
2	M	体育	中等	C_0
3	M	体育	中等	C_0
4	M	体育	大	C_0
5	M	体育	超大	C_0
6	M	体育	超大	C_0
7	F	体育	小	C_0
8	F	体育	小	C_0
9	F	体育	中等	C_0
10	F	豪华	大	C_0
11	M	家庭	大	C_1
12	M	家庭	超大	C_1
13	M	家庭	中等	C_1
14	M	豪华	超大	C_1
15	F	豪华	小	C_1
16	F	豪华	小	C_1
17	F	豪华	中等	C_1
18	F	豪华	中等	C_1
19	F	豪华	中等	C_1
20	F	豪华	大	C_1

(1) 计算整个训练样本集的 Gini 值；

(2) 计算属性"客户标识"的 Gini 值；

(3) 计算属性"性别"的 Gini 值；

(4) 计算使用多路划分属性"车型"的 Gini 值；

(5) 计算使用多路划分属性"衬衣尺寸"的 Gini 值；

(6) 属性"性别""车型""衬衣尺寸"哪个更好？

(7) 解释为什么属性"客户标识"的 Gini 值最低，但却不能作为属性的测试条件。

2. 考虑表 4-9 中二元分类问题的训练样本。其中，T 表示正确，F 表示错误。

(1) 整个训练样本集关于目标类属性的熵是多少？

（2）关于这些训练样本，a_1 和 a_2 的信息增益是多少？

（3）对于连续属性 a_3，计算所有可能划分的信息增益。

（4）根据信息增益，哪个是最佳划分（在 a_1、a_2 和 a_3 中）？

（5）根据 Gini 系数，哪个是最佳划分（在 a_1 和 a_2 中）？

表 4 - 9　习题 2 的数据集

实例	a_1	a_2	a_3	目标类
1	T	T	1.0	＋
2	T	T	6.0	＋
3	T	F	5.0	－
4	F	F	4.0	＋
5	F	T	7.0	－
6	F	F	3.0	－
7	F	F	8.0	－
8	T	F	7.0	＋
9	F	T	5.0	－

3. 证明：将节点划分为更小的后继节点之后，节点熵不会增加。

4. 考虑表 4 - 10 所示训练样本集。

（1）计算两层的决策树。使用分类错误率作为划分标准，决策树的总错误率是多少？

（2）使用 X 作为第一划分属性，两个后继节点分别在剩余的属性中选择最佳的划分属性，重复步骤（1）。所构造决策树的错误率是多少？

（3）比较（1）和（2）的结果。评价在划分属性选择上启发式贪心算法的作用。

表 4 - 10　习题 4 的数据集

X	Y	Z	C_1 类样本数	C_2 类样本数
0	0	0	5	40
0	0	1	0	15
0	1	0	10	5
0	1	1	45	0
1	0	0	10	5
1	0	1	25	0
1	1	0	5	20
1	1	1	0	15

5. 表 4 - 11 汇总了具有三个属性 A、B、C 以及两个类标号＋、－的数据集。建立一棵两层决策树。

（1）根据分类错误率，哪个属性应当选为第一个划分属性？对每个属性，给出相应表和分类错误率的增益。

（2）对根节点的两个子节点重复以上问题。

（3）最终的决策树错误率分类的实例数是多少？

（4）使用 C 作为划分属性，重复（1）、（2）和（3）。

表 4-11 习题 5 的数据集

A	B	C	实例数	
			+	−
T	T	T	5	0
F	T	T	0	20
T	F	T	20	0
F	F	T	0	5
T	T	F	0	0
F	T	F	25	0
T	F	F	0	0
F	F	F	0	25

6. 请评价两个分类模型 M_1、M_2 的性能。所选择的测试集包含 26 个二值属性，记作 $A \sim Z$。表 4-12 是模型应用到测试集时得到的后验概率（表中只显示正类的后验概率）。因为这是二类问题，所以 $P(-)=1-P(+)$，$P(-|A, \cdots, Z)=1-P(+|A, \cdots, Z)$。假设需要从正类中检测实例。

表 4-12 习题 6 的数据集

实例	真实类	$P(+|A, \cdots, Z, M_1)$	$P(+|A, \cdots, Z, M_2)$
1	+	0.73	0.61
2	+	0.69	0.03
3	−	0.44	0.68
4	−	0.55	0.31
5	+	0.67	0.45
6	+	0.47	0.09
7	−	0.08	0.38
8	−	0.15	0.05
9	+	0.45	0.01
10	−	0.35	0.04

（1）画出 M_1 和 M_2 的 ROC 曲线（画在同一幅图中）。哪个模型更好？给出理由。

（2）对模型 M_1，假设截止阈值 $t=0.5$。换句话说，任何后验概率大于 t 的测试实例都被看作正例。计算模型在此阈值下的精度、召回率和 F-测度。

（3）对模型 M_2 使用相同的截止阈值重复（2）的分析。比较两个模型的 F-测度值，哪个模型更好？所得结果和从 ROC 曲线中得到的一致吗？

（4）使用阈值 $t=0.1$ 对模型 M_1 重复（2）的分析。$t=0.5$ 和 $t=0.1$ 哪一个阈值更好？结果和从 ROC 曲线中得到的一致吗？

参 考 文 献

[1] DOMINGOS P, PAZZANI M. On the optimality of the simple Bayesian classifier under zero-one loss[S]. Machine learning, 1997, 29(2-3): 103-130.

[2] NG A Y, JORDAN M I. On discriminative vs. generative classifiers: A comparison of logistic regression and naïve Bayes[C]. In Advances in Neural Information Processing Systems 14 (NIPS), 2002, 841-848.

[3] QUINLAN J R. Discovering rules by induction from large collection of example[C]. In Expert Systems in the Micro-electronic Age (D. Michie, ed.), 1979, 168-201.

[4] QUINLAN J R. Induction of decision trees[J]. Machine Learning, 1986, 1(1): 81-106.

[5] QUINLAN J R. C4.5: Programs for machine learning[M]. San Francisco: Morgan Kaufmann, 1993.

[6] BREIMAN L, Friedman J, STONE C J, et al. Classification and regression trees [M]. Boca Raton: Chapman & Hall/CRC, 1984.

[7] VAPNIK V N. The nature of statistical learning theory[M]. New York: Springer, 1995.

[8] COVER T W, HART P E. Nearest neighbor pattern classification[J]. IEEE Transactions on Information Theory, 1967, 13(1): 21-27.

[9] BERTSEKAS D P, TSITSIKLIS J N. Neural networks for pattern recognition[J]. Agricultural Engineering Inte rnationalthe Cigr Journal of Scientific Research & Development Manuscript Pm, 1995, 12(5): 1235-1242.

[10] LECUN Y, BENGIO Y, HINTON G. Deep learning[J]. Nature, 2015, 521: 436.

[11] BRADLEY A P. The use of the area under the ROC curve in the evaluation of machines learning algorithms[J]. Pattern Recognition, 1997, 30(7): 1145-1159.

[12] HANLEY D J, TILL R J. A simple generalization of the area under the ROC curve for multiple class classification problems[J]. Machine Learning, 2001, 45(2): 171-186.

[13] MINGERS J. An empirical comparison of pruning methods for decision tree induction[J]. Machine Learning, 1989, 4(2): 227-243.

第 5 章　分类 Ⅱ：支持向量机

第 4 章中介绍的决策树算法具有操作简单、分类结果可解释性强等优点，但是决策树存在易发生过拟合、忽略数据集属性的相互关联、对于不平衡样本数据敏感度高等缺点。为了解决该问题，研究人员提出了多种解决的方法与策略。本章介绍最具有代表性的分类算法——支持向量机（Support Vector Machine，SVM），主要阐述 SVM 的发展史、算法原理与构建过程及其算法的应用。

5.1　引　　言

SVM 是一种二分类模型。它的基本模型是定义在特征空间上的间隔最大的线性分类器。SVM 还可以引入核技巧，这使它成为实质上的非线性分类器。SVM 的学习策略就是最大化间隔，可形式化为一个求解凸二次规划的问题，并在求解系统中加入了正则化项优化结构风险（Structural Risk），它是一个具有稀疏性和鲁棒性的分类器。SVM 的学习算法是求解凸二次规划的最优化算法。

SVM 的发展史分为三个阶段：出现阶段、拓展阶段和大规模应用阶段。

（1）出现阶段。SVM 于 1995 年正式发表，并在 2000 年前后掀起了"统计学习"（Statistical Learning）的高潮。同年，Vapnik 和 Cortes 提出了软间隔（soft margin）SVM，通过引进松弛变量度量数据的误分类，寻找大分隔间距和小误差补偿之间的平衡。但实际上，支持向量的概念早在 20 世纪 60 年代就已出现，统计学习理论在 20 世纪 70 年代就已成型。

（2）拓展阶段。支持向量也可以用于回归。1997 年，Drucker 等人提出支持向量回归（Support Vector Regression，SVR）的方法用于解决拟合问题。SVM 可以通过核方法（Kernel Method）进行非线性分类，是常见的核学习方法之一。SVM 是针对二分类任务设计的，对多分类任务要进行专门的推广，产生多分类 SVM（Multi-class Support Vector Machines）。

（3）大规模应用阶段。1998 年，SVM 在文本分类任务中显示出卓越的性能，并很快成为机器学习的主流技术，且在人脸识别（Face Recognition）、图像处理（Image Processing）等领域有广泛的应用。此外，研究者针对不同的方面在 SVM 基本框架下提出了很多相关的改进算法，如 Suykens 提出的最小二乘支持向量机（Least Square Support Vector Machine，LS-SVM）算法，Joachims 等人提出的 SVM-1ight，张学工提出的中心支持向量机（Central Support Vector Machine，CSVM），以及支持向量聚类（Support Vector Clustering）和半监督 SVM（Semi-Supervised SVM，S3VM）等。SVM 已有很多软件包，比较著名的有 LIBLINEAR 和 LIBSVM 等。LIBSVM 是一个通用的 SVM 软件包，可以解决分类、回归以及分布估计等问题。

SVM 备受关注，其主要原因包括：

（1）SVM 是一种有坚实理论基础的学习方法。它基本上不涉及概率测度及大数定律等，因此不同于现有的统计方法。从本质上看，它避开了从归纳到演绎的传统过程，实现了高效的从训练样本到测试样本的"转导推理"，大大简化了通常的分类和回归等问题。

（2）对特征空间划分的最优超平面是 SVM 的目标，最大化分类边际的思想是 SVM 方法的核心。

（3）支持向量是 SVM 的训练结果，在 SVM 分类决策中起决定作用的是支持向量。

（4）SVM 的最终决策函数只由少数的支持向量确定，计算的复杂性取决于支持向量的数目，而不是样本空间的维数，这在某种意义上避免了"维数灾难"，可解决高维问题。

（5）非线性映射是 SVM 方法的理论基础，SVM 利用内积核函数代替向高维空间的非线性映射。

（6）SVM 的学习算法是求解凸二次规划的最优化算法，可以避免神经网络结构选择和局部极小的问题。

5.2　数学模型

本节介绍 SVM 的动机与数学模型。SVM 的动机是在线性可分空间中如何选择最优的分界面问题，其利用最大间隔距离分界线构建 SVM 的数学模型。

5.2.1　算法动机

分类器构建面临的一个问题是：

问题 1：线性可分空间中有多种分类器，如何选择最优的分类器（分界线）？

例如，给定数据如图 5-1 所示，其中点的形状区分数据对象的类别。在数据线性可分的情况下，分类边界 B_1 和 B_2 哪条更好呢？

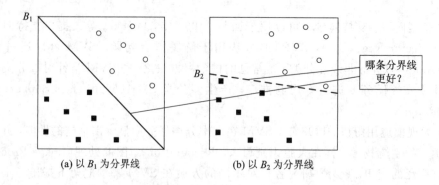

(a) 以 B_1 为分界线　　　　　　(b) 以 B_2 为分界线

图 5-1　点代表数据对象，同一形状点隶属于同一类别

直观来看，图 5-1(a)中的分界线的效果更好一些，原因在于该分界线的容错能力更强。以数学观点来看，图 5-1(a)中的分界线到数据点之间的垂直距离更大一些，这就是 SVM 最原始的驱动力。

SVM 的基本思想：

（1）在线性可分的情况下，在原空间寻找两类样本的最优分类超平面。在线性不可分的情况下，加入了松弛变量进行分析，通过使用非线性映射将低维输入空间的样本映射到高维属性空间，使其变为线性情况，从而使得在高维属性空间采用线性算法对样本的非线性进行分析成为可能，并在该特征空间中寻找最优分类超平面。

（2）通过使用结构风险最小化原理在属性空间构建最优分类超平面，使得分类器达到全局最优，并使整个样本空间的期望风险以某个概率满足一定上界。

SVM 的原理图如图 5－2 所示。其中，虚线是边界。边界太窄，则容错性低，结构风险高；边界太宽，则容错性高，结构风险低。所以，边界的选择至关重要。

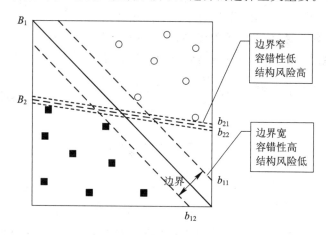

图 5－2　SVM 原理示意图：最大边界边缘

SVM 突出的优点表现为以下几方面：

（1）基于统计学习理论中结构风险最小化原则。SVM 具有良好的泛化能力，即由有限的训练样本得到的小误差能够保证使独立的测试集仍保持小的误差。

（2）SVM 的求解问题对应的是一个凸优化问题，因此得到的局部最优解一定是全局最优解。

（3）核函数的成功应用，将非线性问题转化为线性问题求解。

（4）分类间隔的最大化，使得 SVM 算法具有较好的鲁棒性。

由于 SVM 自身所具有的突出优势，它被越来越多的研究人员作为强有力的学习工具，来解决模式识别、回归估计等领域的难题。

5.2.2　数学模型

给定训练样本集 $D=\{(\boldsymbol{x}_1, y_1), (\boldsymbol{x}_2, y_2), \cdots, (\boldsymbol{x}_m, y_m)\}$，$y_i \in \{+1, -1\}$，线性分类器基于训练样本 D 在二维空间中找到一个超平面来分开两类样本。当然，这样的超平面有很多，如图 5－1 所示。但我们可以直观地感受到，图 5－1(a)中这根实线代表的超平面抗"扰动"性最好。这个超平面离直线两边的数据的间隔最大，对训练集数据的局限性或噪声有最大的"容忍"能力。在这里，这个超平面可以用函数 $f(\boldsymbol{x})=\boldsymbol{w}^{\mathrm{T}}\boldsymbol{x}+b$ 表示。当 $f(\boldsymbol{x})$ 等于 0 时，$\boldsymbol{x}$ 便是位于超平面上的点，而 $f(\boldsymbol{x})$ 大于 0 的点对应 $y=+1$ 的数据点，$f(\boldsymbol{x})$ 小于 0 的点对应 $y=-1$ 的点。为什么 $y_i \in \{+1, -1\}$，换句话说，y 只能是 +1 和 -1 吗？不能是 $y=-100$ 表示反例、$y=2000$ 表示正例，或 $y=0$ 表示反例、$y=300$ 表示正例，或 $y=5$ 表示反例、$y=-7$ 表示正例吗？当然可以。y 只是一个标签，标注为 $\{+1, -1\}$ 只是为了描述方便。若 $y=0$ 表示反例、$y=300$ 表示正例，则分正类（+）的标准变为 $(y-150)f(\boldsymbol{x})>0$。

假设：

$$
\begin{cases}
\boldsymbol{w}^{\mathrm{T}}\boldsymbol{x}_i + b \geqslant +1, & y_i = +1 \\
\boldsymbol{w}^{\mathrm{T}}\boldsymbol{x}_i + b \leqslant -1, & y_i = -1
\end{cases}
\tag{5-1}
$$

为什么可以这么定义呢？我们知道，所谓的支持向量，就是使得式（5-1）的等号成立，即最靠近两条虚边界线的向量。那么，不难理解当 $\boldsymbol{w}^{\mathrm{T}}\boldsymbol{x}_i+b$ 的值大于 +1 或小于 −1 时，就更加支持"样本的分类"了。之所以这么定义，主要是为了计算方便（从下面的叙述中，读者一定能悟到这么定义的原因）。我们可以计算得到空间中任意样本点 $\boldsymbol{x}$ 到超平面的距离为：$r=\dfrac{|\boldsymbol{w}^{\mathrm{T}}\boldsymbol{x}+b|}{\|\boldsymbol{w}\|}$，为什么呢？

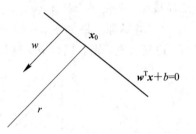

图 5-3　点到超平面的距离

如图 5-3 所示，有

$$
\begin{cases}
\boldsymbol{x} = \boldsymbol{x}_0 + \dfrac{r\boldsymbol{w}}{\|\boldsymbol{w}\|} \\
\boldsymbol{w}^{\mathrm{T}}\boldsymbol{x}_i + b = 0
\end{cases}
\tag{5-2}
$$

联立两式可得 $r=\dfrac{|\boldsymbol{w}^{\mathrm{T}}\boldsymbol{x}+b|}{\|\boldsymbol{w}\|}$。

因为 $y_i \in \{+1, -1\}$，如图 5-4 所示，则两个异类支持向量到超平面的距离之和（也称为"间隔"）可表示为 $r=\dfrac{2}{\|\boldsymbol{w}\|}$。很显然，我们要找到符合这样一个条件的超平面来分开两类数据：这个超平面离两类样本都足够远，也就是使得"间隔"最大，即最终确定的参数 $\boldsymbol{w}$ 和 b，使得 r 最大。即

$$
\begin{cases}
\max\limits_{\boldsymbol{w},\, b} \dfrac{2}{\|\boldsymbol{w}\|} \\
\text{s. t. } y_i(\boldsymbol{w}^{\mathrm{T}}\boldsymbol{x}_i + b) \geqslant 1,\ i = 1, 2, \cdots, m
\end{cases}
\tag{5-3}
$$

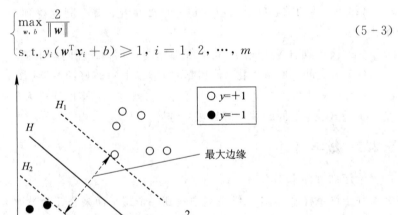

图 5-4　支持向量与间隔

显然，为了最大化间隔，仅需最大化 $\|\boldsymbol{w}\|^{-1}$，这等价于最小化 $\|\boldsymbol{w}\|^2$。于是，式（5-3）等价于

$$\begin{cases} \min\limits_{\boldsymbol{w},\, b} \dfrac{1}{2} \| \boldsymbol{w} \|^2 \\ \text{s. t. } y_i(\boldsymbol{w}^{\mathrm{T}} \boldsymbol{x}_i + b) \geqslant 1,\ i = 1,\, 2,\, \cdots,\, m \end{cases} \tag{5-4}$$

由此我们得到了 SVM 的基本优化模型。

满足上述条件，并且使 $\| \boldsymbol{w} \|^2$ 最小的分类面就称作最优分类面，两类样本中离分类面最近的点且平行于最优分类面的超平面上的训练样本点就称作"支持向量"（Support Vector），因为它们"支持"了最优分类面。

5.3　优　化　理　论

可以看到，SVM 的基本型目标函数是二次的，约束条件是线性的。这是一个凸二次规划问题，可以直接用现成的优化计算包求解。但若利用"对偶问题"来求解，会更高效，前提条件是需要对基本知识进行补充，包括凸优化、对偶理论、拉格朗日方法和 KKT（Karush-Kuhn-Tucher）条件。

5.3.1　凸优化

定义 5.1(凸函数)　$X \in \mathbf{R}^n$ 为一凸集，$f: X \to R$ 为一凸函数，凸优化就是要找出一点 $x^* \in X$，使得任意 $x \in X$，都满足 $f(x^*) \leqslant f(x)$。

可以想象成给一个凸函数，要去找到最低点，可以参考凸优化的概念或者 Stephen Boyd & Lieven Vandenberghe 的《Convex Optimization》。

目标函数和约束条件都为变量的线性函数，称作线性规划问题。目标函数为变量的二次函数和约束条件为变量的线性函数，称作二次规划问题。目标函数和约束条件都为非线性函数，称作非线性规划问题。

5.3.2　对偶理论

在线性规划早期发展中最重要的发现是对偶问题，即每一个线性规划问题（称为原始问题）有一个与它对应的对偶线性规划问题（称为对偶问题）。1928 年，美籍匈牙利数学家诺伊曼在研究对策论时发现线性规划与对策论之间存在着密切的联系，可表达成线性规划的原始问题和对偶问题。

对偶理论是研究线性规划中原始问题与对偶问题之间关系的理论。对偶理论属自动控制与系统工程范畴，主要研究经济学中的相互确定关系，涉及经济学的诸多方面。产出与成本的对偶、效用与支出的对偶，是经济学中典型的对偶关系。经济系统中还有许多其他这样的对偶关系。利用对偶性来进行经济分析的方法，称为对偶方法。每一个线性规划问题都存在一个与其对偶的问题，在求出一个问题解的同时，也给出了另一个问题的解。

原始问题和对偶问题的标准形式如下。设原始问题为

$$\min z = \boldsymbol{c}\boldsymbol{x}$$
$$\text{s. t. } \boldsymbol{A}\boldsymbol{x} \leqslant \boldsymbol{b},\ \boldsymbol{x} \geqslant 0 \tag{5-5}$$

则对偶问题为

$$\max \boldsymbol{w} = \boldsymbol{y}\boldsymbol{b}$$

$$\text{s. t. } yA \geqslant c, \ y \leqslant 0 \qquad\qquad (5-6)$$

式中：max 表示求极大值；min 表示求极小值；s. t. 表示"约束条件为"；z 为原始问题的目标函数；w 为对偶问题的目标函数；x 为原始问题的决策变量列向量（$n \times 1$）；y 为对偶问题的决策变量行向量（$1 \times m$）；A 为原始问题的系数矩阵（$m \times n$）；b 为原始问题的右端常数列向量（$m \times 1$）；c 为原始问题的目标函数系数行向量（$1 \times n$）。在原始问题与对偶问题之间存在着一系列深刻的关系，现已得到严格数学证明的有如下定理。

定理 5.1（弱对偶定理）　若上述原始问题和对偶问题分别有可行解 x_0 和 y_0，则 $cx_0 \leqslant y_0 b$。这个定理表明极大化问题任一可行解的目标函数值总是不大于它的对偶问题的任一可行解的目标函数值。

证明：略。

定理 5.2（强对偶定理）　若上述原始问题和对偶问题都可行，则它们分别有最优解 x^* 和 y^*，且 $cx^* = y^* b$。

证明：略。

定理 5.3（最优准则定理）　若上述原始问题和对偶问题分别有可行解 x_0 和 y_0，且两者的目标函数值相等，即 $cx_0 \leqslant y_0 b$，则两个可行解分别为对应线性规划的最优解。

证明：略。

定理 5.4（松弛定理）　若上述原始问题和对偶问题分别有可行解 x_0 和 y_0，且 u_0 和 v_0 分别为它们的松弛变量，则当且仅当 $x_0 v_0 = 0$ 和 $y_0 u_0 = 0$ 时，x_0 和 y_0 分别为它们的最优解。$x_0 v_0 = 0$ 和 $y_0 u_0 = 0$ 这两个等式称为互补松弛条件。

定理 5.5（互补松弛定理）　若上述原始问题和对偶问题分别有可行解 x_0 和 y_0，且 u_0 和 v_0 分别为它们的松弛变量，则当且仅当 $x_0 v_0 + y_0 u_0 = 0$ 时，x_0 和 y_0 为它们的最优解。

1. 对称对偶线性规划

具有对称形式的线性规划的特点是：

（1）全部约束条件均为不等式，对极大化问题为"$\leqslant$"，对极小化问题为"$\geqslant$"。

（2）全部变量均为非负。

其算法流程如算法 5.1 所示。

算法 5.1　对称对偶线性规划

输入：原优化问题

输出：对偶优化问题

1. 规定非负的对偶变量，变量数等于原始问题的约束方程数
2. 把原始问题的目标函数系数作为对偶问题约束不等式的右端常数
3. 把原始问题约束不等式的右端常数作为对偶问题的目标函数系数
4. 把原始问题的系数矩阵转置后作为对偶问题的系数矩阵
5. 把原始问题约束条件中不等号反向作为对偶问题约束条件的不等号
6. 把原始问题目标函数取极大化改成对偶问题目标函数取极小化

---

2. 非对称对偶线性规划

（1）有时线性规划并不以对称方式出现，如约束条件并不都是同向不等式；

（2）变量可以是非正的或没有符号约束。

非对称对偶线性规划可参照原始-对偶表按下列步骤进行，其算法流程如算法 5.2 所示。

算法 5.2　非对称对偶线性规划

输入：原优化问题

输出：对偶优化问题

1. 规定对偶变量，变量个数等于原始问题约束不等式数
2. 把原始问题的目标函数系数作为对偶问题约束不等式的右端常数
3. 把原始问题约束不等式的右端常数作为对偶问题的目标函数系数
4. 把原始问题的系数矩阵转置后作为对偶问题的系数矩阵
5. 根据原始问题的约束不等式情况，确定对偶变量的符号约束
6. 根据原始问题决策变量符号约束，确定对偶问题约束不等式符号方向

5.3.3　拉格朗日方法和 KKT 条件

在求取有约束条件的优化问题时，拉格朗日乘子（Lagrange Multiplier）法和 KKT 条件是非常重要的两个求取方法。对于等式约束的优化问题，可以应用拉格朗日乘子法去求取最优值；如果含有不等式约束，可以应用 KKT 条件去求取。当然，这两个方法求得的结果只是必要条件，只有当是凸函数的情况下，才能保证是充分必要条件。KKT 条件是拉格朗日乘子法的泛化。

通常需要求解的最优化问题有如下几类：

（1）无约束优化问题，可以写为

$$\min f(\boldsymbol{x}) \tag{5-7}$$

（2）有等式约束的优化问题，可以写为

$$\begin{cases} \min f(\boldsymbol{x}) \\ \text{s. t. } h_i(\boldsymbol{x}) = 0,\ i = 1, 2, \cdots, n \end{cases} \tag{5-8}$$

（3）有不等式约束的优化问题，可以写为

$$\begin{cases} \min f(\boldsymbol{x}) \\ \text{s. t. } g_i(\boldsymbol{x}) = 0,\ i = 1, 2, \cdots, n \\ h_j(\boldsymbol{x}) = 0,\ j = 1, 2, \cdots, m \end{cases} \tag{5-9}$$

对于第（1）类的优化问题，常常使用 Fermat 定理，即求取 $f(\boldsymbol{x})$ 的导数，然后令其为零，可以求得候选最优值，再在这些候选值中验证。如果是凸函数，可以保证是最优解。对于第（2）类的优化问题，常常使用拉格朗日乘子法，即把等式约束 $h_j(\boldsymbol{x})$ 用一个系数与 $f(\boldsymbol{x})$ 合并为一个函数，称为拉格朗日函数，而系数称为拉格朗日乘子。通过拉格朗日函数对各个变量求导，并令其为零，可以求得候选值集合，然后验证求得最优值。对于第（3）类的优化问题，常常使用 KKT 条件。同样的，我们把所有的等式、不等式约束与 $f(\boldsymbol{x})$ 写为一个式子，也称为拉格朗日函数，系数也称为拉格朗日乘子，通过一些条件，可以求出最优值的必要条件，这个条件称为 KKT 条件。

定义 5.2（拉格朗日乘子法）　对于等式约束，我们可以通过一个拉格朗日系数 a 把等

式约束和目标函数组合成为一个式子 $L(\boldsymbol{a}, \boldsymbol{x}) = f(\boldsymbol{x}) + \boldsymbol{a}h(\boldsymbol{x})$，这里把 $\boldsymbol{a}$ 和 $h(\boldsymbol{x})$ 视为向量形式，$\boldsymbol{a}$ 是行向量，$h(\boldsymbol{x})$ 为列向量，然后求取最优值。可以通过对 $L(\boldsymbol{a}, \boldsymbol{x})$ 对各个参数求导取零，联立等式进行求取。

定义 5.3(KKT 条件) 对于含有不等式约束的优化问题，如何求取最优值呢？常用的方法是 KKT 条件。同样的，把所有的不等式约束、等式约束和目标函数全部写为一个式子 $L(\boldsymbol{a}, \boldsymbol{b}, \boldsymbol{x}) = f(\boldsymbol{x}) + \boldsymbol{a}g(\boldsymbol{x}) + \boldsymbol{b}h(\boldsymbol{x})$，KKT 条件则是要求最优值必须满足以下条件：

(1) $L(\boldsymbol{a}, \boldsymbol{b}, \boldsymbol{x})$ 对 $\boldsymbol{x}$ 求导为零；

(2) $h(\boldsymbol{x}) = 0$；

(3) $\boldsymbol{a}g(\boldsymbol{x}) = 0$。

求取这三个等式之后就能得到候选最优值。其中第三个式子非常有趣，因为 $g(\boldsymbol{x}) \leqslant 0$，如果要满足这个等式，必须 $\boldsymbol{a} = \boldsymbol{0}$ 或者 $g(\boldsymbol{x}) = 0$，这是 SVM 的很多重要性质的来源，如支持向量的概念。

问题 2：为什么拉格朗日乘子法和 KKT 条件能够得到最优值？

先说拉格朗日乘子法。设优化目标函数 $z = f(\boldsymbol{x})$，$\boldsymbol{x}$ 是向量，z 取不同的值，相当于可以投影在 $\boldsymbol{x}$ 构成的平面(曲面)上，即称为等高线。如图 5 - 5 所示，目标函数是 $f(\boldsymbol{x}, \boldsymbol{y})$，这里 $\boldsymbol{x}$ 是向量，虚线是等高线。假设 $g(\boldsymbol{x}) = 0$，$\boldsymbol{x}$ 是向量，在 $\boldsymbol{x}$ 构成的平面或者曲面上是一条曲线。再假设 $g(\boldsymbol{x})$ 与等高线相交，交点就是同时满足等式约束条件和目标函数的可行域的值，但肯定不是最优值，因为相交意味着肯定还存在其他的等高线在该条等高线的内部或者外部，使得新的等高线与目标函数交点的值更大或者更小。只有到等高线与目标函数的曲线相切时，可能取得最优值，如图 5 - 5 所示，即等高线和目标函数的曲线在该点的法向量必须有相同方向，所以最优值必须满足：$\nabla f(\boldsymbol{x}) = a \nabla g(\boldsymbol{x})$，$a$ 是常数，表示左右两边同向。这个等式就是 $L(\boldsymbol{a}, \boldsymbol{x})$ 对参数求导的结果。

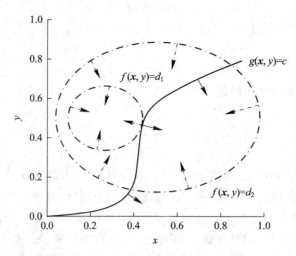

图 5 - 5 等高线与目标函数的曲线相切

而 KKT 条件是满足强对偶条件的优化问题的必要条件，可以这样理解：我们要求 $\min f(\boldsymbol{x})$，$L(a, b, \boldsymbol{x}) = f(\boldsymbol{x}) + ag(\boldsymbol{x}) + bh(\boldsymbol{x})$，$a \geqslant 0$，可以把 $f(\boldsymbol{x})$ 写为 $\max_{a, b} L(a, b, \boldsymbol{x})$。之所以可以这样写是因为 $h(\boldsymbol{x}) = 0$，$g(\boldsymbol{x}) \leqslant 0$，现在是取 $L(a, b, \boldsymbol{x})$ 的最大值，$ag(\boldsymbol{x}) \leqslant 0$，所以

$L(a, b, \boldsymbol{x})$ 只有在 $ag(\boldsymbol{x}) = 0$ 的情况下才能取得最大值，否则就不满足约束条件。因此，$\max\limits_{a,b} L(a, b, \boldsymbol{x})$ 在满足约束条件的情况下就是 $f(\boldsymbol{x})$，所以目标函数可写为 $\max\limits_{a,b}\min\limits_{\boldsymbol{x}} L(a, b, \boldsymbol{x})$。如果用对偶表达式 $\min\limits_{\boldsymbol{x}}\max\limits_{a,b} L(a, b, \boldsymbol{x})$，由于我们的优化是满足强对偶的（即对偶式子的最优值是等于原问题的最优值的），所以在取得最优值 $\boldsymbol{x}_0$ 的条件下，它满足

$$f(\boldsymbol{x}_0) = \max_{a,b}\min_{\boldsymbol{x}} L(a, b, \boldsymbol{x}) = \min_{\boldsymbol{x}}\max_{a,b} L(a, b, \boldsymbol{x}) \tag{5-10}$$

现在来看看式(5-10)发生了什么事情：

$$\begin{aligned}
f(\boldsymbol{x}_0) &= \max_{a,b}\ \min_{\boldsymbol{x}} L(a, b, \boldsymbol{x}) \\
&= \max_{a,b}\min_{\boldsymbol{x}} f(\boldsymbol{x}) + ag(\boldsymbol{x}) + bh(\boldsymbol{x}) \\
&= \max_{a,b}\ f(\boldsymbol{x}_0) + ag(\boldsymbol{x}_0) + bh(\boldsymbol{x}_0)
\end{aligned} \tag{5-11}$$

运用 Fermat 定理，对函数 $f(\boldsymbol{x}) + ag(\boldsymbol{x}) + bh(\boldsymbol{x})$ 求取导数要等于零，即 $\nabla f(\boldsymbol{x}) + a\nabla g(\boldsymbol{x}) + b\nabla h(\boldsymbol{x}) = 0$。这就是 KKT 条件中第一个条件：$L(a, b, \boldsymbol{x})$ 对 $\boldsymbol{x}$ 求导为零。

而之前说明过，$ag(\boldsymbol{x}) = 0$，这是 KKT 条件的第 3 个条件，当然已知的条件 $h(\boldsymbol{x}) = 0$ 必须被满足。因此，满足强对偶条件优化问题的最优值都必须满足 KKT 条件，即上述说明的三个条件。可以把 KKT 条件视为拉格朗日乘子法的泛化。

5.4　SVM 优化

利用 5.3 节中的优化理论对 SVM 数学模型进行求解，同时将 SVM 进行拓展使得其能有效容错。

5.4.1　硬间隔 SVM

利用拉格朗日优化方法可以把上述最优分类面问题转化为如下较简单的对偶问题，即约束条件为

$$\sum_{i=1}^{n} y_i\alpha_i = 0$$
$$\text{s. t. } \alpha_i \geqslant 0,\ i = 1, 2, \cdots, n \tag{5-12}$$

对于 α_i（注：对偶变量即拉格朗日乘子），求解下列函数的最大值：

$$Q(\boldsymbol{\alpha}) = \sum_{i=1}^{m}\alpha_i - \frac{1}{2}\sum_{i=1}^{m}\sum_{j=1}^{m}\alpha_i\alpha_j y_i y_j \boldsymbol{x}_i^{\mathrm{T}}\boldsymbol{x}_j \tag{5-13}$$

若 $\boldsymbol{\alpha}^*$ 为最优解，则 $\boldsymbol{w}^* = \sum\limits_{i=1}^{n}\boldsymbol{\alpha}^* y\alpha_i$，即最优分类面的权系数向量是训练样本向量的线性组合。

SVM 优化问题的拉格朗日函数如下：

$$L(\boldsymbol{w}, b, \boldsymbol{\alpha}) = \frac{1}{2}\|\boldsymbol{w}\|^2 + \sum_{i=1}^{m}\alpha_i(1 - y_i(\boldsymbol{w}^{\mathrm{T}}\boldsymbol{x} + b)) \tag{5-14}$$

令 $L(\boldsymbol{w}, b, \boldsymbol{\alpha})$ 对 $\boldsymbol{w}$ 和 b 的偏导为 0，即

$$\frac{\partial}{\partial b}L(\boldsymbol{w}, b, \boldsymbol{\alpha}) = -\frac{\partial}{\partial \boldsymbol{w}}L(\boldsymbol{w}, b, \boldsymbol{\alpha}) = 0 \tag{5-15}$$

得到

$$w = \sum_{i=1}^{m} \alpha_i y_i \boldsymbol{x}_i, \ 0 = \sum_{i=1}^{m} \alpha_i y_i \tag{5-16}$$

可得到 SVM 优化模型的对偶问题,即

$$\max_{\boldsymbol{\alpha}} \sum_{i=1}^{m} \alpha_i - \frac{1}{2} \sum_{i=1}^{m} \sum_{j=1}^{m} \alpha_i \alpha_j y_i y_j \boldsymbol{x}_i^{\mathrm{T}} \boldsymbol{x}_j$$

$$\mathrm{s.\,t.} \ \sum_{i=1}^{m} \alpha_i y_i = 0, \ \alpha_i \geqslant 0, \ i = 1, 2, \cdots, m \tag{5-17}$$

解出 $\boldsymbol{\alpha}$ 后,求出 w 和 b 即可得到模型

$$f(\boldsymbol{x}) = w^{\mathrm{T}} \boldsymbol{x} + b = \sum_{i=1}^{m} \alpha_i y_i \boldsymbol{x}_i^{\mathrm{T}} \boldsymbol{x} + b \tag{5-18}$$

从对偶问题解出的 α_i 对应着训练样本 $(\boldsymbol{x}_i, y_i)$。注意,SVM 优化模型中有不等式约束,因此上述过程需满足 KKT 条件,即要求:

$$\begin{cases} \alpha_i \geqslant 0 \\ y_i f(\boldsymbol{x}_i) - 1 \geqslant 0 \\ \alpha_i (y_i f(\boldsymbol{x}_i) - 1) = 0 \end{cases} \tag{5-19}$$

可知,对任意训练样本 $(\boldsymbol{x}_i, y_i)$,总有 $\alpha_i = 0$ 和 $y_i f(\boldsymbol{x}_i) = 1$。若 $\alpha_i = 0$,则该样本将不会在 $f(\boldsymbol{x})$ 的求和中出现,也就不会对 $f(\boldsymbol{x})$ 有任何影响;若 $\alpha_i > 0$,则必有 $y_i f(\boldsymbol{x}_i) = 1$,所对应的样本点位于最大间隔边界上,是一个支持向量(只有支持向量才满足其中的等号条件)。这显示出 SVM 的一个重要性质:训练完成后,大部分的训练样本都不需要保留,最终模型仅与支持向量有关。

5.4.2　软间隔 SVM

在现实任务中往往很难确定合适的核函数使得训练样本在特征空间中线性可分,退一步说,即便恰好找到了某个核函数使训练集在特征空间中线性可分,也很难断定这个貌似线性可分的结果不是由于过拟合造成的。

解决该问题的一个办法是允许 SVM 在一些样本上出错。为此,引入"软间隔"(Soft Margin)的概念,如图 5 - 6 所示。

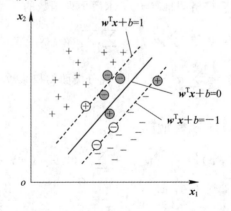

图 5 - 6　软间隔示意图(灰色圆圈圈出了一些不满足约束的样本)

具体来说，前面介绍的 SVM 的形式是要求所有样本均满足其约束条件，即所有样本都必须划分正确，这称为"硬间隔"（Hard Margin），而软间隔是允许某些样本不满足以下约束：

$$y_i(\boldsymbol{w}^{\mathrm{T}}\boldsymbol{x}_i + b) \geqslant 1 \tag{5-20}$$

当然，在最大化间隔的同时，不满足约束的样本应尽可能少。于是，优化目标可写为

$$\min_{\boldsymbol{w},b} \frac{1}{2}\|\boldsymbol{w}\|^2 + C\sum_{i=1}^m l_{0/1}(y_i(\boldsymbol{w}^{\mathrm{T}}\boldsymbol{x}_i + b) - 1) \tag{5-21}$$

式中：$C>0$ 是一个常数；$l_{0/1}()$ 是"$l_{0/1}$ 损失函数"。

$$l_{0/1}(z) = \begin{cases} 1, & \text{如果 } z < 0 \\ 0, & \text{其他} \end{cases} \tag{5-22}$$

显然，当 C 为无穷大时，式（5-21）迫使所有样本均满足约束（5-20），于是式（5-20）等价于 SVM 优化问题；当 C 取有限值时，式（5-21）允许一些样本不满足约束。

然而，$l_{0/1}$ 非凸/非连续，其数学性质不太好，使得式（5-21）不易直接求解。于是，人们通常用其他一些函数来代替 $l_{0/1}$，称为"替代损失"（Surrogate Loss）。"替代损失"函数一般具有较好的数学性质，如它们通常是凸的连续函数且是 $l_{0/1}$ 的上界。图 5-7 给出了三种常用的替代损失函数，其具体表达式如下：

$$\text{hinge 损失：} l_{\text{hinge}}(z) = \max(0, 1-z) \tag{5-23}$$
$$\text{指数损失（Exponential Loss）：} l_{\exp}(z) = \exp(-z) \tag{5-24}$$
$$\text{对率损失（Logistic Loss）：} l_{\ln}(z) = \ln(1 + \exp(-z)) \tag{5-25}$$

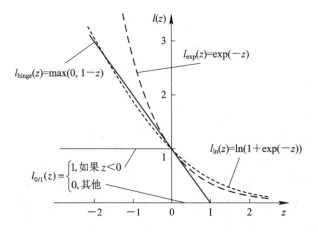

图 5-7　三种常见的替代损失函数

若采用 hinge 损失，则式（5-21）可变为

$$\min_{\boldsymbol{w},b} \frac{1}{2}\|\boldsymbol{w}\|^2 + C\sum_{i=1}^m \max(0, 1 - y_i(\boldsymbol{w}^{\mathrm{T}}\boldsymbol{x}_i + b)) \tag{5-26}$$

引入"松弛变量"（Slack Variables）$\xi_i \geqslant 0$，可将式（5-26）改写为

$$\begin{cases} \min\limits_{\boldsymbol{w},b,\xi_i} \dfrac{1}{2}\|\boldsymbol{w}\|^2 + C\sum\limits_{i=1}^m \xi_i \\ \text{s.t. } y_i(\boldsymbol{w}^{\mathrm{T}}\boldsymbol{x}_i + b) \geqslant 1 - \xi_i \\ \xi_i \geqslant 0, \ i = 1, 2, \cdots, m \end{cases} \tag{5-27}$$

这就是常用的"软间隔 SVM"。

显然,式(5-27)中每个样本都有一个对应的松弛变量,用以表征该样本不满足约束式(5-20)的程度。但是,与 SVM 优化问题相似,这仍是一个二次规划问题。于是,通过拉格朗日乘子法可得到式(5-27)的拉格朗日函数:

$$L(w, b, \boldsymbol{\alpha}, \boldsymbol{\xi}, \boldsymbol{\mu}) = \frac{1}{2} \|w\|^2 + C \sum_{i=1}^{m} \xi_i + \sum_{i=1}^{m} \alpha_i (1 - \xi_i - y_i (w^{\mathrm{T}} x_i + b)) - \sum_{i=1}^{m} \mu_i \xi_i$$

$$(5-28)$$

式中: $\alpha_i \geqslant 0$、$\mu_i \geqslant 0$ 是拉格朗日乘子。

令 $L(w, b, \boldsymbol{\alpha}, \boldsymbol{\xi}, \boldsymbol{\mu})$ 对 w, b, ξ_i 的偏导为 0,可得:

$$w = \sum_{i=1}^{m} \alpha_i y_i x_i, \ 0 = \sum_{i=1}^{m} \alpha_i y_i, \ C = \alpha_i + \mu_i \qquad (5-29)$$

将式(5-29)代入式(5-28),即可得到式(5-27)的对偶问题:

$$\max_{\boldsymbol{\alpha}} \sum_{i=1}^{m} \alpha_i - \frac{1}{2} \sum_{i=1}^{m} \sum_{j=1}^{m} \alpha_i \alpha_j y_i y_j x_i^{\mathrm{T}} x_j$$

$$\text{s. t.} \sum_{i=1}^{m} \alpha_i y_i = 0, \ 0 \leqslant \alpha_i \leqslant C, \ i = 1, 2, \cdots, m \qquad (5-30)$$

与硬间隔下的对偶问题对比可以看出,两者唯一的差别在于对偶变量的约束不同:软间隔下是 $0 \leqslant \alpha_i \leqslant C$,硬间隔下是 $0 \leqslant \alpha_i$。

对软间隔 SVM,KKT 条件要求:

$$\begin{cases} \alpha_i \geqslant 0, \ \mu_i \geqslant 0 \\ y_i f(x_i) - 1 + \xi_i \geqslant 0 \\ \alpha_i (y_i f(x_i) - 1 + \xi_i) = 0 \\ \xi_i \geqslant 0, \ \mu_i \xi_i = 0 \end{cases} \qquad (5-31)$$

于是,对任意训练样本 (x_i, y_i),总有 $\alpha_i = 0$ 或 $y_i f(x_i) = 1 - \xi_i$。若 $\alpha_i = 0$,则该样本不会对 $f(x)$ 有任何影响;若 $\alpha_i > 0$,则必有 $y_i f(x_i) = 1 - \xi_i$,即该样本是支持向量。由式(5-29)可知,若 $\alpha_i < C$,则 $\mu_i > 0$,进而有 $\xi_i = 0$,即该样本恰在最大间隔边界上;若 $\alpha_i = C$,则 $\mu_i = 0$,此时若 $\xi_i \leqslant 1$,则该样本落在最大间隔内部,若 $\xi_i > 1$ 则该样本被错误分类。由此可以看出,软间隔 SVM 的最终模型仅与支持向量有关,即通过采用 hinge 损失函数仍保持了其稀疏性。

5.5 非线性 SVM

5.4 节介绍了在数据为线性可分的情况下,如何用 SVM 对数据集进行训练,从而得到一个线性分类器。实际上,线性不可分简单来说就是一个数据集不可以通过一个线性分类器(直线、平面)来实现分类。这样的数据集在实际应用中是很常见的,例如人脸图像、文本文档等。如图 5-8 所示的数据都是线性不可分的,即无法用直线将两类样本完全分开。

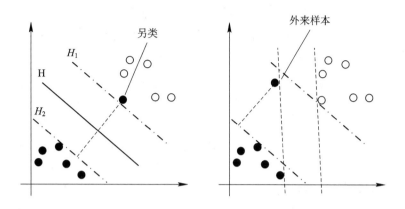

图 5-8　线性不可分

问题 3：前面所处理的都是线性分界线，如何处理非线性问题？

线性可分的情况有相当的局限性，所以 SVM 的终极目标还是要解决数据线性不可分的问题。解决这种线性不可分问题的基本思路有两种：

· 加入松弛变量和惩罚因子，找到相对"最优"超平面，这里的"最优"可以理解为尽可能地将数据正确分类；

· 使用核函数，将低维的数据映射到更高维的空间，使得在高维空间中的数据是线性可分的，则在高维空间使用线性分类模型即可，如图 5-9 所示。

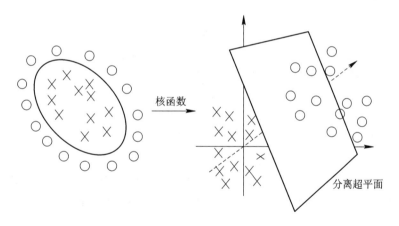

图 5-9　核函数将线性不可分数据映射到高维空间

对于非线性问题，可以通过非线性交换转化为某个高维空间中的线性问题，在变换空间求最优分类超平面。这种变换可能比较复杂，因此这种思路在一般情况下不易实现。但是我们可以看到，在上节的对偶问题中，不论是寻优目标函数还是分类函数，都只涉及训练样本之间的内积运算$(x \cdot x_i)$。设非线性映射 $\Phi: \mathbf{R}^d \rightarrow H$ 将输入空间的样本映射到高维（可能是无穷维）的特征空间 H 中，当在特征空间 H 中构造最优超平面时，训练算法仅使用空间中的点积，即 $\varphi(x_i) \cdot \varphi(x_j)$，而没有单独的 $\varphi(x_i)$ 出现。因此，如果能够找到一个函数 K，使得

$$K(x_i \cdot x_j) = \varphi(x_i) \cdot \varphi(x_j) \tag{5-32}$$

那么在高维空间实际上只需进行内积运算，而这种内积运算是可以用原空间中的函数实现

的。根据泛函的有关理论，只要一种核函数 $K(x_i \cdot x_j)$ 满足 Mercer 条件，它就对应某一变换空间中的内积。因此，在最优超平面中采用适当的内积函数 $K(x_i \cdot x_j)$ 就可以实现某一非线性变换后的线性分类，而计算复杂度却没有增加。此时，目标函数式(5-13)变为

$$Q(\boldsymbol{\alpha}) = \sum_{i=1}^{n} \alpha_i - \frac{1}{2} \sum_{j=1}^{n} \alpha_i \alpha_j y_i y_j K(x_i \cdot x_j) \tag{5-33}$$

而相应的分类函数也变为

$$f(\boldsymbol{x}) = \mathrm{sgn}\left\{ \sum_{i=1}^{n} \alpha_i^* y_i K(x_i \cdot x_j) + b^* \right\} \tag{5-34}$$

其中，输出(决策规则) $y = \mathrm{sgn}\left\{ \sum_{i=1}^{n} \alpha_i y_i K(x \cdot x_i) + b \right\}$；权值 $w_i = \alpha_i y_i$；$K(x \cdot x_i)$ 为基于 S 个支持向量 $x_1, x_2, \cdots, x_S$ 的非线性变换(内积)；$x = (x^1, x^2, \cdots, x^d)$ 为输入向量。

概括地说，SVM 就是通过某种事先选择的非线性映射，将输入向量映射到一个高维特征空间，在这个特征空间中构造最优分类超平面。在形式上，SVM 分类函数类似于一个神经网络，输出是中间节点的线性组合，每个中间节点对应于一个支持向量，如图 5-10 所示。

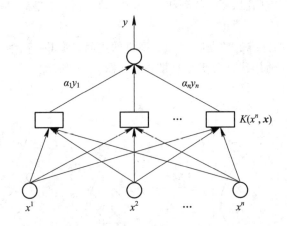

图 5-10　核 SVM 示意图

利用核函数方法的关键在于如何选择合适的核函数：选择满足 Mercer 条件的不同内积核函数，就构造了不同的 SVM，也就形成了不同的算法。目前研究最多的核函数主要有三类：

(1) 多项式核函数：

$$K(x, x_i) = [(x \cdot x_i) + 1]^q \tag{5-35}$$

式中：q 是多项式的阶次。通过该式可得到 q 阶多项式分类器。

(2) 径向基核函数(RBF)：

$$K(x, x_i) = \exp\left\{ -\frac{|x - x_i|^2}{\sigma^2} \right\} \tag{5-36}$$

通过该函数所得的 SVM 是一种径向基分类器，它与传统径向基函数方法的基本区别是：径向基核函数方法中每一个基核函数的中心对应于一个支持向量，它们的输出权值都是由算法自动确定的。径向基形式的内积函数类似于人的视觉特性，在实际中经常用到，但是需要注意的是，选择不同的 S 参数值，相应的分类面会有很大的差别。

(3) S 形核函数：

$$K(\boldsymbol{x}, \boldsymbol{x}_i) = \tanh[v(\boldsymbol{x} \cdot \boldsymbol{x}_i) + c] \tag{5-37}$$

这时的 SVM 算法中包含了一个隐层的多层感知器网络，网络的权值、隐层节点数都是由算法自动确定的，而不像传统的感知器网络那样由人凭借经验确定。此外，该算法不存在困扰神经网络的局部极小点的问题。

此外，还可通过函数组合得到核函数。例如：

(1) 若 K_1 和 K_2 为核函数，则对于任意正数 γ_1，γ_2，其线性组合

$$\gamma_1 K_1 + \gamma_2 K_2 \tag{5-38}$$

也是核函数。

(2) 若 K_1 和 K_2 为核函数，则核函数的直积

$$K_1 \otimes K_2(\boldsymbol{x}, \boldsymbol{z}) = K_1(\boldsymbol{x}, \boldsymbol{z}) K_2(\boldsymbol{x}, \boldsymbol{z}) \tag{5-39}$$

也是核函数。

(3) 若 K_1 为核函数，则对于任意函数 $g(\boldsymbol{x})$，有

$$K(\boldsymbol{x}, \boldsymbol{z}) = g(\boldsymbol{x}) K_1(\boldsymbol{x}, \boldsymbol{z}) g(\boldsymbol{z}) \tag{5-40}$$

也是核函数。

在上述几种常用的核函数中，最为常用的是多项式核函数和径向基核函数。除了上面提到的三种核函数外，还有指数径向基核函数、小波核函数等其他一些核函数，但其应用相对较少。事实上，需要进行训练的样本集各式各样，核函数也各有优劣。B. Bacsens 和 S. Viaene 等人曾利用 LS-SVM 分类器，采用 UCI(University of Californialruine) 数据库，对线性核函数、多项式核函数和径向基核函数进行了实验比较。从实验结果来看，对不同的数据库，不同的核函数各有优劣，而径向基核函数在多数数据库上可得到略为优良的性能。

以统计学习理论作为坚实的理论依据，SVM 有很多优点，如基于结构风险最小化，克服了传统方法的过学习(Overfitting)和陷入局部最小的问题，具有很强的泛化能力；采用核函数方法，向高维空间映射时并不增加计算的复杂性，又有效地克服了维数灾难(Curse of Dimensionality)问题。但同时也要看到目前 SVM 研究的一些局限性：

(1) SVM 的性能很大程度上依赖于核函数的选择，但没有很好的方法指导针对具体问题的核函数选择。

(2) 训练测试 SVM 的速度和规模是另一个问题，尤其是实时控制问题。速度是一个对 SVM 应用有很大限制的因素。针对这个问题，Platt 和 Keerthi 等分别提出了 SMO (Sequential Minimization Optimization) 和改进的 SMO 方法，但还需要进一步研究。

现有的 SVM 理论仅讨论具有固定惩罚系数 C 的情况，而实际上正负样本的两种误判造成的损失往往是不同的。

5.6 SVM 的应用

SVM 方法在理论上具有突出的优势，贝尔实验室率先在美国邮政手写数字库识别研究方面应用了 SVM 方法，并取得了较大的成功。在随后的几年内，有关 SVM 的应用研究得到了很多领域的学者的重视，在人脸检测、验证和识别，说话人/语音识别，文字/手写

体识别，图像处理及其他应用研究等方面取得了大量的研究成果，从最初的简单模式输入的直接的 SVM 方法研究，进入到多种方法取长补短的联合应用研究，SVM 方法也有了很多的改进。

5.6.1　人脸识别

Osuna 最早将 SVM 应用于人脸识别，并取得了较好的效果。其方法是训练非线性 SVM 分类器，以完成人脸与非人脸的分类。由于 SVM 的训练需要大量的存储空间，并且非线性 SVM 分类器需要较多的支持向量，所以速度很慢。为此，马勇等提出了一种层次型结构的 SVM 分类器，它由一个线性 SVM 组合和一个非线性 SVM 组成。检测时，由前者快速排除掉图像中绝大部分背景窗口，而后者只需对少量的候选区域做出确认；训练时，在线性 SVM 组合的限定下，与"自举"(Bootstrapping)方法相结合可收集到训练非线性 SVM 的更有效的非人脸样本，从而简化了 SVM 训练的难度。大量实验结果表明，这种方法不仅具有较高的检测率和较低的误检率，而且具有较快的速度。

人脸检测研究中更复杂的情况是姿态的变化。叶航军等提出了利用 SVM 进行人脸姿态的判定，他将人脸姿态划分成 6 个类别，从一个多姿态人脸库中手工标定训练样本集和测试样本集，训练基于 SVM 的姿态分类器，可以将分类错误率降低到 1.67%，这明显优于在传统方法中效果最好的人工神经元网络方法。

在人脸识别中，面部特征的提取和识别可看作是对 3D 物体的 2D 投影图像进行匹配的问题。由于许多不确定性因素的影响，特征的选取与识别就成为一个难点。凌旭峰等及张燕昆等分别提出基于 PCA(Principal Componeuts Analysis，主成分分析)与 SVM 相结合的人脸识别算法，充分利用了 PCA 在特征提取方面的有效性以及 SVM 在处理小样本问题和泛化能力强等方面的优势，通过 SVM 与最近邻距离分类器相结合，使得所提出的算法具有比传统最近邻分类器和 BP(Back Propagation)网络分类器更高的识别率。王宏漫等在PCA 的基础上进一步做 ICA(Independent Component Analysis，独立成分分析)，提取更加有利于分类的面部特征的主要独立成分，然后采用分阶段淘汰的 SVM 分类机制进行识别。对两组人脸图像库的测试结果表明，基于 SVM 的方法在识别率和识别时间等方面都取得了较好的效果。

5.6.2　语音识别

声纹识别属于连续输入信号的分类问题。SVM 是一个很好的分类器，但不适合处理连续输入样本。为此，忻栋等引入隐式马尔可夫模型(Hidden Markov Model，HMM)，建立了 SVM 和 HMM 的混合模型。HMM 适合处理连续信号，而 SVM 适合处理分类问题；HMM 的结果反映了同类样本的相似度，而 SVM 的输出结果则体现了异类样本间的差异。为了方便与 HMM 组成混合模型，首先将 SVM 的输出形式改为概率输出。实验中使用YOHO 数据库，特征提取采用 12 阶的线性预测系数分析及其微分，组成 24 维的特征向量。实验表明，HMM 和 SVM 的结合可以达到很好的效果。

5.6.3　图像处理

贝尔实验室对美国邮政手写数字库所进行的实验，人工识别平均错误率是 2.5%，专门针对该特定问题设计的 5 层神经网络错误率为 5.1%（其中利用了大量先验知识），而用 3 种 SVM 方法（采用 3 种核函数）得到的错误率分别为 4.0%、4.1%和 4.2%，且是直接采用 16×16 的字符点矩阵作为输入，表明了 SVM 的优越性能。

手写体数字 0~9 的特征可以分为结构特征、统计特征等。柳回春等在 UK 心理测试 (Uchida-Kraepelin Psychodiagnostic Test) 自动分析系统中组合 SVM 和其他方法，成功地进行了手写数字的识别实验。另外，在手写汉字识别方面，高学等提出了一种基于 SVM 的手写汉字的识别方法，表明了 SVM 对手写汉字识别的有效性。

其他图像处理的相关研究如下：

(1) 图像过滤。一般的互联网色情网图像过滤软件主要采用网址库的形式来封锁色情网址，或采用人工智能方法对接收到的中、英文信息进行分析甄别。段立娟等提出一种多层次特定类型图像过滤法，即综合肤色模型检验，支持向量机分类和最近邻方法校验的多层次图像处理框架，达到了 85%以上的准确率。

(2) 视频字幕提取。视频字幕蕴含了丰富的语义，可用于对相应视频流进行高级语义标注。庄越挺等提出并实践了基于 SVM 的视频字幕自动定位和提取的方法。该方法首先将原始图像帧分割为 $N \times N$ 个子块，提取每个子块的灰度特征；然后使用预先训练好的 SVM 分类机进行字幕子块和非字幕子块的分类；最后结合金字塔模型和后期处理过程，实现视频图像字幕区域的自动定位提取。实验表明，该方法取得了良好的效果。

(3) 图像分类和检索。由于计算机自动抽取的图像特征和人所理解的语义间存在巨大的差距，图像检索结果难以令人满意。近年来出现了相关反馈方法，张磊等以 SVM 为分类器，在每次反馈中对用户标记的正例和反例样本进行学习，并根据学习所得的模型进行检索，使用由 9918 幅图像组成的图像库进行实验。结果表明，在有限训练样本情况下，该方法具有良好的泛化能力。

目前 3D 虚拟物体图像应用越来越广泛，肖俊等提出了一种基于 SVM 对相似 3D 物体识别与检索的算法。该算法首先使用细节层次模型对 3D 物体进行三角面片数量的约减，然后提取 3D 物体的特征。由于所提取的特征维数很大，因此先用独立成分分析进行特征约减，然后使用 SVM 进行识别与检索。该算法在 3D 丘陵与山地的地形识别中取得了良好的效果。

本 章 小 结

SVM 在很长一段时间内是性能最好的分类器，它有严密而优美的数学基础作为支撑。在各种机器学习算法中，它是最不易理解的算法之一，要真正掌握它的原理有一定的难度；同时，它也是对数学要求较高的一种算法，一直以来不易被初学者掌握。如果能把握住其推导的整体思路，则能降低理解的难度。本章主要讲述 SVM 的发展史、数学基础、目标函数规约、求解推导过程、最优解的关系以及非线性 SVM 的构建方式。

本章中回答了如下几个问题：

(1) SVM 的原理是什么？

最大边界距离、结构风险最小。

(2) 如何选择支持向量？

严格方式选择、松弛选择。

（3）如何构建 SVM 模型？

对偶问题、凸优化、拉格朗日方法和 KKT 条件。

（4）SVM 有哪些方面的应用？

图像、语言识别、目标识别。

习　　题

1. 以下说法是否正确：

（1）在 SVM 训练好后，我们可以抛弃非支持向量的样本点，仍然可以对新样本进行分类。

（2）SVM 对噪声（如来自其他分布的噪声样本）鲁棒。

2. 现有一个点能被正确分类且远离决策边界。如果将该点加入到训练集，为什么 SVM 的决策边界不受其影响，而已经学好的 logistic 回归会受影响？

3. 试证明线性 SVM 还可以定义为以下形式：

$$\min_{w, x, \xi} \frac{1}{2} \|w\|^2 + C \sum_{i=1}^{N} \xi_i^2$$

$$\text{s. t. } y_i(wx_i + b) \geqslant 1 - \xi_i, \ i = 1, 2, \cdots, N$$

$$\xi_i \geqslant 0, \ i = 1, 2, \cdots, N$$

4. 最大间隔分类器和支持问题如图 5 - 11 所示。

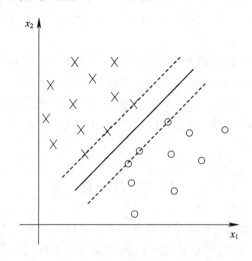

图 5 - 11　最大间隔分类器和支持向量

（1）估计图 5 - 11 中采用留一交叉验证得到的最大间隔分类器的预测误差的估计是多少（用样本数表示即可）。

（2）说法"最小结构风险保证会找到最低决策误差的模型"是否正确？并说明理由。

（3）若采用等协方差的高斯模型分别表示图中两个类别样本的分布，则分类器的 VC 维（Vapnik-Chervonenkis Dimension）是多少？为什么？

5. 试分析 SVM 对噪声敏感的原因。

6. 已知正例点 $x_1 = (1, 2)^T$，$x_2 = (2, 3)^T$，$x_3 = (3, 3)^T$，负例点 $x_4 = (2, 1)^T$，$x_5 = (3, 2)^T$，试求最大间隔分离超平面和分类决策函数，并在图上画出分离超平面、间隔边界及支持向量。

7. 下面的情况，适合用原 SVM 求解还是用对偶 SVM 求解？

(1) 特征变换将特征从 D 维变换到无穷维。

(2) 特征变换将特征从 D 维变换到 $2D$ 维，训练数据有上亿个并且线性可分。

8. 在线性可分的情况下，在原问题形式化中怎样确定一个样本为支持向量？

9. 考虑如图 5-12 给出的训练样本，我们采用二次多项式作为核函数，松弛因子为 C。请对下列问题做出定性分析，并用一两句话给出原因。

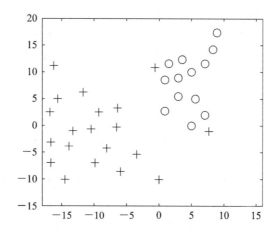

图 5-12　习题 9 对应的两类训练样本

(1) 当 $C \to \infty$ 时，决策边界会变成什么样？

(2) 当 $C \to 0$ 时，决策边界会变成什么样？

(3) 上述两种情况，哪个在实际测试时效果会更好些？

参 考 文 献

[1]　VAPNIK V N. The nature of statistical learning theory[M]. New York：Springer，1995.

[2]　CORTES C，VAPNIK V N. Support vector network[J]. Machine Learning，1995，20(3)：273 - 297.

[3]　CRISTIANINI N，SHAWET J. An introduction to support vector machines and other kernel-based learning methods[M]. Cambridge：Cambridge University Press，2000.

[4]　BURGES C J C. A tutorial on support vector machines for pattern recognition[J]. Data Mining and Knowledge Discovering，1998，2(1)：121 - 167.

[5]　邓乃扬，田英杰. 支持向量机：理论、算法与扩展[M]. 北京：科学出版社，2009.

[6]　SCHOLKOPF B，BURGES C J C，SMOLA A J，et al. Advances in kernel methods：support vector learning[M]. Cambridges：MIT Press，1999.

[7] HSU C W, LIN C J. A comparison of methods formulti-class support vector machines[J]. IEEE Transactions on Neural Networks, 2002, 13(2): 415 – 425.

[8] SUYKENS J A K. Least squares support vector machines for classification and nonlinear modeling[J]. Neural Network World, 2000, 10(1): 29 – 47.

[9] DRUCKER H, BURGES C J C, et al. Support vector regression machines[C]. In Advances in Neural Information Processing Systems 9 (NIPS), 1997, 155 – 161.

[10] SMOLA A J, SCHOLKOPF B. A tutorial on support vector regression[J]. Statistics and Computing, 2004, 14(3): 199 – 222.

[11] HAZAS M, SCOTT J, KRUMM J. Location-aware computing comes of age[J]. IEEE Computer, 2004, 37(2): 95 – 97.

[12] BOVOLO F, BRUZZONE L. A novel approach to unsupervised change detection based on a semisupervised SVM and a similarity measure[J]. IEEE Transactions on Geoscience and Remote Sensing, 2008, 46(7): 2070 – 2082.

[13] ZHANG X G. Using class-center vector to built support vector machines[C]. Proc of the 1999 IEEE Signal Processing Society Workshop, 1999, 3 – 11.

[14] FAN R E, Chang C J, Hsieh X R et al. LIBLINEAR: A library for large linear classification[J]. Journal of Machine Learning Research, 2008, 9: 1871 – 1874.

[15] JOACHIMS T. Text classification with support vector machines: Learning with many relevant features[C]. In Proceedings of the 10th European Conference on Machine Learning (ECML), 1998, 137 – 142.

[16] CHANG C C, LIN C J. LIBSVM: A library for support vector machines[J]. ACM Transactions on Intelligent Systems and Technology, 2011, 2(3): 27.

[17] STEPHEN B, et al. Convex Optimization[M]. Cambridge University Press, 2004.

第6章　分类Ⅲ：概率分类与回归

决策树分类器利用树结构形式进行分类，但该方法不能刻画特征之间的关联性，而树结构形式的特征独立性假设使得其不能出色地完成分类任务。本章学习如何利用概率方法进行分类，通过回答几个方面的问题向读者讲述贝叶斯分类器的原理、算法流程以及构建方法。前述所有分类算法的类别取值为离散型，当预测结果为连续取值时，这些分类算法将会失效，本章介绍的回归算法可以应对该问题。

6.1　引　　言

第4章详细描述了决策树模型的定义与构建过程，决策树是一种描述对实例进行分类的树形结构。决策树具有速度快、分类结果可解释性高等优势，但是决策树算法存在如下几个方面的缺陷：

(1) 过拟合导致剪枝问题。决策树算法学习者可以创建复杂的树，但是没有推广依据，这就是所谓的过拟合。为了避免这种问题，出现了剪枝的概念，即设置一个叶节点所需要的最小数目或者设置树的最大深度。

(2) 算法鲁棒性低，导致决策树的结果可能是不稳定的，因为在数据中一个很小的变化可能导致生成一个完全不同的树，这个问题可以通过使用集成决策树来解决。

(3) NP - 难问题：学习一个最优决策树是 NP - 难问题。因此，实际决策树学习算法是基于启发式算法(如贪婪算法)，以寻求在每个节点上的局部最优决策。这样的算法不能保证返回全局最优决策树。

(4) 一些概念是很难理解的：比如异或校验或复用的问题。

(5) 准确性得不到保障。决策树采用最大收益的方式独立选取每个特征进行分支，并不考虑其他特征的影响。

决策树算法的缺陷如图 6 - 1 所示。

若要有效地避免决策树算法带来的缺陷，则需要构建全新的算法。通过提供图形化的方法来表示和运算概率知识，贝叶斯网络克服了基于规则的系统在概念和计算上的困难。贝叶斯网络与统计方法相结合，使得其在数据分析方面拥有了许多优点，具体如下：

(1) 图形方法描述数据间的相互关系，语义清晰，易于理解。图形化的知识表示方法使得保持概率知识库的一致性和完整性变得容易，可以方便地针对条件的改变进行网络结构的重新配置。

(2) 易于处理不完备数据集。对于传统标准的监督学习算法而言，必须知道所有可能的数据输入，贝叶斯网络方法反映的是整个数据概率关系模型，缺少某一数据变量仍然可以建立精确的模型。

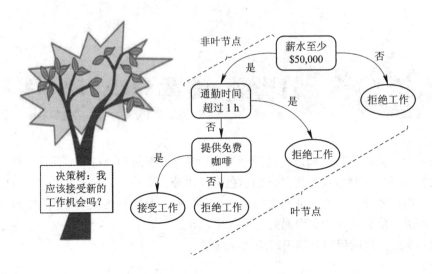

图 6-1　决策树算法的缺陷

（3）允许学习变量间的因果关系。在以往的数据分析中，一个问题的因果关系干扰较多时，系统就无法做出精确的预测。而这种因果关系已经包含在贝叶斯网络模型中。贝叶斯方法具有因果和概率性语义，可以用来学习数据中的因果关系，并根据因果关系进行学习。

（4）充分利用领域知识和样本数据的信息。贝叶斯网络用弧表示变量间的依赖关系，用概率分布表表示依赖关系的强弱，将先验信息与样本知识有机地结合起来，促进了先验知识和数据的集成，这在样本数据稀疏或数据较难获得时特别有效。

贝叶斯网络是用来表示变量之间连接概率的图形模型，它提供了一种表示因果信息的方法，长期以来一直被认为是人工智能领域中的一个重要的研究课题。贝叶斯网络综合考虑先验信息和样本数据，充分地利用了专家知识和经验，可以进行定性分析和定量分析。它将主观和客观有机地结合起来，避免了对数据的过度拟合，又避免了主观因素可能造成的偏见；将变量之间潜在的关联性用简洁的图解模型表达出来，表达的语义直观、清晰，推理的结果和结论可信度强，便于解释，易于理解。经过近 20 年的发展，贝叶斯网络已经形成相对完整的推理算法和理论体系，目前已经成为人工智能和专家系统中的一个研究热点。贝叶斯网络由结构和参数两部分组成，因此，构建贝叶斯网络的学习主要是构建结构学习和参数学习两部分，本章主要侧重贝叶斯网络的结构学习。

6.2　贝叶斯公式

贝叶斯网络是指基于概率分析和图论的一种不确定性知识表达和推理的模型，下面介绍一些相关的基本概念及定理、定义。

6.2.1　概率基础

概率论具有坚实的数学理论基础，是数据挖掘领域中处理不确定性问题的基础理论之一，也是目前处理不确定性问题的方法之一。

定义 6.1（条件概率）　设 A，B 是两个基本事件，且 $P(A)>0$，则称

$$P(B|A) = \frac{P(AB)}{P(A)} \qquad\qquad (6-1)$$

为事件 A 发生的条件下事件 B 发生的条件概率。

定义 6.2（先验概率）　设 B_1，B_2，$\cdots$，B_n 为样本空间 S 中的事件，$P(B_i)$ 可根据以前的数据分析得到，或根据先验知识估计获取，称 $P(B_i)$ 为先验概率。

先验概率是根据历史资料或主观判断所确定的各种事件发生的概率，该概率没有经过实验证实，属于检验前的概率。先验概率一般分为两类：一类是客观先验概率，是指利用过去的历史资料计算得到的概率；另一类是主观先验概率，是指在无历史资料或者历史资料不全时，只凭借人们的主观经验来判断取得的概率。

定义 6.3（后验概率）　设 B_1，B_2，$\cdots$，B_n 为样本空间 S 中的事件，则事件 A 发生的情况下，B_i 发生的概率 $P(B_i|A)$ 可根据先验概率 $P(B_i)$ 和观测信息重新修正和调整后得到，通常将 $P(B_i|A)$ 称为后验概率。

后验概率一般是指利用贝叶斯公式，结合调查等方式获取了新的附加信息，对先验概率加以修正的更符合实际的概率，即得到信息之后再重新修正的概率。

定义 6.4（联合概率）　设 A，B 为两个事件，且 $P(A)>0$，则它们的联合概率为

$$P(AB) = P(B|A)P(A) \qquad\qquad (6-2)$$

联合概率也称为乘法公式，是指两个任意时间的乘积的概率，或称为交事件的概率。

定义 6.5（全概率公式）　如果影响事件 A 的所有因素 B_1，B_2，$\cdots$，B_n 满足 $B_i \cdot B_j = \varphi (i \neq j)$，并且 $P(B_i)>0$，则

$$P(A) = \sum_{i=1}^{n} P(B_i)P(A|B_i)$$

定义 6.6（贝叶斯概率）　贝叶斯概率是观测者对某一事件发生的相信程度。观测者根据先验知识和现有的统计数据，用概率的方法来预测未知事件发生的可能性。贝叶斯概率不同于事件的客观概率，客观概率是在多次重复实验中事件发生频率的近似值，而贝叶斯概率则是利用现有的知识对未知事件的预测。

定义 6.7（贝叶斯公式）　贝叶斯公式也称为后验概率公式，或者逆概率公式，其用途很广。设先验概率为 $P(B_i)$，调查所获得的新附加信息为 $P(A|B_i)$，其中 $i=1，2，\cdots，n$，则后验概率为

$$P(B_i|A) = \frac{P(A|B_i)P(B_i)}{\displaystyle\sum_{j=1}^{n} P(A|B_j)P(B_j)} \qquad\qquad (6-3)$$

定义 6.8（条件独立）　对概率模式 M，A、B 和 C 是 U 的三个互不相交的变量子集，如果对 $\forall x \in A$，$\forall y \in B$ 和 $\forall z \in C$，都有 $p(x|y,z) = p(x|z)$，其中 $p(y,z)>0$，称给定 C 时 A 和 B 条件独立，记为 $I(A,C,B)_M$。

条件独立性在某些文献中定义为 $p(x,y|z) = p(x|z)p(y|z)$，可以证明这两个定义是等价的。

定义 6.9　概率分类中 $\{X_1，X_2，\cdots，X_n，C\}$ 是样本空间 T 的属性集。其中，X_i $(i=1，2，\cdots，n)$ 是特征属性，C 是类属性。X_i 可能是离散变量，也可能是连续变量。x_i 和 c 分别表示属性 X_i 和 C 的任意取值。

定义 6.10　$P(\cdot)$ 表示离散的概率值，$p(\cdot)$ 表示连续的概率密度函数值。Count $(\cdot)$ 表示样本空间的大小。

6.2.2　图论基础

为了使读者对贝叶斯网络有更加清晰的了解，下面给出与图论相关的一些基本定义。

定义 6.11(有向图 G)　由节点集 V、边集 E 表示的二元组 $G = G(V, E)$，若 $(x, y) \in E$ 表示从节点 x 到节点 y 有一条有向边，我们也称节点 x 和节点 y 是邻接的或 x 和 y 相互为邻居。x 也叫作 y 的父节点，y 叫作 x 的子节点。通过父亲和孩子概念的递归定义，同时获得了祖先和后继两个概念。没有父节点的节点被称为根节点。

定义 6.12(路径)　在贝叶斯网络学习中，连接两个节点的路径不考虑这条路径中边的方向，这个定义对有向图、无向图和混合图都是适用的。

定义 6.13(有向循环图)　有向循环图（Directed Acyclic Graph，DAG）也称有向无环图，即不包含环路的有向图，如图6-2所示。

定义 6.14(汇聚节点)　对于一条邻接路径中的任何一个节点 v，如果有 $(x, v) \in E$ 并且 $(y, v) \in E$，则称 v 为汇聚节点或碰撞节点（Collider）。

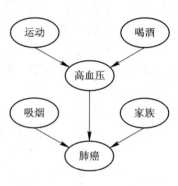

图 6-2　有向无环图

6.2.3　信息理论

美国数学家 Shannon 于 1948 年提出了熵的概念。熵是一种信息度量工具，它反映了不确定性问题的平均不确定程度，在信息论、人工智能和数据挖掘领域中有着广泛的应用。

定义 6.15(信息熵)　设信源 X 为离散随机变量，则用来度量 X 的不确定性的信息熵为

$$H(X) = -\sum_X P(x)\mathrm{lb}P(x) \tag{6-4}$$

定义 6.16(联合信息熵)　设 X、Y 为离散随机变量，则用来度量二元随机变量不确定性的联合信息熵 $H(X, Y)$ 为

$$H(X, Y) = -\sum_X \sum_Y P(x, y)\mathrm{lb}P(x, y) \tag{6-5}$$

定义 6.17(条件信息熵)　用来度量在得到随机变量 Y 的信息后，随机变量 X 仍然存在的不确定性。条件信息熵 $H(X|Y)$ 为

$$H(X|Y) = -\sum_X \sum_Y P(x, y)\mathrm{lb}P(x|y) \tag{6-6}$$

定义 6.18(互信息)　用来描述随机变量 Y 提供的关于 X 的信息量的大小，随机变量 X、Y 之间的互信息为

$$I(X; Y) = H(X) - H(X|Y) = \sum_X \sum_Y P(x, y)\mathrm{lb}\frac{P(x, y)}{P(x)P(y)}$$

由于事物是普遍联系的，对于两个随机变量 X 和 Y，它们之间在某种程度上也是相互联系的，即它们之间存在统计依赖（或依存）的关系。互信息 $I(X; Y)$ 用来描述随机变量 Y

提供的关于 X 的信息量的大小。

定义 6.19(条件互信息)　在已知 Y 的前提下，随机变量 X 和 Z 之间的条件互信息定义为

$$I(X;Z|Y) = \sum_X \sum_Y \sum_Z P(x,y,z)\text{lb}\frac{P(x,y,z)P(y)}{P(x,y)P(z,y)}$$

从条件互信息可以看出，在给定测试集的条件下，如果 X 和 Z 一致性条件独立时，即 $P(x;z|y)=P(x|y)P(z|y)$ 成立，则 X 和 Z 之间的条件互信息为 0。当 $I(X;Z)$ 小于某个极限值 ε 时，称 X 和 Z 为边际独立；当 $I(X;Z|Y)$ 小于某个极限值 ε 时，称 X 和 Z 为条件独立。X 和 Z 之间的条件互信息越大，则说明在给定观测集的条件下，X 和 Z 之间的概率依赖性越明显。反映在贝叶斯网络上，如果 Y 为 X 的父节点集合，则当 X 和 Z 之间的条件互信息较大时，说明 Z 也可能是 X 的父节点，其关系如图 6-3 所示。

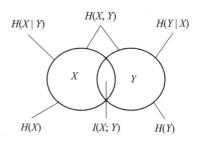

图 6-3　互信息与信息熵关系图

6.3　贝叶斯分类算法

6.3.1　算法原理

贝叶斯网络的原理是利用贝叶斯公式构建依赖关联网络进行分类。通常，事件 X 在事件 Y（发生）的条件下的概率，与事件 Y 在事件 X 的条件下的概率是不一样的。但这两者有确定的关系，贝叶斯法则就是这种关系的陈述。贝叶斯法则是关于随机事件 X 和 Y 的条件概率和边缘概率，即

$$P(Y|X) = \frac{P(X,Y)}{P(X)}$$

$$P(X|Y) = \frac{P(X,Y)}{P(Y)}$$

式中：$P(X|Y)$ 是在 Y 发生的情况下 X 发生的可能性。贝叶斯法则可描述为

$$P(Y|X) = \frac{P(X|Y)P(Y)}{P(X)} \tag{6-7}$$

其解释为后验概率 = 似然度×先验概率/标准化常量。也就是说，后验概率与先验概率和似然度的乘积成正比。$P(X|Y)/P(X)$ 有时也被称作标准似然度（Standardized Likelihood），贝叶斯法则又可表述为：后验概率 = 标准似然度×先验概率。

例如，如果事先已知脑膜炎导致斜颈的概率是 0.5，一个病人患有脑膜炎的先验概率是 1/50000，病人患有斜颈的先验概率是 1/20，那么在已知一个病人患有斜颈的情况下，他患脑膜炎的概率是多少？

$$P(M|S) = \frac{P(S|M)P(M)}{P(S)} = \frac{0.5\times1/50000}{1/20} = 0.0002$$

构建贝叶斯网络的关键在于如何分解任务，给定训练数据。如图 6-4 所示，预测一个

贷款者是否会拖欠还款，其训练集有如下属性：是否有房、婚姻状况和年收入。拖欠还款的贷款者属于类"是"，还清贷款的贷款者属于类"否"。贝叶斯公式分类的关键问题是：随机变量是什么？目标变量是什么？目标是什么？先验概率如何计算？条件概率如何计算？

编号	有房者	婚姻状况	年收入/万元	拖欠贷款
1	是	单身	12.5	否
2	否	已婚	10	否
3	否	单身	7	否
4	是	已婚	12	否
5	否	离婚	9.5	是
6	否	已婚	6	否
7	是	离婚	22	否
8	否	单身	8.5	是
9	否	已婚	7.5	否
10	否	单身	9	是

图 6-4 贝叶斯网络构建的主要问题

从数据中估计后验概率是贝叶斯分类算法的一个难点，要估计后验概率，可利用贝叶斯网络将后验概率转化为先验概率与条件概率之积：

（1）**变量确定问题**：将属性（包括类别属性）都看成随机变量，其中属性变量可表示为 $(X_1, X_2, \cdots, X_d)$，类别属性可表示为 Y。

（2）**目标确定问题**：最大化后验概率 $P(Y | X_1, X_2, \cdots, X_d)$。

（3）**难点**：如何从数据中估计后验概率 $P(Y | X_1, X_2, \cdots, X_d)$。

贝叶斯网络推理过程如图 6-5 所示，假设给定已测试记录有如下属性集：$X =$（有房=否，婚姻状况=已婚，年收入=12 万元）。要分类该记录，我们需要利用训练数据中的可用信息计算后验概率 P（拖欠贷款=是$|X$）和 P（拖欠贷款=否$|X$）。如果 P（拖欠贷款=是$|X$）$> P$（拖欠贷款=否$|X$），那么记录分类为是；反之，分类为否。

编号	有房者	婚姻状况	年收入/万元	拖欠贷款
1	是	单身	12.5	否
2	否	已婚	10	否
3	否	单身	7	否
4	是	已婚	12	否
5	否	离婚	9.5	是
6	否	已婚	6	否
7	是	离婚	22	否
8	否	单身	8.5	是
9	否	已婚	7.5	否
10	否	单身	9	是

$X=$(有房者=否，婚姻状况=已婚，收入=12 万元)

可以估计：
P(拖欠贷款=是$|X$)和P(拖欠贷款=否$|X$)?

下面将替换为：
拖欠贷款=是$|X$ 和
拖欠贷款=否$|X$

图 6-5 贝叶斯网络推理过程

要估计后验概率，可利用贝叶斯网络将后验概率转化为先验概率与条件概率之积，即

$$P(Y | X_1 X_2 \cdots X_d) = \frac{P(X_1 X_2 \cdots X_d | Y) P(Y)}{P(X_1 X_2 \cdots X_d)}$$

由于分母是固定值，所以上式等价于最大化

$$P(Y \mid X_1 X_2 \cdots X_d) \propto P(X_1 X_2 \cdots X_d \mid Y) P(Y)$$

6.3.2　朴素贝叶斯算法

朴素贝叶斯分类器在估计类条件概率时的前提假设是：属性之间条件独立，即

$$P(X_1, X_2, \cdots, X_d \mid Y_j) = P(X_1 \mid Y_j) P(X_2 \mid Y_j) \cdots P(X_d \mid Y_j)$$

式中：每个属性集 $\boldsymbol{X} = \{X_1, X_2, \cdots, X_d\}$ 包含 d 个属性。

有了条件独立假设，就不必计算 $\boldsymbol{X}$ 的每一个组合的类条件概率，只需对给定的 Y，计算每个 X_i 的条件概率。后一种方法更实用，因为它不需要很大的训练集就能获得较好的概率估计。

分类测试记录时，朴素贝叶斯分类器对每个类 Y 计算后验概率：

$$P(Y \mid \boldsymbol{X}) = \frac{P(Y) \prod_{i=1}^{d} P(X_i \mid Y)}{P(\boldsymbol{X})} \qquad (6-8)$$

由于对于所有的 Y，$P(\boldsymbol{X})$ 都是固定的，因此只要找出使分子 $P(Y) \prod_{i=1}^{d} P(X_i \mid Y)$ 最大的类就足够了。下面描述几种估计分类属性和连续属性的条件概率 $P(X_i|Y)$ 的方法。规约朴素贝叶斯分类任务和目标为：

目标：主要目标是估计先验概率与条件概率 $P(Y_j)$，$P(X_i|Y_j)$；

任务：新数据对象如何分类？只需计算 $P(Y_j) P(X_i|Y_j)$。

例如，给定如下数据，对于图 6-5 给定的问题，构建朴素贝叶斯网络可分三步骤：首先利用贝叶斯公式进行转换（如图 6-6 所示），其次利用数据估计条件概率与先验概率（如图 6-7 所示），最后利用贝叶斯网络推理概率（如图 6-8 所示）。

编号	有房者	婚姻状况	年收入/万元	拖欠贷款
1	是	单身	12.5	否
2	否	已婚	10	否
3	否	单身	7	否
4	是	已婚	12	否
5	否	离婚	9.5	是
6	否	已婚	6	否
7	是	离婚	22	否
8	否	单身	8.5	是
9	否	已婚	7.5	否
10	否	单身	9	是

X=(有房者=否，离婚，收入=12 万元)

$P(X|$是$)=P($有房=否$|$是$)\times$
$P($离婚$|$是$)\times$
$P($年收入=12 万元$|$是$)$
$P(X|$否$)=P($有房=否$|$否$)\times$
$P($离婚$|$否$)\times$
$P($年收入=12 万元$|$否$)$

图 6-6　朴素贝叶斯网络构建步骤 1

对于分类属性 X_i，根据类 Y_j 中属性值等于 X_i 的训练实例的比例来估计条件概率 $P(X_i|Y=Y_j)$。例如，在图 6-6 中，还清贷款的 7 个人中 3 个人有房，因此条件概率 $P($有房=是$|$否$)=3/7$。同理，拖欠贷款的人中单身的条件概率 $P($婚姻状况=单身$|$是$)=2/3$。

注意：上述方法的缺陷在于只能针对离散的属性进行先验概率估计与条件概率估计，如果属性值是连续值，则通常采用两类方法：一是离散化，二是概率密度函数估计。

编号	有房者	婚姻状况	年收入/万元	拖欠贷款
1	是	单身	12.5	否
2	否	已婚	10	否
3	否	单身	7	否
4	是	已婚	12	否
5	否	离婚	9.5	是
6	否	已婚	6	否
7	是	离婚	22	否
8	否	单身	8.5	是
9	否	已婚	7.5	否
10	否	单身	9	是

类：$P(Y)=N_c/N$
　　$P(否)=7/10$
　　$P(是)=3/10$
对于分类属性：
　　$P(X_i|Y_k)=|X_{ik}|/N_c$
其中 $|X_{ik}|$ 是具有属性值 X_i 并属于类 Y_k 的实例数。例如：
　　$P(婚姻状况=已婚|否)=4/7$
　　$P(有房=是|是)=0$

图 6-7　朴素贝叶斯网络构建步骤 2

朴素贝叶斯分类法使用两种方法估计连续属性的类条件概率。

（1）可以把每一个连续的属性值离散化，然后用相应的离散区间替换连续属性值。这种方法把连续属性转换成序数属性。通过计算类 Y 的训练记录中落入 X_i 对应区间的比例来估计条件概率 $P(X_i|Y=Y_j)$。估计误差由离散策略和离散区间的数目决定，如果离散区间的数目太大，则会因为每一个区间中训练记录太少而不能对 $P(X_i|Y)$ 做出可靠的估计。相反，如果区间数目太小，有些区间就会含有来自不同类的记录，因此失去了正确的决策边界。

（2）可以假设连续变量服从某种概率分布，然后使用训练数据估计分布的参数。高斯分布通常被用来表示连续属性的类条件概率分布。该分布有两个参数，即均值 μ 和方差 σ^2。对每个类 Y_j，属性 X_i 的类条件概率为

$$P(X_i=x_i\mid Y=Y_j)=\frac{1}{\sqrt{2\pi}\,\sigma_{ij}}e^{-\frac{(x_i-\mu_{ij})^2}{2\sigma_{ij}^2}} \tag{6-9}$$

参数 μ_{ij} 可以用类 Y_j 的所有训练记录关于 X_i 的样本均值（$\bar{x}$）来估计。同理，参数 σ_{ij}^2 可以用这些训练记录的标准样本方差（s^2）来估计。例如，对于图 6-8 中的年收入属性，利用正态分布估计密度函数。

编号	有房者	婚姻状况	年收入/万元	拖欠贷款
1	是	单身	12.5	否
2	否	已婚	10	否
3	否	单身	7	否
4	是	已婚	12	否
5	否	离婚	9.5	是
6	否	已婚	6	否
7	是	离婚	22	否
8	否	单身	8.5	是
9	否	已婚	7.5	否
10	否	单身	9	是

正态分布：

$$P(X_i|Y_j)=\frac{1}{\sqrt{2\pi\sigma_{ij}^2}}e^{-\frac{(X_i-\mu_{ij})^2}{2\sigma_{ij}^2}}$$

对每一对 (X_i, Y_j)，
对于（年收入，类=否），
如果类=否，则：
样本均值=11
样本方差=29.75

$$P(年收入=12\,万元|否)=\frac{1}{\sqrt{2\pi}(5.454)}e^{\frac{-(12-11)^2}{2\times29.75}}=0.07$$

图 6-8　朴素贝叶斯网络构建步骤 3

该属性关于类否的样本均值和方差为

$$\bar{x} = \frac{12.5 + 10 + 7 + \cdots + 7.5}{7} = 11$$

$$s^2 = \frac{(12.5-11)^2 + (10-11)^2 + \cdots + (7.5-11)^2}{7-1} = 29.75$$

$$s = \sqrt{29.75} = 5.454$$

给定一测试记录，年收入为 12 万元，其类条件概率为

$$P(年收入 = 12 \mid 否) = \frac{1}{\sqrt{2\pi}(5.454)} e^{-\frac{(12-11)^2}{2\times29.75}} = 0.07$$

如何解决极端情况：即通常数据不完备、样本量少所造成的先验知识为 0 的情况，这时的后验概率难以预测，如图 6-9 所示。

考虑删除编号 =7 的列表信息

编号	有房者	婚姻状况	年收入/万元	拖欠贷款
1	是	单身	12.5	否
2	否	已婚	10	否
3	否	单身	7	否
4	是	已婚	12	否
5	否	离婚	9.5	是
6	否	已婚	6	否
8	否	单身	8.5	是
9	否	已婚	7.5	否
10	否	单身	9	是

朴素贝叶斯分类器：
$P(有房=是|否)=2/6$
$P(有房=否|否)=4/6$
$P(有房=是|是)=0$
$P(有房=否|是)=1$
$P(婚姻状况=单身|否)=2/6$
$P(婚姻状况=离婚|否)=0$
$P(婚姻状况=已婚|否)=4/6$
$P(婚姻状况=单身|是)=2/3$
$P(婚姻状况=离婚|是)=1/3$
$P(婚姻状况=已婚||是)=0/3$
对于年收入：
如果类=否：样本均值=9.1
　　　　　　样本方差=7.47
如果类=是：样本均值=9
　　　　　　样本方差=0.25
朴素的贝叶斯无法将 X 分类为是或否

给定 $X=$(有房=是，离婚，12 万元)
$P(X|否)=2/6\times0\times0.083=0$
$P(X|是)=0\times1/3\times1.2\times10^{-9}=0$

$$P(年收入=12 万元|否) = \frac{1}{\sqrt{2\pi}\sqrt{7.47}} e^{\frac{-(12-9.1)^2}{2\times7.47}} = 0.083$$

图 6-9　朴素贝叶斯在极端情况下不能有效预测

如何有效解决这类极端问题？可以通过以下方式重新估计先验概率

$$原始(Original)：P(A_i \mid C) = \frac{N_{ic}}{N_c}$$

$$拉普拉斯(Laplace)：P(A_i \mid C) = \frac{N_{ic}+1}{N_c+c}$$

$$m-估计(m-estimate)：P(A_i \mid C) = \frac{N_{ic}+mp}{N_c+m}$$

式中：c 表示分类数；p 表示先验概率；N_c 表示该类数据对象数目；m 为参数。

问题 1：朴素贝叶斯分类器算法的优点和缺点是什么？

提示：从原理、推理方法等方面考虑。

朴素贝叶斯网络的特点是：一个中心、三大优势、四项缺点。

一个中心：条件独立性

三大优势：

- 朴素贝叶斯模型发源于古典数学理论，有稳定的分类效率；
- 对小规模的数据表现很好，能处理多分类任务，适合增量式训练，尤其是数据量超出内存时；
- 对缺失数据不太敏感，算法简单。

四项缺点：

- 理论上，与其他分类方法相比，朴素贝叶斯模型具有最小的误差率。但是实际上并非总是如此，这是因为朴素贝叶斯模型假设属性之间相互独立，这个假设在实际应用中往往是不成立的，在属性个数比较多或者属性之间相关性较大时，模型的分类效果不佳。而在属性相关性较小时，朴素贝叶斯模型的性能最为良好。对于这一点，半朴素贝叶斯等算法通过考虑部分关联性，在朴素贝叶斯模型的基础上进行了适度的改进。
- 需要知道先验概率，且先验概率很多时候取决于假设，而假设的模型可以有很多种。因此，在某些时候会由于假设的先验模型的原因导致预测效果不佳。
- 通过先验概率和数据来决定后验的概率从而决定分类，所以分类决策存在一定的错误率。
- 对输入数据的表达形式很敏感。

6.3.3 算法应用

本节利用朴素贝叶斯算法来监测不真实账号，以加深读者对朴素贝叶斯方法的了解。

问题描述：对于 SNS（Social Networking Services，社会性网络服务）社区来说，不真实账号（使用虚假身份或用户的小号）是一个普遍存在的问题，作为 SNS 社区的运营商，希望可以检测出这些不真实账号，从而在一些运营分析报告中避免这些账号的干扰，同时可以加强对 SNS 社区的了解与监管。如果通过纯人工检测，需要耗费大量的人力，效率也十分低下，如果能引入自动检测机制，必将大大提升工作效率。换言之，就是要将社区中的所有账号在真实账号和不真实账号两个类别上进行分类。

1. 第一阶段：确定特征属性及划分

确定分类随机变量：设 $C=0$ 表示真实账号，$C=1$ 表示不真实账号。这一步要找出可区分真实账号与不真实账号的特征属性，在实际应用中，特征属性的数量是很多的，划分也会比较细致，但这里为了简单起见，我们使用少量的特征属性以及较粗的划分。

选择特征：选择如表 6-1 所示的三个特征属性。

获取训练样本：人工检测过的 1 万个账号作为训练样本。

表 6-1　用于区分真实账号与不真实账号的特征属性

特　　征	集　　合
a_1：日志数量/注册天数（日记密度）	$\{a \leqslant 0.05, 0.05 < a < 0.2, a \geqslant 0.2\}$
a_2：好友数量/注册天数（好友密度）	$\{a \leqslant 0.1, 0.1 < a < 0.8, a \geqslant 0.8\}$
a_3：是否使用真实头像	a_3：$\{a=0(不是), a=1(是)\}$

2. 第二阶段：模型构建

获取先验概率：用训练样本中真实账号和不真实账号的数量分别除以 1 万，即

$$P(C=0) = \frac{8900}{10000} = 0.89$$

$$P(C=1) = \frac{1100}{10000} = 0.11$$

获取条件概率：每个类别条件下各个特征属性划分的频率如图 6-10 所示。

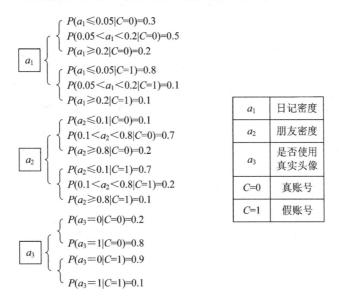

图 6-10　每个类别条件下各个特征属性划分的频率

3. 第三阶段：分类应用

使用上面训练得到的分类器鉴别一个账号，这个账号日志数量与注册天数的比率 a_1 为 0.1，好友数与注册天数的比率 a_2 为 0.2，使用非真实头像 $a_3=0$。朴素贝叶斯分类如下：

$P(C=0)P(x \mid C=0)$
$= P(C=0)P(0.05 < a_1 < 0.2 \mid C=0)P(0.1 < a_2 < 0.8 \mid C=0)P(a_3=0 \mid C=0)$
$= 0.89 \times 0.5 \times 0.7 \times 0.2 = 0.0623$

$P(C=1)P(x \mid C=1)$
$= P(C=1)P(0.05 < a_1 < 0.2 \mid C=1)P(0.1 < a_2 < 0.8 \mid C=1)P(a_3=0 \mid C=1)$
$= 0.11 \times 0.1 \times 0.2 \times 0.9 = 0.001\,98$

可以看到，虽然这个用户没有使用真实头像，但是通过分类器的鉴别，更倾向于将此账号归入真实账号类别。这个例子也展示了当特征属性充分多时，朴素贝叶斯分类对个别属性的抗干扰性。

6.4　贝叶斯信念网络

朴素贝叶斯分类器的条件独立假设过于严格，特别是对那些属性之间有一定相关性的分类问题。本节介绍一种更灵活的类条件概率 $P(X|Y)$ 的建模方法。该方法不要求给定类的所有属性都条件独立，而是允许指定某些属性条件独立。这里先讨论怎样表示和建立该概率模型，接着举例说明怎样使用模型进行推理。

6.4.1 定义与推理

之前我们讨论了朴素贝叶斯分类。朴素贝叶斯分类有一个限制条件，即特征属性必须有条件独立或基本独立。当这个条件成立时，朴素贝叶斯分类法的准确率是最高的，但现实中各个特征属性间往往并不条件独立，而是具有较强的相关性，这就限制了朴素贝叶斯分类的能力。本小节中，我们讨论贝叶斯分类中更高级、应用范围更广的一种算法——贝叶斯网络，又称贝叶斯信念网络(Bayesian Belief Networks，BBN)或信念网络。

以一个使用朴素贝叶斯分类实现 SNS 社区中不真实账号的检测为例，在朴素贝叶斯分类的解决方案中，进行如下假设：

(1) 真实账号比非真实账号平均具有更大的日志密度、更大的好友密度，以及更多地使用真实头像。

(2) 日志密度、好友密度和是否使用真实头像在账号真实性给定的条件下是独立的。

但是上述第二条假设很可能并不成立。一般来说，好友密度除了与账号是否真实有关，还与是否有真实头像有关，因为真实的头像会吸引更多人加其为好友。因此，为了获取更准确的分类，可以将假设修改如下：

(1) 真实账号比非真实账号平均具有更大的日志密度、更大的好友密度，以及更多的地使用真实头像。

(2) 日志密度与好友密度、日志密度与是否使用真实头像在账号真实性给定的条件下是独立的。

(3) 使用真实头像的用户比使用非真实头像的用户平均有更大的好友密度。

对于图 6-11 所示的两个数据集，利用朴素贝叶斯分类器都不能有效分类(图中点代表数据对象，同一形状的数据对象隶属于同一类)，其原因在于条件概率假设的前提不能成立，因此需要更复杂、更有力的工具来刻画与描述数据之间的关系。

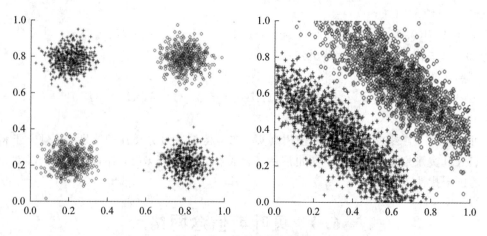

图 6-11 非条件独立数据

与朴素贝叶斯假定属性独立不同，贝叶斯信念网络借助联合概率分布，提供一种因果关系的图形，可以在其上进行学习。贝叶斯网络有两个主要成分：有向无环图和概率表。

(1) 有向无环图(Directed Acyclic Graph，DAG)表示变量之间的依赖关系。考虑三个随机变量 A、B 和 C，其中 A 和 B 相互独立，并且都直接影响第三个变量 C。三个变量之间的关系可以用图 6-12(a) 中的有向无环图概括。图中每个节点表示一个变量，每条弧表示两个变量之间的依赖关系。如果从 X 到 Y 有一条有向弧，则 X 是 Y 的父母，Y 是 X 的子女。另外，如果网络中存在一条从 X 到 Z 的有向路经，则 X 是 Z 的祖先，而 Z 是 X 的后代。例如，在图 6-12(b) 中，A 是 D 的后代，D 是 B 的祖先，而且 B 和 D 都不是 A 的后代节点。

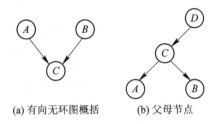

(a) 有向无环图概括　　　　　　(b) 父母节点

6-12　使用 DAG 表示变量之间的依赖关系

贝叶斯网络的一个重要性质表述如下：

性质 6.1（条件独立）　贝叶斯网络中的一个节点，如果它的父母节点已知，则它条件独立于它的所有非后代节点。

图 6-12(a) 中 A、B 为父节点，共同决定变量 C 的取值。图 6-12(b) 中，给定 C，A 条件独立于 B 和 D，因为 B 和 D 都是 A 的非后代节点。朴素贝叶斯分类器中的条件独立假设也可以用贝叶斯网络来表示。

除了网络拓扑结构要求的条件独立性外，每个节点还关联一个概率表。

（2）每个属性一个条件概率表（Conditional Probability Table，CPT），该表把各节点和它的直接父节点关联起来。DAG 包含两类节点，一类是无父节点，一类是有父节点。第一类节点所对应的概率是先验概率，第二类节点对应的是条件概率，如图 6-13 所示。如果第二类节点有多个父节点 $\{Y_1, Y_2, \cdots, Y_k\}$，则概率表中的条件概率为 $P(X|Y_1, Y_2, \cdots, Y_k)$。

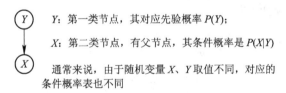

Y：第一类节点，其对应先验概率 $P(Y)$；

X：第二类节点，有父节点，其条件概率是 $P(X|Y)$

通常来说，由于随机变量 X、Y 取值不同，对应的条件概率表也不同

图 6-13　DAG 包含的两类节点

给定贝叶斯信念网络，可采用联合概率推理方式进行推理，即

$$P(x_1, \cdots, x_n) = \prod_i P(x_i \mid \mathrm{Parent}(x_i))$$

图 6-14 是贝叶斯网络的一个例子，用于对心脏病患者建模。假设图中每个变量都是二值的。心脏病节点（HD）的父母节点对应于影响该疾病的危险因素，如运动（E）和饮食（D）等。心脏病节点的子节点对应于该病的症状，如胸痛（CP）和高血压（BP）等。如图 6-14 所示，心脏病（HD）可能源于不健康的饮食，同时又可能导致胸痛。

影响疾病的危险因素对应的节点只包含先验概率，而心脏病以及它们的相应症状所对应的节点都包含条件概率。对于图 6-14 中的贝叶斯信念网络，借助上式可计算联合概率。贝叶斯网络分类器的两个关键问题分别是：网络如何构建？网络如何推理？即通过计算后

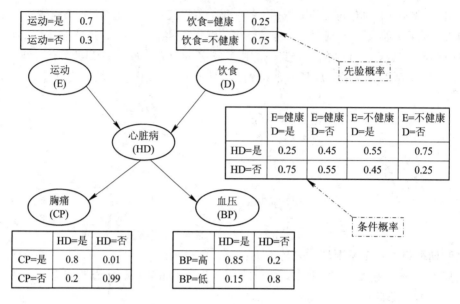

图 6-14 贝叶斯信念网络示意图

验概率构建贝叶斯网络分类器,如图 6-15 所示。注意:$P(X=\bar{x})=1-P(X=x)$,$P(X=\bar{x}|Y)=1-P(X=x|Y)$,其中 $\bar{x}$ 表示和 x 相反的结果。

给定:X=(E=否,D=是,CP=是,BP=高),
计算 P(HD|E,D,CP,BP)?

P(HD=是|E=否,D=是)=0.55
P(CP=是|HD=是)=0.8
P(BP=高|HD=是)=0.85
 — P(HD=是|E=否,D=是,CP=是,BP=高)
 ∝0.55×0.8×0.85=0.374

P(HD=否|E=否,D=是)=0.45
P(CP=是|HD=否)=0.01
P(BP=高|HD=否)=0.2
 — P(HD=否|E=否,D=是,CP=是,BP=高)
 ∝0.45×0.01×0.2=0.0009

X 被分类是,即此人患心脏病的概率大一些

图 6-15 贝叶斯信念网络概率推理过程

6.4.2 结构学习(网络构建)

  贝叶斯信念网络的建模包括两个步骤:① 创建网络结构;② 估计每一个节点概率表中的概率值,可以通过最大化后验概率获取最佳的贝叶斯网络。网络拓扑结构可以通过对主观的领域专家知识编码获得。算法 6.1 给出了归纳贝叶斯网络拓扑结构的一个系统的过程。

算法 6.1 贝叶斯信念网络拓扑结构的生成算法

1. 设 $T=(X_1,X_2,\cdots,X_d)$ 表示变量的全序

2. **for** $j=1$ **to** d **do**

3. 令 $X_{T(j)}$ 表示 T 中第 j 个次序最高的变量

4. 令 $\pi(X_{T(j)})=\{X_{T(1)},X_{T(2)},\cdots,X_{T(j-1)}\}$ 表示排在 $X_{T(j)}$ 前面的变量的集合

5. 从 $\pi(X_{T(j)})$ 中去掉对 X_j 没有影响的变量（使用先验知识）

6. 在 $X_{T(j)}$ 和 $\pi(X_{T(j)})$ 中剩余的变量之间画弧

7. end for

例如，考虑图 6-14 中的变量执行算法 6.1 的步骤 1 后，设变量次序为（E，D，HD，CP，BP）。从变量 D 开始，经过步骤 2 到步骤 7，得到如下的条件概率：

(1) $P(\mathrm{D}|\mathrm{E})$ 化简为 $P(\mathrm{D})$；

(2) $P(\mathrm{HD}|\mathrm{E},\mathrm{D})$ 不能化简；

(3) $P(\mathrm{CP}|\mathrm{HD},\mathrm{E},\mathrm{D})$ 化简为 $P(\mathrm{CP}|\mathrm{HD})$；

(4) $P(\mathrm{BP}|\mathrm{CP},\mathrm{HD},\mathrm{E},\mathrm{D})$ 化简为 $(\mathrm{BP}|\mathrm{HD})$。

基于以上条件概率，创建节点之间的弧（E，HD），（D，HD），（HD，CP），（HD，BP）。这些弧构成了图 6-14 所示的网络拓扑。一旦找到了合适的拓扑结构，与各节点关联的概率表就确定了。对这些概率的估计比较容易，与朴素贝叶斯分类器中所用的方法类似。

当模型很复杂时，使用枚举式的方法来求解概率就会变得非常复杂且难以计算，因此必须使用其他的替代方法。一般来说，有以下几种求法：

(1) 精确推理，包括枚举推理法、消元算法（Variable Elimination）。

(2) 近似推理，包括蒙特卡洛方法、直接取样算法、拒绝取样算法、概率加权算法。

在此，以马尔可夫链蒙特卡洛算法（Markov Chain Monte Carlo Algorithm）为例，因为马尔可夫链蒙特卡洛算法的类型很多，在这里只说明其中一种吉布斯采样（Gibbs sampling）的操作步骤。首先将已给定数值的变量固定，然后将未给定数值的其他变数随意给定一个初始值，接着进入以下迭代步骤：

(1) 随意挑选其中一个未给定数值的变数；

(2) 从条件分配 $P(X_i|\mathrm{Markovblanket}(X_i))$ 抽样出新的 X_i 的值，接着重新计算

$$P(X_i \mid \mathrm{Markovblanket}(X_i)) = \alpha P(X_i \mid \mathrm{parent}(X_i)) \times \prod_{Y_i \in \mathrm{children}(X_i)} \mathrm{parent}(Y_i)$$

当迭代退出后，删除前面若干个尚未稳定的数值，就可以求出近似条件概率分配。马尔可夫链蒙特卡洛算法的优点是在计算很大的网络时其效率很好，但缺点是所抽取出的样本并不具有独立性。

当贝叶斯网络上的结构与参数都已知时，我们可以通过以上方法来求得特定情况的概率。但是如果网络的结构或参数未知时，我们必须借由所观测到的数据去推估网络的结构或参数。一般而言，推估网络的结构会比推估节点上的参数要困难。依照对贝叶斯网络结构的了解和观测值的完整与否，分别讨论下面两种情况：

1. 结构已知，观测值完整

此时可以用最大似然估计法（Maximum Likelihood Estimation，MLE）来求得参数。其对数概率函数为

$$L = \frac{1}{N}\sum_{i=1}^{n}\ln(P(X_i \mid \mathrm{pa}(X_i), D_i))$$

式中：$\mathrm{pa}(X_i)$ 代表 X_i 的因变数；D_i 代表第 i 个观测值；N 代表观测值数据的总数。

以图 6-16 为例，假设有两个服务器（S_1，S_2），会传送数据包到用户端（以 U 表示），但是第二个服务器的数据包传送成功率与第一个服务器传送成功与否有关，因此贝叶斯网

络的结构图可以表示成图 6-16 的形式。就每个数据包传送而言，只有两种可能值：T(成功)或 F(失败)。我们可以求出节点 U 的最大似然估计式为

$$P(U = u \mid S_1 = s_1, S_2 = s_2) = \frac{n(U = u, S_1 = s_1, S_2 = s_2)}{n(S_1 = s_1, S_2 = s_2)}$$

根据该式，就可以借观测值来估计出节点 U 的条件分配。当模型很复杂时，可能需要利用数值分析或其他最优化技巧来求出参数。

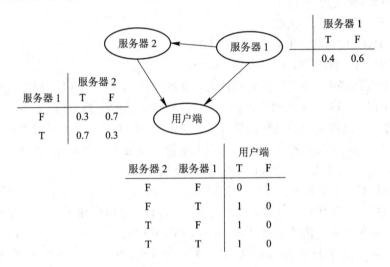

图 6-16　服务器与客户端传送贝叶斯网络的结构图

2. 结构已知，观测值不完整(有遗漏数据)

如果有些节点观测不到，则可以使用 EM 算法(Expectation - Maximization Algorithm)来决定出参数的区域最佳概率估计式。EM 算法的核心在于：如果所有节点的值都已知，在 M 阶段就会很简单，如同最大似然估计法。EM 算法的步骤如下：

(1) 首先给定待估参数一个初始值，然后利用此初始值和其他的观测值，求出其他未观测到节点的条件期望值，接着将所估计出的值视为观测值，并将完整的观测值带入此模型的最大似然估计式中，如下所示(以图 6-16 为例)：

$$P(U = u \mid S_1 = s_1, S_2 = s_2) = \frac{EN(U = u, S_1 = s_1, S_2 = s_2)}{EN(S_1 = s_1, S_2 = s_2)}$$

式中：EN(x)代表在目前的估计参数下，事件 x 的条件概率期望值，即

$$EN(x) = E \sum_k I(x \mid D(k)) = \sum_k P(x \mid D(k))$$

(2) 最大化此最大似然估计式，求出此参数最有可能的值，并重复步骤(1)与(2)，直到参数收敛为止，即可得到最佳的参数估计值。

6.4.3　贝叶斯信念网络的特点

贝叶斯信念网络模型的一般特点如下：

(1) 贝叶斯信念网络提供了一种用图形模型来捕获特定领域的先验知识的方法。该网络还可以用来对变量间的因果依赖关系进行编码。

(2) 构造网络可能既费时又费力，然而一旦网络结构确定下来，添加新变量则会十分

容易。

（3）贝叶斯网络很适合处理不完整的数据。对于有属性遗漏的实例，可以通过对该属性的所有可能取值的概率求和或求积分来加以处理。

（4）因为数据和先验知识以概率的方式结合起来了，所以该方法对模型的过拟合问题是非常鲁棒的。

6.5　回归分析

回归是一种预测建模技术，其中被估计的目标变量是连续的。回归应用的例子包括：使用其他经济学指标预测股市指数，基于高空气流特征预测一个地区的降水量，根据广告开销预测公司的总销售，按照有机物质中的碳 14 残留估计化石的年龄。

6.5.1　预备知识

令 D 是包含 N 个观测的数据集，$D = \{(x_i, y_i) | i = 1, 2, \cdots, N\}$。$x_i$ 对应于第 i 个观测的属性集，$x_i = (x_{i1}, x_{i2}, \cdots, x_{id})$ 是向量，又称说明变量（Explanatory Variable），而 y_i 对应于目标变量（Target Variable）或因变量。回归任务的说明属性可以是离散的或连续的。

定义 6.20（回归，Regression）　一个任务，它学习一个把每个属性集 x 映射到一个连续值输出 y 的目标函数（Target Function）f。

回归的目标是找到一个以最小误差拟合输入数据的目标函数。回归任务的误差函数（Error Function）可以用绝对误差或平方误差和表示：

$$\text{绝对误差} = \sum_i |y_i - f(x_i)|$$

$$\text{平方误差} = \sum_i (y_i - f(x_i))^2$$

6.5.2　线性回归

考虑表 6-2 和图 6-17 所示的生理学数据。该数据对应于热通量和一个人睡眠时皮肤温度的测量。假设我们希望根据热传感器收集的热通量测量值预测一个人的皮肤温度，二维散点图表明这两个变量之间存在很强的线性关系，即"线性回归"（Linear Regression），试图学得一个线性模型以尽可能准确地预测实值输出标记。

表 6-2　热通量测量值和人的皮肤温度测量值

热通量	皮肤温度	热通量	皮肤温度	热通量	皮肤温度
10.858	31.002	9.459	31.226	6.7081	31.524
10.617	31.021	8.3972	31.263	6.3221	31.581
10.183	31.058	7.6251	31.319	6.0325	31.618
10.086	31.188	7.1907	31.356	5.7429	31.674
9.7003	31.133	7.046	31.412	5.5016	31.712
9.652	31.095	6.9494	31.468	5.2603	31.768

续表

热通量	皮肤温度	热通量	皮肤温度	热通量	皮肤温度
5.1638	31.825	4.4882	32.164	3.4265	32.505
5.0673	31.862	4.3917	32.221	3.4265	32.6
4.9708	31.919	4.2951	32.259	3.4265	32.791
4.8743	31.975	4.2469	32.296	3.3782	32.543
4.7777	32.013	4.0056	32.334	3.3782	32.657
4.7295	32.07	3.716	32.391	3.3299	32.696
4.633	32.126	3.523	32.448	3.3299	32.573

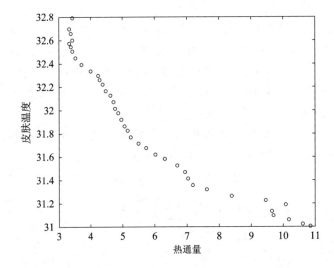

图 6-17　热通量测量值和人的皮肤温度

1. 最小二乘方法

给定数据集 $D = \{(\boldsymbol{x}_1, y_1), (\boldsymbol{x}_2, y_2), \cdots, (\boldsymbol{x}_N, y_N)\}$，其中 $\boldsymbol{x}_i = (x_{i1}, x_{i2}, \cdots, x_{id})$，$y_i \in \mathbf{R}$。线性回归试图学得：

$$f(\boldsymbol{x}_i) = \boldsymbol{\omega}_1 \boldsymbol{x}_i + \omega_0 \tag{6-10}$$

式中：ω_0 和 $\boldsymbol{\omega}_1$ 是该模型的参数，称作回归系数（Regression Coefficient）。均方误差是回归任务中最常用的性能度量，基于均方误差最小化来进行模型求解的方法称为"最小二乘法"（Method of Least Squares）。该方法试图找出参数 $(\omega_0, \boldsymbol{\omega}_1)$，它们最小化误差的平方和为

$$\text{SSE} = \sum_{i=1}^{N} [y_i - f(\boldsymbol{x}_i)]^2 = \sum_{i=1}^{N} (y_i - \boldsymbol{\omega}_1 \boldsymbol{x}_i - \omega_0)^2 \tag{6-11}$$

又称为残差平方和（Residual Sum of Square）。在线性回归中，最小二乘法就是试图找到一条直线，使所有样本到直线上的欧氏距离之和最小。

求解 ω_0 和 $\boldsymbol{\omega}_1$ 是 SSE 最小化的过程，称为线性回归模型的最小二乘"参数估计"（Parameter Estimation）。分别求 E 关于 ω_0 和 $\boldsymbol{\omega}_1$ 的偏导数，令它们等于零，并解对应的线

性方程组：

$$\frac{\partial E}{\partial \omega_0} = -2\sum_{i=1}^{N}(y_i - \boldsymbol{\omega}_i \boldsymbol{x}_i - \omega_0) = 0$$

$$\frac{\partial E}{\partial \boldsymbol{\omega}_1} = 2\sum_{i=1}^{N}(y_i - \boldsymbol{\omega}_i \boldsymbol{x}_i - \omega_0)\boldsymbol{x}_i = 0$$

得到 ω_0 和 $\boldsymbol{\omega}_1$ 的最优解的闭式（Closed-Form）解为

$$\boldsymbol{\omega}_1 = \frac{\sum_{i=1}^{N} y_i(\boldsymbol{x}_i - \bar{x})}{\sum_{i=1}^{N}\boldsymbol{x}_i^2 - \frac{1}{m}\left(\sum_{i=1}^{N}\boldsymbol{x}_i\right)}, \ \omega_0 = \frac{1}{m}\sum_{i=1}^{N}(y_i - \boldsymbol{\omega}_1\boldsymbol{x}_i)$$

式中：$\bar{x} = \frac{1}{m}\left(\sum_{i=1}^{N}\boldsymbol{x}_i\right)$ 为 $\boldsymbol{x}$ 的均值。

这些方程可以简写成如下矩阵方程，又称正规方程（Normal Equation）：

$$\begin{bmatrix} N & \sum_i \boldsymbol{x}_i \\ \sum_i \boldsymbol{x}_i & \sum_i \boldsymbol{x}_i^2 \end{bmatrix} \begin{bmatrix} \boldsymbol{\omega}_0 \\ \boldsymbol{\omega}_1 \end{bmatrix} = \begin{bmatrix} \sum_i y_i \\ \sum_i x_i y_i \end{bmatrix} \qquad (6-12)$$

在表 6-2 和图 6-17 所示的生理学数据中，由于 $\sum_i \boldsymbol{x}_i = 229.9$，$\sum_i \boldsymbol{x}_i^2 = 1569.2$，$\sum_i y_i = 1242.9$，$\sum_i \boldsymbol{x}_i y_i = 7279.7$，因此可以求解该正规方程，得到参数的如下估计：

$$\begin{pmatrix} \hat{\boldsymbol{\omega}}_0 \\ \hat{\boldsymbol{\omega}}_1 \end{pmatrix} = \begin{pmatrix} 39 & 229.9 \\ 229.9 & 1569.2 \end{pmatrix}^{-1} \begin{pmatrix} 1242.9 \\ 7279.7 \end{pmatrix} = \begin{pmatrix} 33.1699 \\ -0.2208 \end{pmatrix}$$

最小化 SSE，最佳拟合数据的线性模型为

$$f(\boldsymbol{x}) = 33.17 - 0.22\boldsymbol{x}$$

图 6-18 显示了对应于该模型的直线。

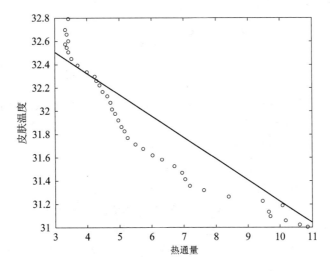

图 6-18　拟合图 6-17 中数据的线性模型

可以证明式(6-12)的正规方程的一般解为

$$\hat{\omega}_0 = \bar{y} - \hat{\omega}_1 \bar{x} \tag{6-13}$$

$$\hat{\boldsymbol{\omega}}_1 = \frac{\sigma_{xy}}{\sigma_{xx}} \tag{6-14}$$

式中：$\bar{x} = \sum_i \dfrac{\boldsymbol{x}_i}{N}$；$\bar{y} = \sum_i \dfrac{y_i}{N}$，而

$$\sigma_{xy} = \sum_i (\boldsymbol{x}_i - \bar{x})(y_i - \bar{y}) \tag{6-15}$$

$$\sigma_{xx} = \sum_i (\boldsymbol{x}_i - \bar{x})^2 \tag{6-16}$$

$$\sigma_{yy} = \sum_i (y_i - \bar{y})^2 \tag{6-17}$$

产生最小平方误差的线性模型由下式给出：

$$f(\boldsymbol{x}) = \bar{y} + \frac{\sigma_{xy}}{\sigma_{xx}}(\boldsymbol{x} - \bar{x}) \tag{6-18}$$

概括地说，最小二乘方法是一种系统方法，它通过最小化 y 的实际值与估计值之间的平方误差，用一个线性模型拟合因变量 y。尽管该模型相对简单，但是它给出了相当精确的近似，因为线性模型能够被任意具有连续导数的函数通过一阶泰勒级数进行近似。

2. 分析回归误差

某些数据可能包含 x 和 y 的测量误差。此外，可能存在一些混杂因素影响因变量 y，但未包含在模型中。正因为如此，回归任务中的因变量 y 可能是非确定的。也就是说，即使提供相同属性集 x，它可能会产生不同的值。

可以使用概率方法对这类情况建模，其中 y 被看作一个随机变量：

$$y = f(\boldsymbol{x}) + [y - f(\boldsymbol{x})] = f(\boldsymbol{x}) + \varepsilon \tag{6-19}$$

测量误差和模型误差都被一个随机噪声项 ε 所吸收。通常假定数据中随机噪声的出现是独立的，并且服从某种概率分布。

例如，如果随机噪声来自一个均值为 0、方差为 σ^2 的正态分布，则

$$P(\varepsilon \mid \boldsymbol{x}, \boldsymbol{\Omega}) = \frac{1}{\sqrt{2\pi\sigma^2}} e^{\frac{y - f(\boldsymbol{x}, \boldsymbol{\Omega})^2}{2\sigma^2}} \tag{6-20}$$

$$\mathrm{lb}[P(\varepsilon \mid \boldsymbol{x}, \boldsymbol{\Omega})] = -\frac{1}{2\sigma^2}[y - f(\boldsymbol{x}, \boldsymbol{\Omega})]^2 \tag{6-21}$$

这一分析表明最小化 $\mathrm{SSE}([y - f(\boldsymbol{x}, \boldsymbol{\Omega})]^2)$ 蕴含了假定随机噪声来自一个正态分布。此外，可以证明最小化这类误差的常数模型 $f(\boldsymbol{x}, \boldsymbol{\Omega}) = c$ 是均值，即 $c = \bar{y}$。

另一种典型的噪声概率模型使用拉普拉斯分布：

$$P(\varepsilon \mid \boldsymbol{x}, \boldsymbol{\Omega}) = c e^{-c \mid y - f(\boldsymbol{x}, \boldsymbol{\Omega}) \mid} \tag{6-22}$$

$$\ln[P(\varepsilon \mid \boldsymbol{x}, \boldsymbol{\Omega})] = -c \mid y - f(\boldsymbol{x}, \boldsymbol{\Omega}) \mid + 常数 \tag{6-23}$$

这表明最小化绝对误差 $\mid y - f(\boldsymbol{x}, \boldsymbol{\Omega}) \mid$ 蕴含了假定随机噪声服从拉普拉斯分布。这种情况下的最佳常量模型对应于 $f(\boldsymbol{x}, \boldsymbol{\Omega}) = \bar{y}$，$\bar{y}$ 是 y 的中位数。

除了式(6-11)定义的 SSE 外，我们还可以定义另外两种误差：

$$\mathrm{SST} = \sum_i (y_i - \bar{y})^2$$

$$\mathrm{SSM} = \sum_i \left[f(\boldsymbol{x}_i) - \bar{y} \right]^2$$

式中：SST 称为总平方和，而 SSM 称为回归平方和。在使用平均值 $\bar{y}$ 估计因变量时，SST 表示预测误差，而 SSM 代表回归模型的误差量。SST、SSE 和 SSM 之间的关系推导如下：

$$\mathrm{SSE} = \sum_i (y_i - \bar{y})^2 - \sum_i \left[f(\boldsymbol{x}_i) - \bar{y} \right]^2 = \mathrm{SST} - \mathrm{SSM}$$

其中，我们使用了如下关系：

$$\bar{y} - f(\boldsymbol{x}_i) = -\boldsymbol{\omega}_1 (\boldsymbol{x}_i - \bar{x})$$

$$\sum_i (y_i - \bar{y})(\boldsymbol{x}_i - \bar{x}) = \boldsymbol{\omega}_1 \sum_i (\boldsymbol{x}_i - \bar{x})^2$$

这样，就得到了 SST＝SSE＋SSM。

3. 分析拟合的满意度

一种测量拟合满意度的方法是计算如下度量：

$$R^2 = \frac{\mathrm{SSM}}{\mathrm{SST}} = \frac{\sum_i \left[f(\boldsymbol{x}_i) - y \right]^2}{\sum_i (y_i - y)^2}$$

回归模型的 R^2（判决系数）可能在 0 和 1 之间取值。如果因变量中观察到的大部分变异性都能被回归模型解释，则它的值接近 1。

R^2 也与斜相关系数 r 有关。r 度量自变量与因变量之间的线性关系强度，即

$$r = \frac{\sigma_{xy}}{\sqrt{\sigma_{xx}\sigma_{yy}}}$$

由式(6 - 16)、(6 - 17)、(6 - 18)，我们有：

$$R^2 = \frac{\sigma_{xy}^2}{\sigma_{xx}\sigma_{yy}}$$

上面的分析表明，斜相关系数等于判决系数的平方根（不考虑符号，符号与关系的方向有关，或者为正或者为负）。

值得注意的是，R^2 随着更多自变量添加到模型中而增大。一种校正添加到模型中的自变量数的方法是使用如下调整后的 R^2 度量：

$$\text{调整后的} R^2 = 1 - \left(\frac{N-1}{N-d} \right)(1 - R^2) \tag{6 - 24}$$

式中：N 是数据点数；$d+1$ 是回归模型的参数个数。

6.5.3　多元线性回归

使用下面的矩阵表示法，正规方程可以写成更紧凑的形式。令 $\boldsymbol{X} = (\boldsymbol{1}\boldsymbol{x})$，其中 $\boldsymbol{1} = (1, 1, 1, \cdots)^{\mathrm{T}}$，$\boldsymbol{x} = (x_1, x_2 \cdots, x_N)^{\mathrm{T}}$，可以证明：

$$\boldsymbol{X}^{\mathrm{T}}\boldsymbol{X} = \begin{pmatrix} \boldsymbol{1}^{\mathrm{T}}\boldsymbol{1} & \boldsymbol{1}^{\mathrm{T}}\boldsymbol{x} \\ \boldsymbol{x}^{\mathrm{T}}\boldsymbol{1} & \boldsymbol{x}^{\mathrm{T}}\boldsymbol{x} \end{pmatrix} = \begin{pmatrix} N & \sum_i x_i \\ \sum_i x_i & \sum_i x_i^2 \end{pmatrix} \tag{6 - 25}$$

这等于正规方程左边的矩阵。类似地，如果 $\boldsymbol{y} = (y_1, y_2, \cdots, y_N)^{\mathrm{T}}$，可以证明：

$$\mathbf{(1}\boldsymbol{x})^{\mathrm{T}}\boldsymbol{y} = \begin{bmatrix} \mathbf{1}^{\mathrm{T}}\boldsymbol{y} \\ \boldsymbol{x}^{\mathrm{T}}\boldsymbol{y} \end{bmatrix} = \begin{bmatrix} \sum_i y_i \\ \sum_i x_i y_i \end{bmatrix} \quad\quad (6-26)$$

这等于正规方程右边的矩阵。把式(6-25)和式(6-26)代入式(6-12)中,可以得到如下方程:

$$\boldsymbol{X}^{\mathrm{T}}\boldsymbol{X}\boldsymbol{\Omega} = \boldsymbol{X}^{\mathrm{T}}\boldsymbol{y} \quad\quad (6-27)$$

式中: $\boldsymbol{\Omega} = (\omega_0, \omega_1)^{\mathrm{T}}$。可以用下式求解 $\boldsymbol{\Omega}$ 中的参数:

$$\boldsymbol{\Omega} = (\boldsymbol{X}^{\mathrm{T}}\boldsymbol{X})^{-1}\boldsymbol{X}^{\mathrm{T}}\boldsymbol{y} \quad\quad (6-28)$$

上面的表示法是有用的,因为它可以让我们把线性回归方法推广到多元情况。更明确地说,如果属性集包含 d 个说明属性 $(\boldsymbol{x}_1, \boldsymbol{x}_2, \cdots, \boldsymbol{x}_d)$,则 $\boldsymbol{X}$ 变成设计矩阵(Design Matrix):

$$\boldsymbol{X} = \begin{bmatrix} 1 & x_{11} & \cdots & x_{1d} \\ 1 & x_{21} & \cdots & x_{2d} \\ \vdots & \vdots & & \vdots \\ 1 & x_{N1} & \cdots & x_{Nd} \end{bmatrix} \quad\quad (6-29)$$

而 $\boldsymbol{\Omega} = (\omega_0, \omega_1, \cdots, \omega_{d-1})^{\mathrm{T}}$ 是 d 维向量。可以通过解式(6-27)中的矩阵方程来计算参数。

6.5.4　最小二乘回归

最小二乘方法也可以用来找其他类型的最小化 SSE 的回归模型。更具体地说,如果模型是:

$$y = f(\boldsymbol{x}, \boldsymbol{\Omega}) + \varepsilon = \omega_0 + \sum_i \omega_i g_i(\boldsymbol{x}) + \varepsilon$$

并且随机噪声是正态分布的,则可以使用与前面确定参数向量 $\boldsymbol{\Omega}$ 相同的技术。g_i 可以是任何类型的基本函数,包括多项式、核和其他非线性函数。

例如,假设 $\boldsymbol{x}$ 是二维特征向量,则回归模型是二次型多项式函数:

$$f(x_1, x_2, \boldsymbol{\Omega}) = \omega_0 + \omega_1 x_1 + \omega_2 x_2 + \omega_3 x_1 x_2 + \omega_4 x_1^2 + \omega_5 x_2^2 \quad (6-30)$$

如果我们创建如下设计矩阵:

$$\boldsymbol{X} = \begin{bmatrix} 1 & x_{11} & x_{12} & x_{11}x_{12} & x_{11}^2 & x_{12}^2 \\ 1 & x_{21} & x_{22} & x_{21}x_{22} & x_{21}^2 & x_{22}^2 \\ \vdots & \vdots & \vdots & \vdots & \vdots & \vdots \\ 1 & x_{N1} & x_{N2} & x_{N1}x_{N2} & x_{N1}^2 & x_{N2}^2 \end{bmatrix} \quad\quad (6-31)$$

式中: x_{ij} 是第 i 个观测的第 j 个属性,则该回归问题变成了等价于解式(6-27)中的方程。参数向量 $\boldsymbol{\Omega}$ 的最小二乘解由式(6-28)给出。通过选择适当的设计矩阵,我们可以把这种方法推广到任意基本函数。

本 章 小 结

朴素贝叶斯分类器在很多种情形下都能获得相当好的性能。贝叶斯网络目前应用在模拟计算生物学(Computational Biology)与生物信息学(Bioinformatics)基因调控网络(Gene

Regulatory Networks)、蛋白质结构(Protein Structure)、基因表达分析(Gene Expression Analysis)、医学(Medicine)、文本分类(Text Classification)、信息检索(Information Retrieval)、决策支持系统(Decision Support Systems)、工程学(Engineering)、游戏与法律 (Gaming and Law)、数据融合(Data Fusion)、图像处理(Image Processing)上等。

贝叶斯算法是分类研究中重要的组成部分，本章主要讲述贝叶斯网络的数学基础、定义、性质，重点研究与讲述了朴素和信念贝叶斯网络构建算法的原理、典型的分类算法过程。

本章中回答了如下几个问题：

(1) 为什么采用概率方法构建分类器？决策树算法的缺陷是什么？

决策树假设特征无关，贝叶斯方法可以研究特征关联性。

(2) 如何构建朴素贝叶斯网络？

两步：先验概率，条件概率。

(3) 贝叶斯网络如何推理？

利用贝叶斯公式。

(4) 如何构建贝叶斯信念网络？

参数学习与结构学习。

习　　题

1. 考虑表 6-3 中的数据集。

表 6-3　习题 1 的数据集

记录	A	B	C	类
1	0	0	0	+
2	0	0	1	−
3	0	1	1	−
4	0	1	1	−
5	0	0	1	+
6	1	0	1	+
7	1	0	1	−
8	1	0	1	−
9	1	1	1	+
10	1	0	1	+

(a) 估计条件概率 $P(A|+)$，$P(B|+)$，$P(C|+)$，$P(A|-)$，$P(B|-)$和 $P(C|-)$。

(b) 根据(a)中的条件概率，使用朴素贝叶斯方法预测测试样本($A=0$，$B=1$，$C=0$)的类标号。

2. 考虑表 6 - 4 中的数据集。

表 6 - 4　习题 2 的数据集

记录	A	B	C	类
1	0	0	1	－
2	1	0	1	＋
3	0	1	0	－
4	1	0	0	－
5	1	0	1	＋
6	0	0	1	＋
7	1	1	0	－
8	0	0	0	－
9	0	1	0	＋
10	1	1	1	＋

(a) 估计条件概率 $P(A=1|+)$，$P(B=1|+)$，$P(C=1|+)$，$P(A=1|-)$，$P(B=1|-)$ 和 $P(C=1|-)$。

(b) 根据(a)中的条件概率，使用朴素贝叶斯方法预测测试样本($A=1$，$B=1$，$C=1$)的类标号。

(c) 比较 $P(A=1)$，$P(B=1)$ 和 $P(A=1, B=1)$，陈述 A，B 之间的关系。

(d) 比较 $P(A=1, B=1|$ 类 $=+)$ 与 $P(A=1|$ 类 $=+)$ 和 $P(B=1|$ 类 $=+)$。给定类 $+$，变量 A，B 条件独立吗？

3. 图 6 - 19 给出了表 6 - 5 中的数据集对应的贝叶斯信念网络(假设所有属性都是二元的)。

(a) 画出网络中每个节点对应的概率表。

(b) 使用贝叶斯网络计算 $P($ 引擎 $=$ 差，空调 $=$ 不可用)。

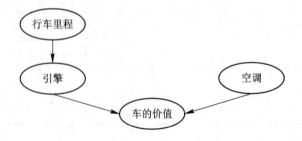

图 6 - 19　贝叶斯信念网络

表 6-5　习题 3 对应的数据集

行车里程	引擎	空调	车的价值＝高的记录数	车的价值＝低的记录数
高	好	可用	3	4
高	好	不可用	1	2
高	差	可用	1	5
高	差	不可用	0	4
低	好	可用	9	0
低	好	不可用	5	1
低	差	可用	1	2
低	差	不可用	0	2

4. 给定图 6-20 所示的贝叶斯网络，计算以下概率：

(a) $P(B=好, F=空, S=是)$。

(b) $P(B=差, F=空, S=否)$。

(c) 如果电池是差的，计算车发动起来的概率。

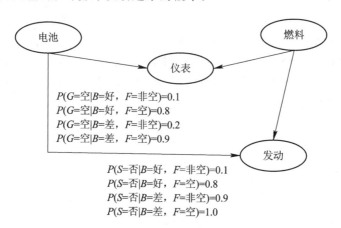

$P(G=空|B=好, F=非空)=0.1$
$P(G=空|B=好, F=空)=0.8$
$P(G=空|B=差, F=非空)=0.2$
$P(G=空|B=差, F=空)=0.9$

$P(S=否|B=好, F=非空)=0.1$
$P(S=否|B=好, F=空)=0.8$
$P(S=否|B=差, F=非空)=0.9$
$P(S=否|B=差, F=空)=1.0$

图 6-20　习题 4 的贝叶斯信念网络

5. 试证明：条件独立性假设不成立时，朴素贝叶斯分类器仍有可能产生最优贝叶斯分类器。

6. 编程实现线性回归。

参 考 文 献

[1] LANGLEY P, IBA W, THOMPSON K. An analysis of Bayesian classifiers[C]. In Proceedings. of the 10th National Conference. on Artificial Intelligence, 1992, 223 - 228.

[2] RAMONI M, SEBASTIANI P. Robust Bayes classifiers[J]. Artificial Intelligence, 2001(125): 209 - 226.

[3] LEWIS D D. Naive Bayes at Forty: The Independence Assumption in Information Retrieval[C]. In Proceedings. of the 10th European Conference. on Machine Learning (ECML 1998), 1998: 4 - 15.

[4] DOMINGOS P, PAZZANI M. On the Optimality of the Simple Bayesian Classifier under Zero-Onenolss[J]. Machine Learning, 1997, 29(2 - 3): 103 - 130.

[5] HECKERMAN D. Bayesian Networks for Data Mining [J]. Data Mining and Knowledge Discovery, 1997, 1(1): 79 - 119.

[6] NG A Y, JORDAN M I. On discriminative vs. generative classifiers: A comparison of logistic regression and naïve Bayes [C]. In Advances in Neural Information Processing Systems 14 (NIPS), 2002: 841 - 848.

[7] LARGET B, SIMON D L. Markov chain Monte Carlo algorithms for the Bayesian analysis of phylogenetic tree[J]. Molecular biology and evolution, 1999, 16(6): 750 - 759.

[8] DEMPSTER A P, LAIRD N M, RUBIN D B. Maximum likelihood from incomplete data via the EM algorithm[J]. Journal of the royal statistical society-series B, 1977, 39(1): 1 - 38.

[9] MCCALLUM A, NIGAM K. A comparison of event models for naïve Bayes text classification[C]. In Working Notes of the AAAI'98 Workshop on Learning for Text Categorization, 1998(1): 41 - 48.

[10] LEWIS D D. Naïve (Bayes) at forty: The independence assumption in information retrieval[C]. In Proceedings of the 10th European Conference on Machine Learning (ECML), 1998: 4 - 15.

第7章 关联规则Ⅰ:频繁模式挖掘

第4章～6章针对分类问题进行学习与分析，其训练数据集中包含分类属性，属于有监督学习。但是真实世界中有些数据没有类别属性，如超市购物数据等，有监督学习方法不能对其进行有效模式挖掘。本书接下来的内容都是关于非监督学习的数据挖掘。

第7、8章针对交易事务数据进行分析，旨在挖掘出商品交易模式，涉及的重点内容包括：① 频繁模式挖掘；② 关联规则挖掘。本章介绍频繁模式挖掘的模式定义、性质、基本算法，通过回答以下几个方面的问题向读者讲述频繁模式挖掘算法的原理与流程：为什么要学习关联规则，针对什么数据？频繁模式是什么，与关联规则的联系是什么？如何产生模式？暴力破解算法为什么不可取？Apriori算法如何挖掘频繁模式？FP树算法的原理是什么？

7.1 引　言

关联规则最初是针对购物篮分析(Market Basket Analysis)问题提出的。在店铺中，分店经理想更多地了解顾客的购物习惯，特别是哪些商品容易被顾客同时购买。为回答该问题，需要对商店的事物零售数量进行购物篮分析。该过程通过挖掘顾客放入"购物篮"中的不同商品之间的关联，分析顾客的购物习惯，帮助零售商了解哪些商品频繁地被顾客同时购买，从而辅助他们开发更好的营销策略，如图7-1所示。

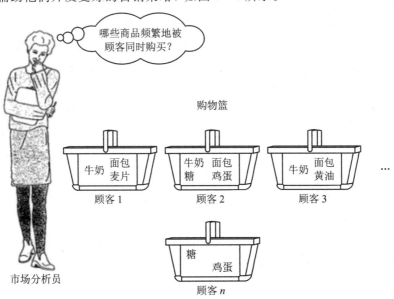

图7-1 购物篮行为分析

在描述有关关联规则的一些细节之前，先来看一个有趣的"尿布与啤酒"的故事。在一家超市里，有一个有趣的现象：尿布和啤酒赫然摆在一起出售，但是这个奇怪的举措却使尿布和啤酒的销量双双增加了。这个故事一直为商家所津津乐道。实际上这不是一个单纯的故事，而是一个真实发生的事件，主角是大名鼎鼎的沃尔玛。沃尔玛拥有世界上最大的数据仓库系统，为了能够准确了解顾客在其门店的购买习惯，沃尔玛对其顾客的购物行为进行了购物篮分析，想知道顾客经常一起购买的商品有哪些。沃尔玛数据仓库里集中了其各门店的详细原始交易数据。在这些原始交易数据的基础上，沃尔玛利用数据挖掘技术对数据进行分析和挖掘。一个意外的发现是：跟尿布一起购买最多的商品竟是啤酒！经过大量的调查和分析，科学家们揭示了一个隐藏在"尿布与啤酒"背后的美国人的一种行为模式：在美国，一些年轻的父亲下班后经常要到超市去买婴儿尿布，而他们中有 30%～40% 的人同时也为自己买一些啤酒，如图 7-2 所示。

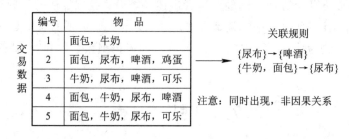

图 7-2　交易数据与关联规则

除购物篮分析外，关联规则挖掘技术也被广泛应用在西方金融行业中。数据分析人员认为利用它可以成功预测银行客户需求。根据客户的需求信息，银行就可以改进自身的营销策略。众所周知，银行热衷于开发新方法用以与客户沟通。例如，各银行喜欢在自己的 ATM 上捆绑顾客可能感兴趣的产品信息，供使用本行 ATM 的用户了解。除此之外，如果数据库中显示某个高信用限额的客户更换了地址，这个客户很有可能新近购买了一栋更大的住宅，因此会有可能需要更高的信用限额、更高端的新信用卡，或者需要一个住房改善贷款。这些产品都可以通过信用卡账单邮寄给客户。当客户打电话咨询的时候，数据库可以有力地帮助用户解决问题。销售代表的计算机屏幕上不仅可以显示出客户的特点，还可以显示出顾客感兴趣的产品。随着数据挖掘技术的发展以及各种数据挖掘方法的应用，数据分析人员从大型超市数据库中可以发现一些潜在的、有用的、有价值的信息，从而应用于超级市场的经营。通过对所积累的销售数据的分析，可以得出各种商品的销售信息，从而更合理地制定各种商品的订货情况，并对各种商品的库存进行合理的控制。此外，根据各种商品销售的相关情况，可分析商品的销售关联性，从而可以进行商品的货篮分析和组合管理，更加有利于商品销售。

同时，一些知名的电子商务站点也从强关联规则的挖掘中受益。这些电子购物网站对关联规则进行挖掘，然后设置用户有意要一起购买的捆绑包。也有一些购物网站使用它们设置相应的交叉销售，即购买某种商品的顾客会看到相关的另一种商品的广告。

在我国，"数据海量，信息缺乏"是商业银行在数据大集中之后普遍所面临的尴尬状况。金融业实施的大多数数据库只能实现数据的录入、查询、统计等较低层次的功能，却无法发现数据中存在的各种有用信息。关联规则挖掘技术在我国的研究与应用并不是很深入。

7.2　基　本　概　念

我们首先讨论购物篮分析引发关联规则挖掘的例子，如"对于什么样的商品组合，顾客多数情况下会在一次购物中同时购买？"

购物篮分析：设全域为商店出售的商品集合（项目全集），一次购物购买（事务）的商品为项目全集的子集。若每种商品用一个布尔变量表示其有无，则每个购物篮可用一个布尔向量表示。通过对布尔向量的分析，得到反映商品频繁关联或同时购买的购买模式，这些模式可用关联规则描述。

关联（Associations）分析的目的是挖掘隐藏在数据间的相互关系，即对于给定的一组项目和一个记录集，通过对记录集的分析，得出项目集中项目之间的相关性。项目之间的相关性用关联规则来描述，关联规则反映了一组数据项之间的密切程度或关系。相关定义如下：

定义 7.1（规则）　令 $I=\{I_1, I_2, \cdots, I_n\}$ 表示项集，$D=\{T_1, T_2, \cdots, T_d\}$ 是全体事务数据集，其中事务 $T_i \subseteq I$，每个事务用唯一的标志 TID 来标识。关联规则是形如 $X \rightarrow Y$ 的蕴含式，其中 $X \subseteq I$，$Y \subseteq I$，$X \cap Y = \varnothing$，X 称为规则的条件，Y 称为规则的结果。

关联规则挖掘的几个关键定义与指标如下：

定义 7.2（项集）　$I=\{I_1, I_2, \cdots, I_n\}$ 的任何子集都是项集，如 $X \subseteq I$，$Y \subseteq I$，$X=\{\text{milk}, \text{diaper}, \text{bread}\}$。

定义 7.3（k-项集）　包含 k 个项的集合，如 $\{\text{milk}, \text{diaper}, \text{bread}\}$ 是 3-项集。

定义 7.4（支持度计数）　给定项集 X，数据 $D=\{T_1, T_2, \cdots, T_d\}$ 中包含 X 的交易事务数，表示为 $\sigma(X)$。

定义 7.5（支持度）　给定项集 X，数据 $D=\{T_1, T_2, \cdots, T_d\}$ 中包含 X 的交易事务数的比例，表示为 $s(X)=\sigma(X)/d$，其中 $d=|D|$。

基于定义 7.1～7.5，频繁模式定义如下：

定义 7.6（频繁项集）　给定项集 $I=\{I_1, I_2, \cdots, I_n\}$，$D=\{T_1, T_2, \cdots, T_d\}$ 是全体事务数据集，若项集 X 的支持度大于或等于事先给定的阈值，则称之为频繁项集，即 $s(X) \geqslant \text{minsup}$。

规则的评价标准有两个，包括支持度和置信度，定义如下：

定义 7.7（支持度）　给定规则 $X \rightarrow Y$，其支持度定义为 $\sigma(X \rightarrow Y)=\sigma(X \cup Y)$，其物理意义是并集的支持度。

定义 7.8（置信度）　给定规则 $X \rightarrow Y$，其置信度定义为

$$c(X \rightarrow Y) = \frac{s(X \cup Y)}{s(X)}$$

定义 7.9（强关联规则）　给定项集 $I=\{I_1, I_2, \cdots, I_n\}$，$D=\{T_1, T_2, \cdots, T_d\}$ 是全体事务数据集，规则 $X \rightarrow Y$ 是关联规则，当且仅当如下两个条件得到满足时 $X \rightarrow Y$ 是强关联规则：

(1) 规则支持度大于事先设定的阈值，即 $s(X→Y)\geqslant$minsup；

(2) 规则置信度大于事先设定的阈值，即 $c(X→Y)\geqslant$minsup。

根据关联规则的定义，关联规则与频繁项集的关系是：频繁项集是关联规则的前提。因此，关联规则的挖掘主要被分解为下面两步：

第一步，频繁项集提取。找出所有的频繁项集，即找出支持度大于或等于给定的最小支持度阈值的所有项集。可以从 $1\sim k$ 递归查找 k-频繁项集。

第二步，关联规则提取，即找出满足最小支持度和最小置信度的关联规则。对给定的 L，如果其非空子集 $A\subset L$，$\text{sup}(L)$ 为 L 的支持度，$\text{sup}(A)$ 为 A 的支持度，则产生形式为 $A→L-A$ 的规则。

7.3 频繁项集挖掘

给定总项集 $I=\{I_1,I_2,\cdots,I_n\}$，要挖掘出所有的频繁模式涉及两大关键步骤：

(1) 创建所有的候选项集。

(2) 判断一个候选项集是否是频繁项集。

最常用的方法有枚举法（暴力破解）、剪枝算法（Apriori 算法）、Apriori 加速算法、FP 算法等。

7.3.1 暴力破解方法

暴力破解是最常用的方法，可以利用树状结构枚举所有的候选项集，创建完候选项集树之后，依次判断每个候选项集是否满足频繁项集的要求。给定交易数据项集 $I=\{a,b,c,d,e\}$，暴力破解算法枚举所有子集合，如图 7-3 所示。

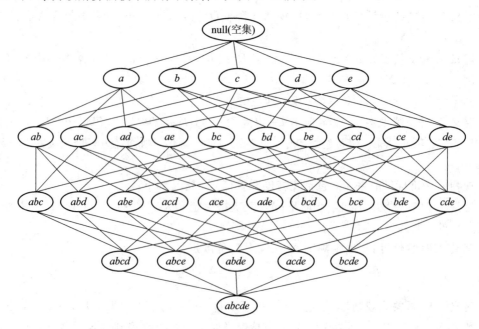

图 7-3 暴力破解示例

为了不发生遗漏，采用树形结构来创建所有的候选项集。如果总项集有 k 个商品，那么该树有 $k+1$ 层，第 i 层上所有节点都对应 $(i-1)$-项集，每一层只与上一层和下一层有关系，即 i-项集都是由 $(i-1)$-项集所产生的。

其特点是：① 共 $k+1$ 层；② 第一层是空集；③ 第 k 层都是 $(k-1)$-项集；④ 每层只与上一层和下一层有关系。

暴力破解算法的优点是：简单、易懂；

暴力破解算法的缺点是：时间复杂度极高，为指数级（$M=2^d$），其结构如图 7-3 所示。基于暴力破解算法的频繁模式挖掘如图 7-4 所示。

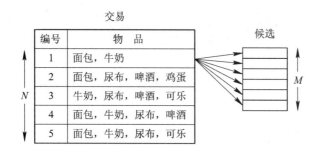

图 7-4　基于暴力破解算法的频繁模式挖掘

7.3.2　Apriori 算法

Apriori 算法是一种挖掘关联规则的频繁项集算法，它开创性地使用基于支持度的剪枝技术，系统地控制候选项集指数增长。Apriori 利用如下两个基本性质：① 频繁项集的所有非空子集都是频繁的。如果项集 I 不满足最小支持度阈值 minsup，则 I 不是频繁的，即 $\sup(I)<\text{minsup}$。② 如果将项集 A 添加到 I，则结果项集 $(I \cup A)$ 不可能比 I 更频繁出现。因此，$I \cup A$ 也不是频繁的，$\sup(I \cup A)<\text{minsup}$，即存在反单调模式：

$$\forall X, Y: (X \subseteq Y) \Rightarrow s(X) \geqslant s(Y)$$

基于频繁项集的反单调性，Apriori 算法的核心思想总结如下：

超集是频繁项集 ⇒ 子集一定是频繁项集

子集是非频繁项集 ⇒ 超集一定是非频繁项集

频繁项集的 Apriori 性质用于压缩搜索空间（剪枝），以提高逐层产生频繁项集的效率，如图 7-5 所示。其中 2-项集 $\{AB\}$ 是非频繁的，则以 $\{AB\}$ 为子集的所有超集都是非频繁的，包括 $\{ABC\}$、$\{ABD\}$、$\{ABE\}$、$\{ABCD\}$、$\{ABCE\}$、$\{ABDE\}$、$\{ABCDE\}$。为了避免无效计算，可以对以 $\{AB\}$ 为根节点的子树进行剪枝操作，如图 7-5 所示虚线所包围的项集集合（子树）。

以图 7-4 中的数据为例，Apriori 算法的计算过程如图 7-6 所示。

Apriori 算法是一种最有影响的挖掘关联规则频繁项集的算法。它使用一种称作逐层搜索的迭代算法，k-项集用于探索 $(k+1)$-项集。

通过计算产生的候选项集数目，可以看出先验剪枝策略的有效性。暴力枚举项集的个数为 $C_6^1+C_6^2+C_6^3=6+15+20=41$。使用先验原理后，个数减少为 $C_6^1+C_4^2+1=6+6+1=13$ 个候选项集。可以看出，使用先验原理明显降低了候选项集的个数。下面是 Apriori 算

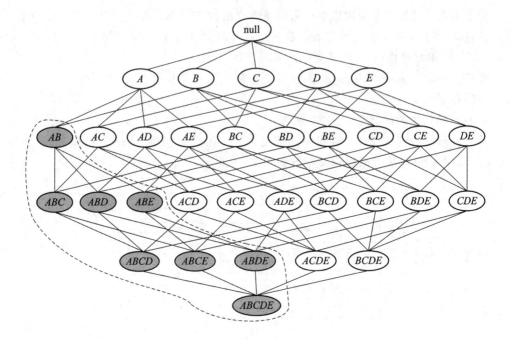

图 7-5 Apriori 算法剪枝示意图(虚线所包围部分为剪枝部分)

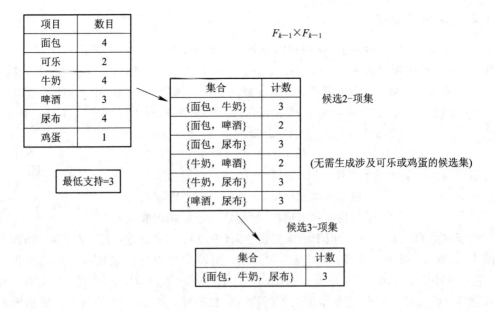

图 7-6 Apriori 算法的计算过程

法的伪代码：

算法 7.1 Apriori 算法的频繁项集产生

1. $k=1$
2. $F_k = \{i \mid i \in I \wedge \sigma(\{i\}) \geqslant N \times \text{minsup}\}$
3. repeat

4.　　　　$k=k+1$

5.　　　　$C_k=\text{apriori-gen}(F_{k-1})$

6.　　　　**for** 每个事务 $t\in T$ **do**

7.　　　　　$C_t=\text{subset}(C_k,\ t)$

8.　　　　　**for** 每个候选集 $c\in C_t$ **do**

9.　　　　　　$\sigma(c)=\sigma(c)+1$

10.　　　　　**end for**

11.　　　end for

12.　　　$F_k=\{c\,|\,c\in C_k\wedge\sigma(c)\geqslant N\times\text{minsup}\}$

13.　　**until** $F_k=\varnothing$

14.　　result $=\bigcup F_k$

具体描述如下(步骤 3 和步骤 4 只是一个赋值的过程，不再描述)：

(1) 初始通过单边扫描数据集，确定每个项集的支持度，并得到所有频繁 1-项集的集合 F_1(步骤 1 和 2)。

(2) 之后使用上一次迭代产生的频繁 $(k-1)$-项集，产生新的候选 k-项集(步骤 5)，其中 apriori-gen 函数将在下节进行细节介绍。

(3) 再次扫描数据集获得候选项集的支持度计数(步骤 6~10)，使用 subset 函数确定包含在每一个事物 t 中的 C_k 中的所有候选 k-项集。subset 函数的实现在后文中会介绍。

(4) 删去支持度计数小于 minsup 的所有候选项集(步骤 12)。

(5) 当没有新的频繁项集产生，即 $F_k=\varnothing$ 时，算法结束(步骤 13)。

其中 apriori-gen 实现连接和剪枝两个动作，由 L_{k-1} 得到 C_k。在连接部分产生可能的候选；在剪枝部分使用 Apriori 性质删除具有非频繁子集的候选。非频繁子集的测试可通过编写一个程序来实现。

Apriori 算法是在早期成功处理频繁项集产生的组合爆炸问题的算法之一，它通过使用先验原理对指数搜索空间进行剪枝，成功地处理了组合爆炸问题。尽管显著地提高了挖掘关联关系的性能，但是该算法还是会导致不可低估的 I/O 开销，因为它需要多次扫描事务数据集。此外，对于稠密数据集，由于事务数据宽度的增加，Apriori 算法的性能会显著降低。为了克服这些局限性和提高 Apriori 算法的效率，人们开发了一些替代方法。下面是这些方法的简略描述。

1) 项集格遍历

概念上，可以把频繁项集的搜索看作遍历图 7-5 中的项集格。算法使用的搜索策略指明了频繁项集产生过程中是如何遍历格结构的。根据频繁项集在格中的布局，某些搜索策略优于其他策略。这些策略包括：

(1) 一般到特殊与特殊到一般。Apriori 算法使用了"一般到特殊"的搜索策略，合并两个频繁 $(k-1)$-项集得到候选 k-项集。只要频繁项集的最大长度不是太长，这种"一般到特殊"的搜索策略是有效的。图 7-7(a)中显示使用这种策略效果最好的频繁项集的分布，其中黑色的节点代表非频繁项集。相反，"特殊到一般"的搜索策略在发现更一般的频繁项集之前，先寻找更特殊的频繁项集。这种策略对于发现稠密事务中的极大频繁项集是有用的。稠密事务中频繁项集的边界靠近格的底部，如图 7-7(b)所示。可以使用先验原理剪掉极大频繁项集的所有子集。具体来说，如果候选 k-项集是极大频繁项集，则不必考察它的任意 $k-1$ 项子集。然而，如果候选 k-项集是非频繁的，则必须在下一迭代考察它所有的 $k-1$ 项子集。另外一种策略是结合"一般到特殊"和"特殊到一般"的搜索策略，尽管这种双向搜索方法需要更多的空间存储候选项集，但是对于图 7-7(c) 所示的布局，该方法有助于加快确定频繁项集边界。

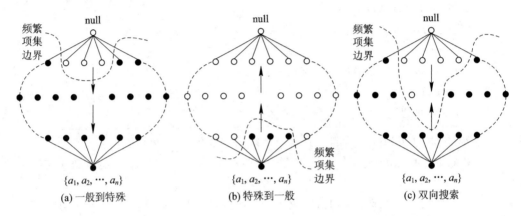

图 7-7 一般到特殊、特殊到一般和双向搜索

（2）等价类。另外一种遍历的方法是先将格划分为两个不相交的节点组（或等价类），频繁项集产生算法依次在每个等价类内搜索频繁项集。例如，Apriori 算法采用的逐层策略可以看作根据项集的大小划分格，即在处理较大项集之前，首先找出所有的频繁 1-项集。等价类也可以根据项集的前缀或后缀来定义。在这种情况下，如果它们共享长度为 K 的相同前缀或后缀，则两个项集属于同一个等价类。在基于前缀的方法中，算法首先搜索以前缀 a 开始的频繁项集，然后是以前缀 b 开始的频繁项集，然后是 c，如此下去。基于前缀和基于后缀的等价类都可以使用图 7-8 所示的类似于树的结构来演示。

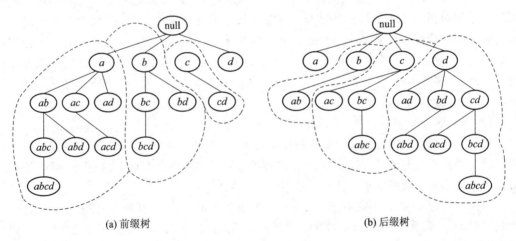

图 7-8 基于项集前缀和后缀的等价类

（3）宽度优先与深度优先。Apriori 算法采用宽度优先的方法遍历格，如图 7-9(a) 所示。它首先发现所有的频繁 1-项集，接下来是频繁 2-项集，如此下去直到没有新的频繁项

集产生为止。也可以以深度优先的方式遍历项集格，如图 7-9(b)和图 7-10 所示。例如，算法可以从图中的节点 a 开始，计算其支持度计数并判断它是否频繁。如果是，则算法渐增地扩展下层节点，即 ab、abc 等，直到到达一个非频繁节点，如 $abcd$。然后回溯到下一个分支，如 $abce$，并且继续搜索。

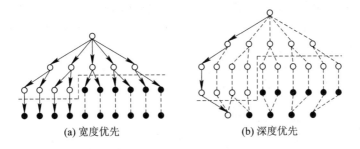

(a) 宽度优先   (b) 深度优先

图 7-9   宽度优先和深度优先遍历

通常，深度优先搜索方法用于发现极大频繁项集的算法。与宽度优先方法相比，这种方法可以更快地检测到频繁项集边界。一旦发现一个极大频繁项集，就可以在它的子集上进行剪枝。例如，如果图 7-10 中的节点 $bcde$ 是极大频繁项集，则算法就不必访问以 bd、be、c、d 和 e 为根的子树，因为它们不可能包含任何极大频繁项集。然而，如果 abc 是极大频繁项集，则只有 ae 和 be 这样的节点不是极大频繁项集，但以它们为根的子树还可能包含极大频繁项集。深度优先方法还允许使用不同的基于项集支持度的剪枝方法。例如，假定项集 $\{a, b, c\}$ 和 $\{a, b\}$ 具有相同的支持度，则可以跳过以 abd 和 abe 为根的子树，因为可以确保它们不包含任何极大频繁项集。

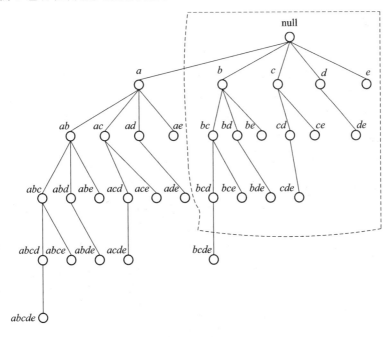

图 7-10   使用深度优先的方法产生的候选项集

2）事务数据集的表示

事务数据集的表示方法有多种。表示方法的选择可能影响计算候选项集支持度的 I/O 开销。图 7-11 显示了两种表示购物篮事务的不同方法。图 7-11(a)的表示法称作水平数据布局，许多关联规则挖掘算法（包括 Apriori）都采用这种表示法；另一种可能的方法是存储与每一个项集相关联的事务标识符（Transaction Identifer，TID），这种表示法称作垂直（Vertical）数据布局。候选项集的支持度通过取其子项集 TID 列表的交集得到。随着算法不断进展，处理较大的项集，TID 列表的长度不断收缩。然而，这种方法存在一个问题：TID 列表的初始集合可能太大，以致无法放进内存，因此就需要特殊的技术来压缩 TID 列表。7.3.3 节将介绍另外一种表示数据的有效方法。

TID	项
1	a, b, e
2	b, c, d
3	c, e
4	a, c, d
5	a, b, c, d
6	a, e
7	a, b
8	a, b, c
9	a, c, d
10	b

a	b	c	d	e
1	1	2	2	1
4	2	3	4	3
5	5	4	5	6
6	7	9		
7	8	9		
8	10			
9				

(a) 水平数据布局　　　　(b) 垂直数据布局

图 7-11　水平与垂直数据形式

7.3.3　加速技术

之前介绍的 Apriori 算法当中，我们每一次从候选集中筛选出频繁项集时，都需要扫描一遍数据库来计算支持度，显然这个开销是很大的，尤其是数据量很大的时候。因此如何加速 Apriori 算法效率，快速地从海量数据中挖掘出有用的关联规则是一个需要解决的问题。

1. 二次加速技术

Apriori 算法通过反单调性质对候选项集进行剪枝操作，这在很大程度上降低了时间复杂性，在挖掘频繁项集时每个候选项集都需要对数据库进行扫描操作，能否通过其他方式加速这一过程？人们发现可采用哈希树（Hash 树）的方式来降低时间复杂性。假设有 15 个 3-项集：{1 4 5}，{1 2 4}，{4 5 7}，{1 2 5}，{4 5 8}，{1 5 9}，{1 3 6}，{2 3 4}，{5 6 7}，{3 4 5}，{3 5 6}，{3 5 7}，{6 8 9}，{3 6 7}，{3 6 8}，那么如何构建 Hash 函数，可以有效地存储 15 个 3-项集？如图 7-12 所示，可以构建 Hash 函数取模 3 操作（具体过程参看数据结构部分，Hash 函数与 Hash 树），构建 Hash 树的基本思想是：将事务中每个项前缀的项集构建出来，采用递归的方式创建所有的项集。

构建 Hash 树的前提是需要知道所有的 k-项集，给定一个事务，通过枚举的方式构建所有的 k-项集，如图 7-13 所示。

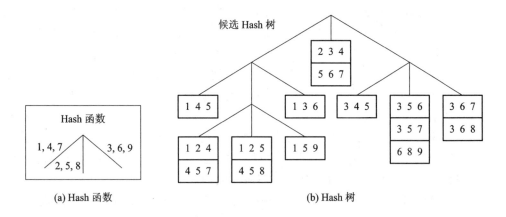

图 7 - 12 Hash 树的构建

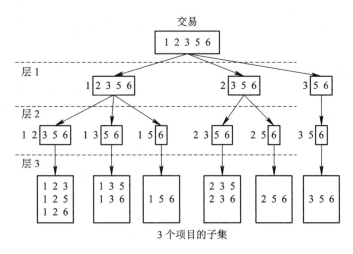

图 7 - 13 Hash 树构建

结论：通过 Hash 树结构可以将频繁项集扫描数据的时间复杂度从 $O(kn)$ 降为 $O(k\lg n)$。

2. 其他加速技术

在许多情况下，Apriori 的候选项集产生的检查方法大幅度压缩了候选项集的大小，这意味着算法高效。然而，它在各方面的开销也需要注意。在一些情况下，它可能产生大量的候选项集。例如，如果有 104 个频繁 1-项集，则需要产生 107 个频繁 2-项集，并累计和检查其频繁性；若要求发现长度为 100 的频繁模式 $\{a_1, a_2, \cdots, a_{100}\}$，则产生的候选项集多达 1030 个。

Apriori 算法需要重复地扫描数据库，通过模式匹配方法对一个大的候选集合进行筛查。为了提高 Apriori 算法的效率，目前已产生了许多 Apriori 算法的变形：

（1）散列技术：用于压缩候选 k-项集 C_k。例如，当由 C_1 中的候选 1-项集产生频繁 1-项集 L_1 时，对每个事务产生所有的 2-项集，将它们散列到散列表结构的不同桶中，并增加对应的桶计数。在散列表中对应的桶计数小于支持度阈值的 2-项集不可能是频繁 2-项集，可从候选集中删除，从而可以大大压缩要考察的 k-项集。

(2) 基于事务压缩方法：目标是减少用于未来扫描的事务集的大小。其基本原理是：不包含任何 k-项集的事务不可能包含任何 $(k+1)$-项集。这样，其后在考察这种事务时，可加上标记或删除，因为在产生 j-项集$(j>k)$扫描事务集时不再需要这些事务。

(3) 基于划分方法：Savasere 设计了一个基于划分（Partition）的算法，这个算法先把数据库从逻辑上分成几个互不相交的块，每次单独考虑一个分块并对它生成所有的频繁项集；然后把产生的频繁项集合并，用来生成所有可能的频繁项集；最后计算这些频繁项集的支持度。在这里，分块的大小选择要使得每个分块可以被放入主存，每个阶段只需被扫描一次。而算法的正确性是由每一个可能的频繁项集至少在某一个分块中是频繁的来保证的。使用划分技术，产生频繁项集只需扫描事务集两遍。

第一遍：将事务集 D 划分为 n 个不相交的子集，每个子集的最小支持度计数为 minsup×该子集中的事务数，并通过对事务集 D 的一遍扫描在每一个子集中找出其中的频繁项集（称为局部频繁项集）。

第二遍：以所有的局部频繁项集作为 D 的候选项集，通过对事务集 D 的第二遍扫描，评估每个候选的实际支持度，以确定全局频繁项集。

上面所讨论的算法是可以高度并行的，可以把每一分块分别分配给某一个处理器生成频繁项集。产生频繁项集的每一个循环结束后，处理器之间进行通信来产生全局的候选 k-项集。通常，这里的通信过程是算法执行时间的主要瓶颈；而另一方面，每个独立的处理器生成频繁项集的时间也是一个瓶颈。有的方法则是在多处理器之间共享一个杂凑树来产生频繁项集。

(4) 基于采样方法：采样是发现规则的一个有效途径。Toivonen 进一步发展了这个思想，先使用从数据库中抽取出来的采样得到一些在整个数据库中可能成立的规则，然后对数据库的剩余部分验证这个结果。Toivonen 的算法相当简单，并显著地减少了 I/O 代价，但是它有一个很大的缺点——产生的结果不精确，即存在所谓的数据扭曲（Data Skew）。分布在同一页面上的数据时常是高度相关的，不能表示整个数据库中模式的分布，由此而导致的是采样 5% 的交易数据所花费的代价可能同扫描一遍数据库相近。Lin 和 Dunham 讨论了反扭曲（Anti-skew）算法来挖掘关联规则，他们引入的技术使得扫描数据库的次数少于 2 次，该算法使用了一个采样处理来收集有关数据的次数以减少扫描次数。

Brin 等提出的算法使用比传统算法少的扫描次数来发现频繁项集，同时比基于采样的方法使用更少的候选项集，这些措施改进了算法在低层的效率。具体来说，在计算 k-项集时，一旦认为某个 $(k+1)$-项集可能是频繁的，就并行地计算这个 $(k+1)$-项集的支持度，算法需要的总扫描次数通常少于最大频繁项集的项数。Brin 等也使用了杂凑技术，并提出产生"相关规则"（Correlation Rules）的一个新方法：基于采样的方法本质是选取给定事务集 D 的随机样本 S，在 S 中找出频繁项集，即以牺牲精度换取效率。

(5) 动态项集计数：将给定事务集 D 划分为标记开始点的块，可以在任何开始点添加新的候选项集。动态地评估已被计数的所有项集的支持度，如果一个项集的所有子集已被确定为频繁的，则添加它作为新的候选。

Apriori 算法的缺点：

(1) 在每一步产生候选项集时，循环产生的组合过多，没有排除不应该参与组合的元素；

（2）每次计算项集的支持度时，对数据库中的全部记录进行了一次扫描比较，因此需要很大的 I/O 负载；

（3）当数据量过大时，需要采取页面调入与调出算法，极其费时。

7.4 频繁模式树算法

本节介绍另一种算法——FP 增长算法，采用完全不同的方法来发现频繁项集。该算法不同于 Apriori 算法的"产生－测试"模式，而是使用一种被称作 FP 树的紧凑数据结构组织数据，并直接从该结构中提取频繁项集。下面详细说明该方法。

7.4.1 FP 树表示法

FP(Frequent Pattern)树是一种输入数据的压缩表示，它通过逐个读入事务，并把每个事务映射到 FP 树中的一条路径来构造。由于不同的事务可能会有若干个相同的项，因此它们的路径可能部分重叠。路径相互重叠得越多，使用 FP 树结构获得的压缩效果越好。如果 FP 树足够小，能够存放在内存中，则可以直接从这个内存的结构中提取频繁项集，而不必重复地扫描存放在硬盘上的数据。

图 7-14 显示了一个数据集，它包含 10 个事务和 5 个项。图中还绘制了读入前 3 个事务之后 FP 树的结构。树中每一个节点都包括一个项的标记和一个计数，计数显示映射到给定路径的事务个数。初始，FP 树仅包含一个根节点，用符号 null 标记。随后，用如下方法扩充 FP 树：

（1）扫描一次数据集，确定每个项的支持度计数。丢弃非频繁项，而将频繁项按照支

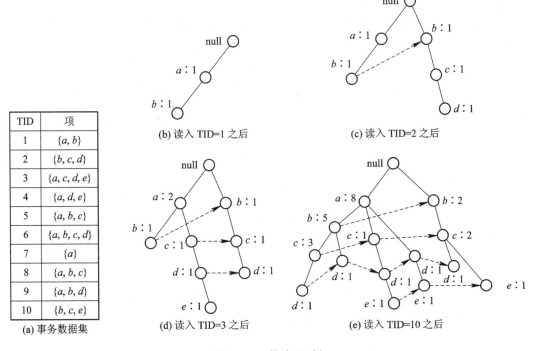

TID	项
1	{a, b}
2	{b, c, d}
3	{a, c, d, e}
4	{a, d, e}
5	{a, b, c}
6	{a, b, c, d}
7	{a}
8	{a, b, c}
9	{a, b, d}
10	{b, c, e}

(a) 事务数据集

(b) 读入 TID=1 之后

(c) 读入 TID=2 之后

(d) 读入 TID=3 之后

(e) 读入 TID=10 之后

图 7-14 构建 FP 树

持度递减排序。对于图 7-14 中的数据集，a 是最频繁的项，接下来依次是 b、c、d 和 e。

（2）第二次扫描数据集，构建 FP 树。读入第一个事务 $\{a, b\}$ 后，创建标记为 a 和 b 的节点，然后形成 null→a→b 路径，对该事务编码。该路径上所有节点的频度计数为 1。

（3）读入第二个事务 $\{b, c, d\}$ 后，为项 b、c 和 d 创建新的节点集，然后连接节点 null→a→b，形成一条代表该事务的路径。该路径上每个节点的频度计数也等于 1。尽管前两个事务具有一个共同项 b，但是它们的路径不相交，因为这两个事务没有共同的前缀。

（4）第三个事务 $\{a, c, d, e\}$ 与第一个事务共享一个共同前缀项 a，所以第三个事务的路径 null→a→c→d→e 与第一个事务的路径 null→a→b 部分重叠。因为它们的路径重叠，所以节点 a 的频度计数增加为 2，而新创建的节点 c、d 和 e 的频度计数等于 1。

（5）继续该过程，直到每个事务都映射到 FP 树的一条路径。读入所有的事务后形成的 FP 树显示在图 7-14 的底部。

通常，FP 树的大小比未压缩的数据小，因为购物篮数据的事务常常共享一些共同项。在最好的情况下，所有事务都具有相同的项集，FP 树只包含一条节点路径。当每个事务都具有唯一项集时，会导致最坏情况的发生，由于事务不包含任何共同项，FP 树的大小实际上与原数据的大小一样。然而，由于需要附加空间以存放每个项节点间的指针和计数，FP 树的存储需求增大。

FP 树的大小也取决于项的排序方式。如果颠倒前面例子中的序，即项按照支持度由小到大排列，则 FP 树表示如图 7-15 所示。因为根节点上的分支数由 2 增加到 5，并且包含了高支持度项 a 和 b 的节点数由 3 增加到 12，所以图中的树显得更加茂盛。尽管如此，支持度计数递减顺序并非总是导致最小的树。例如，假设加大图 7-14 给定的数据集，增加 100 个事务包含 $\{e\}$、80 个事务包含 $\{d\}$、60 个事务包含 $\{c\}$、40 个事务包含 $\{b\}$。现在，项 e 是最频繁的，接下来依次是 d、c、b 和 a。

使用加大的事务数据，支持度计数递减顺序将导致类似于图 7-14 中的 FP 树，而基于支持度计数递增顺序将产生一棵类似于图 7-14(e) 的较小的 FP 树。

FP 树还包含一个连接具有相同项的节点指针列表。这些指针在图 7-14 和图 7-15 中用虚线表示，有助于方便、快速地访问树中的项。7.4.2 节中将解释如何使用 FP 树和它的相应指针产生频繁项集。

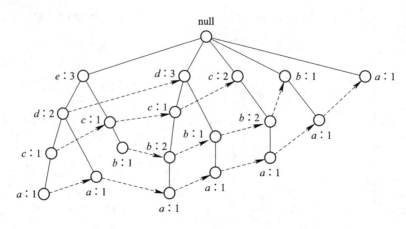

图 7-15　支持度递增顺序方案的 FP 树表示

7.4.2 FP 算法的频繁项集的产生

FP 增长是一种以自底向上方式探索树，由 FP 树产生频繁项集的算法。给定图 7-14 所示的树，FP 算法首先查找以 e 结尾的频繁项集，接下来依次是 d、c、b，最后是 a。这种用于发现以某一个特定项结尾的频繁项集的自底向上的策略等价于基于后缀的方法。由于每一个事务都映射到 FP 树中的一条路径，因而通过仅考察包含特定节点（如 e）的路径，就可以发现以 e 结尾的频繁项集。使用与节点 e 相关联的指针，可以快速访问这些路径，图 7-16(a) 显示了所提取的路径。稍后详细解释如何处理这些路径，以得到频繁项集。

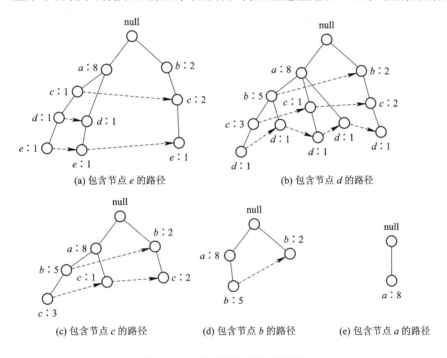

图 7-16 将项集分解为子问题

发现以 e 结尾的频繁项集之后，FP 算法通过处理与节点 d 相关联的路径，进一步寻找以 d 结尾的频繁项集。图 7-16(b) 显示了对应的路径。继续该过程，直到处理了所有与节点 c、b 和 a 相关联的路径为止。图 7-16(c)、图 7-16(d)、图 7-16(e) 分别显示了这些项的路径，而它们对应的频繁项集汇总在表 7-1 中。

表 7-1 依据相应的后缀排序的频繁项集

后缀	频 繁 项 集
e	$\{e\}$，$\{d,e\}$，$\{a,d,e\}$，$\{c,e\}$，$\{a,e\}$
d	$\{d\}$，$\{c,d\}$，$\{b,c,d\}$，$\{a,c,d\}$，$\{b,d\}$，$\{a,b,d\}$，$\{a,d\}$
c	$\{c\}$，$\{b,c\}$，$\{a,b,c\}$，$\{a,c\}$
b	$\{b\}$，$\{a,b\}$
a	$\{a\}$

　　FP 增长采用分治策略，将一个问题分解为较小的子问题，从而发现以某个特定后缀结尾的所有频繁项集。例如，假设对发现所有以 e 结尾的频繁项集感兴趣，为了达到这个目的，必须首先检查项集 $\{e\}$ 本身是否频繁。如果它是频繁的，则考虑发现以 de 结尾的频繁项集子问题，接下来是 ce 和 ae，依次进行，每一个子问题都可以进一步划分为更小的子问题。通过合并这些子问题得到的结果，就可以找到所有以 e 结尾的频繁项集。这种分治策略是 FP 增长算法采用的关键策略。

　　为了更具体地说明如何解决这些子问题，考虑发现所有以 e 结尾的频繁项集的任务。具体如下：

　　（1）收集包含 e 节点的所有路径，这些初始的路径称为前缀路径，如图 7-17(a) 所示。

　　（2）由图 7-17(a) 中所显示的前缀路径，通过把与节点 e 相关联的支持度计数相加得到 e 的支持度计数。假定最小支持度为 2，因为 $\{e\}$ 的支持度是 3，所以它是频繁项集。

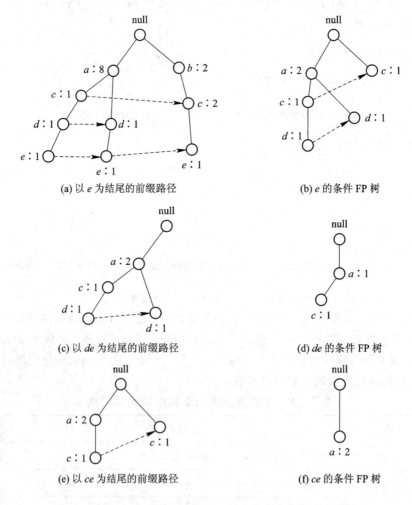

(a) 以 e 为结尾的前缀路径　　　　　　　　(b) e 的条件 FP 树

(c) 以 de 为结尾的前缀路径　　　　　　　　(d) de 的条件 FP 树

(e) 以 ce 为结尾的前缀路径　　　　　　　　(f) ce 的条件 FP 树

图 7-17　使用 FP 增长算法发现以 e 为结尾的频繁项集的例子

　　（3）由于 $\{e\}$ 是频繁的，因此算法必须解决发现以 de、ce、be 和 ae 结尾的频繁项集的子问题。在解决这些子问题之前，必须先将前缀路径转化为条件 FP 树。除了用于发现以某特定后缀结尾的频繁项集之外，条件 FP 树的结构与 FP 树的结构类似。条件 FP 树通过以下步骤得到：

①　更新前缀路径上的支持度计数（因为某些计数包括那些不含项 e 的事务）。例如，图 7-17(a)中的最右边路径 null→b：2→c：2→e：1，包括并不含项 e 的事务{b，c}。因此，必须将该前缀路径上的计数调整为 1，以反映包含{b，c，e}的事务的实际个数。

②　删除 e 的节点，修剪前缀路径。之所以删除这些节点，是因为沿这些前缀路径的支持度计数已经更新，以反映包含 e 的那些事务，并且发现以 de，ce，be 和 ae 结尾的频繁项集的子问题不再需要节点 e 的信息。

③　更新沿前缀路径上的支持度计数后，某些项可能不再是频繁的。例如，节点 b 只出现了 1 次，它的支持度计数等于 1，这就意味着只有一个事务同时包含 b 和 e。因为所有以 be 结尾的项集一定都是非频繁的，所以在其后的分析中可以安全忽略 b。

e 的条件 FP 树显示在图 7-17(b)中。该树看上去与原来的前缀路径不同，因为频度计数已经更新，并且节点 b 和 e 已被删除。

④　FP 增长使用 e 的条件 FP 树来解决发现以 de、ce、be 和 ae 结尾的频繁项集的子问题。为了发现以 de 结尾的频繁项集，从项 e 的条件 FP 树收集 d 的所有前缀路径，如图 7-17(c)所示。通过将与节点 d 相关联的频度计数求和，得到项集 {d，e} 的支持度计数。因为项集 {d，e} 的支持度计数等于 2，所以它是频繁项集。接下来，算法采用第 3 步介绍的方法构建 de 的条件 FP 树。更新了支持度计数并删除了非频繁项 c 之后，de 的条件 FP 树显示在图 7-17(d)中。因为该条件 FP 树只包含一个支持度等于最小支持度的项 a，算法提取出频繁项集{a，d，e}并转到下一个子问题，产生以 ce 结尾的频繁项集。处理 c 的前缀路径后，只发现项集{c，e}是频繁的。接下来，算法继续解决下一个子问题并发现项集{a，e}是剩下的唯一频繁项集。

这个例子解释了 FP 增长算法中使用的分治方法。每一次递归都要通过更新前缀路径中的支持度计数和删除非频繁的项来构建条件 FP 树。由于子问题是不相交的，因此 FP 增长不会产生任何重复的项集。此外，与节点相关联的支持度计数允许算法在产生相同的后缀项时进行支持度计数。FP 增长是一个有趣的算法，它展示了如何使用事务数据集的压缩表示来有效地产生频繁项集。此外，对于某些事务数据集，FP 增长算法比标准的 Apriori 算法要快几个数量级。FP 算法的运行性能依赖于数据集的压缩因子。如果生成的条件 FP 树非常茂盛（在最坏情形下，是一棵满前缀树），则算法的性能显著下降，因为算法必须产生大量的子问题，并且需要合并每个子问题返回的结果。

7.4.3　FP 树挖掘对比 Apriori 算法

前面介绍的大都是基于 Apriori 算法的寻找频繁项集的方法。但是 Apriori 方法一些固有的缺陷还是无法克服：

（1）可能产生大量的候选项集。

（2）无法对稀有信息进行分析。由于频繁项集使用了参数 minsup，因此无法对小于 minsup 的事件进行分析；而如果将 minsup 设成一个很低的值，那么算法的效率就成了一个很难处理的问题。

前面提到了解决问题(1)的一种方法，即采用了 FP 树算法的方法。该方法采用分而治之的策略，这使得在经过第一次扫描后，可以把数据库中的频繁项集压缩进一棵频繁模式树，同时依然保留其中的关联信息；随后将 FP 树分化成一些条件库，每个库和一个长度为 1 的频繁项集相关；再对这些条件数据库分别进行挖掘。当原始数据量很大时，也可以结合划分的方法，使得一个 FP 树可以放入主存中。实验表明，FP 树算法对不同长度的规则都有很好的适应性，同时在效率上较 Apriori 算法有了很大的提高。

第二个问题是基于一个想法：Apriori 算法得出的关系都是频繁出现的，但是在实际应用中，可能需要寻找一些高度相关的元素，即使这些元素并非频繁出现。在 Apriori 算法中，起决定作用的是支持度，而将可信度放在第一位，则可以挖掘出一些具有非常高的可信度的规则。

对于 Apriori 方法的一些固有缺陷的一个解决方法是将整个算法分成三个步骤：计算特征、生成候选项集、过滤候选项集。在这三个步骤中，关键在于计算特征时 Hash 方法的使用。考虑方法时，有几个衡量好坏的指数：时空效率、错误率和遗漏率。

计算特征时使用 Hash 方法的情况有两类：

(1) Min_Hashing(MH)：将一条记录中头 k 个为 1 的字段位置作为一个 Hash 函数。

(2) Locality_Sensitive_Hashing(LSH)：将整个数据库用一种基于概率的方法进行分类，使得相似的列在一起的可能性更大，不相似的列在一起的可能性较小。

其中，MH 的遗漏率为零，错误率可以由 k 严格控制，但是时空效率相对较差；LSH 的遗漏率和错误率是无法同时降低的，但是它的时空效率却相对比较好。因此，实际应用时应该视具体情况而定。

本 章 小 结

许多应用问题往往比超市购买问题更复杂，因此大量研究从不同的角度对关联规则做了扩展，将更多的因素集成到关联规则挖掘方法之中，以此丰富关联规则的应用领域，拓宽支持管理决策的范围。如考虑属性之间的类别层次关系、时态关系、多表挖掘等。围绕关联规则的研究主要集中在两个方面，即扩展经典关联规则能够解决问题的范围、改善经典关联规则挖掘算法的效率和扩展性，更多信息可参看文献。

本章主要讲述频繁项集的基本概念、基本性质，Apriori 算法的原理与过程，FP 树的结构、算法原理与过程。

本章回答了如下几个问题：

(1) 为什么要学习关联规则，针对什么数据？

(2) 频繁模式是什么？

(3) 如何产生频繁模式，暴力破解算法为什么不可取？

(4) Apriori 算法如何挖掘频繁模式？

(5) FP 树算法的原理是什么？

习 题

1. 请在购物篮领域举出一个满足下面条件的关联规则的例子。此外，指出这些规则是否是主观上有趣的。

（1）具有高支持度和高置信度的规则。

（2）具有相当高的支持度却有较低置信度的规则。

（3）具有低支持度和低置信度的规则。

（4）具有低支持度和高置信度的规则。

2. 参考表 7-2 中的数据集：

（1）将每个事务 ID 视为一个购物篮，计算项集 $\{e\}$、$\{b, d\}$ 和 $\{b, d, e\}$ 的支持度。

（2）使用（1）的计算结果，计算关联规则 $\{b, d\} \rightarrow \{e\}$ 和 $\{e\} \rightarrow \{b, d\}$ 的置信度。置信度是对称的度量吗？

（3）将每个顾客 ID 作为一个购物篮，重复（1）。应当将每个项看作一个二元变量（如果一个项在顾客的购买事务中至少出现了一次，则为 1；否则 0）。

（4）使用（3）的计算结果，计算关联规则 $\{b, d\} \rightarrow \{e\}$ 和 $\{e\} \rightarrow \{b, d\}$ 的置信度。

（5）假定 s_1 和 c_1 是将每个事务 ID 作为一个购物篮时，关联规则 r 的支持度和置信度，而 s_2 和 c_2 是将每个顾客 ID 作为一个购物篮时，关联规则 r 的支持度和置信度。讨论 s_1 和 s_2 或 c_1 和 c_2 之间是否存在某种关系？

表 7-2　购物篮事务的例子

顾客 ID	事务 ID	购买项
1	0001	$\{a, d, e\}$
1	0024	$\{a, b, c, e\}$
2	0012	$\{a, b, d, e\}$
2	0031	$\{a, c, d, e\}$
3	0015	$\{b, c, e\}$
3	0022	$\{b, d, e\}$
4	0029	$\{c, d\}$
4	0040	$\{a, b, c\}$
5	0033	$\{a, d, e\}$
5	0038	$\{a, b, e\}$

3. 回答以下问题：

（1）规则 $\varnothing \rightarrow A$ 和 $A \rightarrow \varnothing$ 的置信度是多少？

（2）令 c_1、c_2 和 c_3 分别是规则 $\{p\} \rightarrow \{q\}$、$\{p\} \rightarrow \{q, r\}$ 和 $\{p, r\} \rightarrow \{q\}$ 的置信度，如果假定 c_1、c_2、c_3 有不同的值，那么 c_1、c_2 和 c_3 之间可能存在什么关系？哪个规则的置信度最低？

（3）假定（2）中的规则具有相同的支持度，重复（2）的分析。哪个规则的置信度最高？

（4）传递性：假定规则 $A \rightarrow B$ 和 $B \rightarrow C$ 的置信度都大于某个域值 minconf。规则 $A \rightarrow C$ 可能具有小于 minconf 的置信度吗？

4. 对于下列每种度量，判断它是单调的、反单调的或非单调的（即不是单调的，也不是反单调的）。例如，支持度 $s = \sigma(X)/|T|$ 是反单调的，因为只要 $X \subset Y$，就有 $s(X) \geqslant s(Y)$。

(1) 特征规则是形如 $\{p\} \rightarrow \{q_1, q_2, \cdots, q_n\}$ 的规则，其中规则的前件只有一个项。一个大小为 k 的项集能够产生 k 个特征规则。令 ζ 是由给定项集产生的所有特征规则的最小置信度：

$$\zeta(\{p_1, p_2, \cdots, p_k\})$$
$$= \min[c(\{p_1\} \rightarrow \{p_1, p_2, \cdots, p_k\}), \cdots, c(\{p_k\} \rightarrow \{p_1, p_2, \cdots, p_{k-1}\})]$$

ζ 是单调的、反单调的或非单调的？

(2) 区分规则是形如 $\{p_1, p_2, \cdots, p_n\} \rightarrow \{q\}$ 的规则，其中规则的后件只有一个项。一个大小为 k 的项集能够产生 k 个区分规则。令 η 是由给定项集产生的所有区分规则的最小置信度：

$$\eta(\{p_1, p_2, \cdots, p_k\})$$
$$= \min[c(\{p_1, p_2, \cdots, p_k\} \rightarrow \{p_1\}), \cdots, c(\{p_1, p_2, \cdots, p_{k-1}\} \rightarrow \{p_k\})]$$

η 是单调的、反单调的或非单调的？

(3) 将最小值函数改为最大值函数，重新进行(1)和(2)的分析。

5. 考虑表 7-3 中显示的购物篮事务。

(1) 从这些数据中，能够提取出的关联规则的最大数量是多少？（包括零支持度的规则）

(2) 能够提取的频繁项集的最大长度是多少？（假定最小支持度 >0）

(3) 写出从该数据集中能够提取的 3-项集的最大数量的表达式。

(4) 找出一个具有最大支持度的项集（长度为 2 或更大）。

(5) 找出一对项 a 和 b，使得规则 $\{a\} \rightarrow \{b\}$ 和 $\{b\} \rightarrow \{a\}$ 具有相同的置信度。

表 7-3 购物篮事务

事务 ID	购买项
1	{牛奶，啤酒，尿布}
2	{牛奶，尿布，饼干}
3	{面包，黄油，饼干}
4	{啤酒，饼干，尿布}
5	{啤酒，饼干，尿布}
6	{牛奶，尿布，面包，黄油}
7	{面包，黄油，尿布}
8	{啤酒，尿布}
9	{牛奶，尿布，面包，黄油}
10	{啤酒，饼干}

6. 假定有一个购物篮数据集，包含 100 个事务和 20 个项。假设项 a 的支持度为 25%，b 的支持度为 90%，且项集 $\{a, b\}$ 的支持度为 20%。令最小支持度阈值和最小置信度阈值分别为 10% 和 60%。

(1) 计算关联规则 $\{a\} \rightarrow \{b\}$ 的置信度。根据置信度度量，这条规则是有趣的吗？

(2) 计算关联模式 $\{a, b\}$ 的兴趣度度量。根据兴趣度度量，描述项 a 和项 b 之间联系的特点。

(3) 由(1)和(2)的结果，能得出什么结论？

(4) 证明：如果规则 $\{a\} \rightarrow \{b\}$ 的置信度小于 $\{b\}$ 的支持度，则

① $c(\{\bar{a}\} \rightarrow \{b\}) > c(\{a\} \rightarrow \{b\})$。

② $c(\{\bar{a}\} \rightarrow \{b\}) > s(\{b\})$。

其中：$c(\cdot)$ 表示规则置信度；$s(\cdot)$ 表示项集的支持度。

参 考 文 献

[1] AGARWAL R C, AGGARWAL C C, PRASAD V V V. A tree projection algorithm for generation of frequent item sets [J]. Journal of parallel and Distributed Computing，2001，61(3)：350 − 371.

[2] AGARWAL R, SHAFER J C. Parallel mining of association rules [J]. IEEE transactions on knowledge and data engineering，1996，8(6)：962 − 969.

[3] AGGARWAL C C, SUN Z, PHILIP S Y. Online generation of profile association rules [C]. KDD，1998：129 − 133.

[4] AGGARWAL C C, YU P S. Mining large itemsets for association rules [J]. IEEE data engineering bulletin，1998，21(1)：23 − 31.

[5] AGGARWAL C C, YU P S. Mining associations with the collective strength approach [J]. IEEE transactions on knowledge and data engineering，2001，13(6)：863 − 873.

[6] AGRAWAL R, IMIELINSKI T, SWAMI A. Database mining：a performance perspective [J]. IEEE transactions on knowledge and data engineering，1993，5(6)：914 − 925.

[7] AGRAWAL R, IMIELIńSKI T, SWAMI A. Mining association rules between sets of items in large databases [C]. Proceedings of the 1993 ACM SIGMOD International Conference on Management of Data，1993：207 − 216.

[8] BARBARÁ D, COUTO J, JAJODIA S, et al. ADAM：a testbed for exploring the use of data mining in intrusion detection [J]. ACM sigmod record，2001，30(4)：15 − 24.

[9] BRIN S, MOTWANI R, SILVERSTEIN C. Beyond market baskets：Generalizing association rules to correlations [C]. Proceedings of the 1997 ACM SIGMOD International Conference on Management of Data，1997：265 − 276.

[10] CAI C H, FU W C, CHENG C H, et al. Mining association rules with weighted items [C]. Proceedings. IDEAS'98. International Database Engineering and Applications Symposium (Cat. No. 98EX156)，IEEE，1998：68 − 77.

[11] 蒋盛益，李霞，郑琪. 数据挖掘原理与实践 [M]. 北京：电子工业出版社，2011.

[12] 沈斌. 关联规则技术研究 [M]. 杭州：浙江大学出版社，2012.

第 8 章 关联规则 Ⅱ：关联规则挖掘

关联规则由频繁项集提取与关联规则挖掘两部分组成，第 7 章主要讲述利用不同的算法提取与挖掘频繁项集，本章将针对关联规则进行学习与研究。关联规则与频繁项集的关系、关联规则的创建、如何有效评价所挖掘的关联模式是本章重点研究的内容，通过回答以下几个方面的问题向读者讲述关联规则的原理与流程：关联规则与频繁模式的关系是什么？关联规则如何产生？频繁模式中所采用的剪枝原理能否应用于关联规则？暴力破解算法为什么不可取？为什么支持度与置信度不能有效刻画关联规则？关联规则的评价标准是什么？这些评估方法的优缺点是什么？

8.1 引　　言

关联规则最初是针对购物篮分析（Market Basket Analysis）问题提出的。假设分店经理想更多地了解顾客的购物习惯，特别是想知道对于哪些商品，顾客可能会在一次购物时同时购买。为回答该问题，可以对商品零售数量进行购物篮分析。该过程通过发现顾客放入"购物篮"中的不同商品之间的关联，分析顾客的购物习惯。这种关联的发现可以帮助零售商了解哪些商品频繁地被顾客同时购买，从而帮助他们开发更好的营销策略。例如，在超市销售数据中发现了规则 $\{onions, potatoes\} \Rightarrow \{burger\}\{onions, potatoes\} \Rightarrow \{burger\}$，可能指示如果一个顾客同时购买了 onions 和 potatoes，则他很可能也会购买 burger，这些信息可以用于指导市场活动，比如商品定价、商品摆放位置。

关联规则挖掘还可用于寻找数据集中各项之间的关联关系。根据所挖掘的关联关系，可以从一个属性的信息来推断另一个属性的信息。当置信度达到某一阈值时，可以认为规则成立。例如，在网上购物时，系统会主动推荐一些商品，赠送一些优惠券，并且这些推荐的商品和赠送的优惠券往往都能直抵我们的需求，诱导我们消费。从大规模数据中挖掘对象之间的隐含关系被称为关联分析（Associate Analysis）或者关联规则学习（Associate Rule Learning），可以揭示数据中隐藏的关联模式，帮助人们进行市场运作、决策支持等。

8.2 关联规则提取

定义 8.1（关联规则挖掘）　给定频繁项集 L，挖掘出所有非空子集 f，使得规则 $f \rightarrow L-f$ 满足置信度要求。

与频繁模式挖掘相似，关联规则挖掘也分为两步：① 候选规则创建；② 强规则（关联规则）判定。

8.2.1　候选规则创建

候选频繁项集存在项集数量多、枚举困难等问题，这些问题同样出现在候选规则的创建中。例如，若频繁项集 $L=\{A,B,C,D\}$，则该频繁项集所有的候选规则有：

$ABC \rightarrow D$，$ABD \rightarrow C$，$ACD \rightarrow B$，$BCD \rightarrow A$，$A \rightarrow BCD$，$B \rightarrow ACD$，$C \rightarrow ABD$

$D \rightarrow ABC$，$AB \rightarrow CD$，$AC \rightarrow BD$，$AD \rightarrow BC$，$BC \rightarrow AD$，$BD \rightarrow AC$，$CD \rightarrow AB$

如果增大频繁项集的规模，则候选规则数量会显著增长，即若 $|L|=d$，则有 2^d-2 个候选规则。

图 8-1 中的每个节点都对应一个候选项集，并不对应一个候选规则，因此不能直接套用，需要进行修改，使项集树结构的每个节点不再表示项集，而对应一个候选规则。其难度在于如何通过上一层的候选规则创建当前层的候选规则。图 8-2 右侧为枚举候选集，本书采用的策略是前缀取交集、后缀取并集。

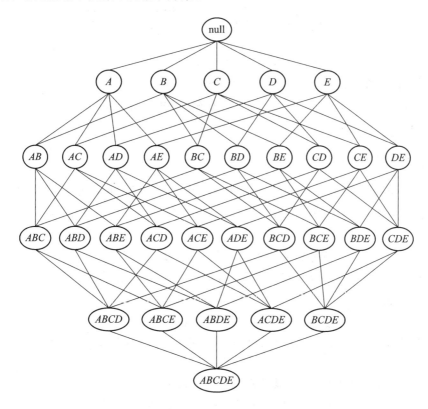

图 8-1　候选频繁项集的构建

创建方法：给定两个候选规则 $f_1 \rightarrow L-f_1$ 与 $f_2 \rightarrow L-f_2$，$|f_1|=|f_2|$，则可产生规则 $f' \rightarrow L-f'$。其中：

$$\begin{cases} f' = f_1 \bigcap f_2 \\ L-f' = L-f_1 \bigcup L-f_2 \end{cases}$$

如图 8-2 所示，$f_1=\{C,D\}$，$f_2=\{A,D\}$，$L=\{A,B,C,D\}$，创建候选规则 $D \rightarrow ABC$。

完成候选规则的构建后，给定频繁项集，就可以采用树状结构来产生所有的候选规

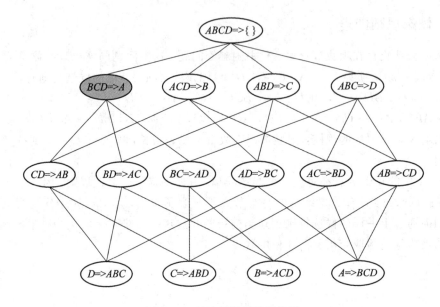

图 8-2　候选规则枚举示意图

则，其中所有的特征与频繁项集树一样，如图 8-2 所示。

对照候选规则枚举示意图（图 8-2）与候选频繁项集示意图（图 8-1），可以通过适度的修改，利用树状结构枚举候选规则。

8.2.2　关联规则挖掘

频繁模式挖掘面临的第二个大问题是候选项集呈指数级增长，同样的问题也出现在关联规则挖掘中，即给定频繁项集 L，若 $|L|=d$，则共计有 2^d-2 个候选规则，如何利用如下剪枝原理。

超集是频繁项集⇒子集一定是频繁项集

子集是非频繁项集⇒超集一定是非频繁项集

我们希望通过 Apriori 剪枝原理，得到如下结论：

$$c(ABC \rightarrow D) \geqslant c(AB \rightarrow D)$$

但是该结论不一定成立，因此不能直接利用 Apriori 剪枝原理。虽然上式不成立，但是下式恒成立：

定理 8.1　给定频繁项集 L，其规则满足如下的单调性：

$$c(ABC \rightarrow D) \geqslant c(AB \rightarrow CD) \geqslant c(A \rightarrow BCD)$$

证明：

$$c(ABC \rightarrow D) = \frac{s(ABCD)}{s(ABC)}$$

$$c(AB \rightarrow CD) = \frac{s(ABCD)}{s(AB)}$$

$$c(A \rightarrow BCD) = \frac{s(ABCD)}{s(A)}$$

由 Apriori 算法中频繁项集的反单调性可得：

$$s(A) \geqslant s(AB) \geqslant s(ABC)$$

故结论恒成立。

该性质称为规则反单调性。利用该性质，可以构建规则剪枝方法，如给定频繁项集 $I = \{A, B, C, D\}$，利用规则的单调性进行剪枝操作，可以减少候选规则的无用操作次数，如图 8-3 所示。

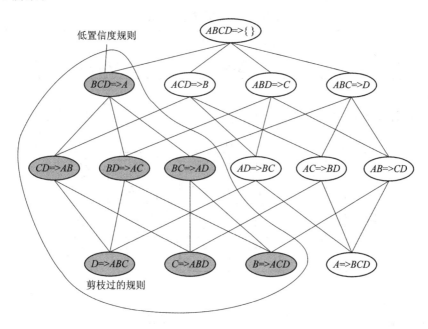

图 8-3　候选规则剪枝示意图

关联规则产生的步骤：

第一步，对于每一个频繁项集 I，产生 I 的所有非空子集。

第二步，对于 I 的每一个非空子集 s，如果支持度大于事先设定的阈值，则输出关联规则 $s \rightarrow (I-s)$。

例 8.1　假设数据包含频繁项集 $I = \{I_1, I_2, I_5\}$。

第一步，对于频繁项集 $I = \{I_1, I_2, I_5\}$，产生 I 的所有非空子集 $\{I_1, I_2\}$，$\{I_1, I_5\}$，$\{I_2, I_5\}$，$\{I_1\}$，$\{I_2\}$，$\{I_5\}$。

第二步，对于 I 的每一个非空子集 s，输出关联规则 "$s \rightarrow (I-s)$"。具体如下：

$$I_1 \wedge I_2 \rightarrow I_5 \qquad \text{confidence} = 2/4 = 50\%$$
$$I_1 \wedge I_5 \rightarrow I_2 \qquad \text{confidence} = 2/2 = 100\%$$
$$I_2 \wedge I_5 \rightarrow I_1 \qquad \text{confidence} = 2/2 = 100\%$$
$$I_1 \rightarrow I_2 \wedge I_5 \qquad \text{confidence} = 2/6 = 33\%$$
$$I_2 \rightarrow I_1 \wedge I_5 \qquad \text{confidence} = 2/7 = 29\%$$
$$I_5 \rightarrow I_1 \wedge I_2 \qquad \text{confidence} = 2/2 = 100\%$$

如果最小置信度设定为 70%，则只有以下三个关联规则输出：

$$I_1 \wedge I_5 \rightarrow I_2 \qquad \text{confidence} = 2/2 = 100\%$$
$$I_2 \wedge I_5 \rightarrow I_1 \qquad \text{confidence} = 2/2 = 100\%$$

$$I_5 \rightarrow I_1 \wedge I_2 \qquad \text{confidence} = 2/2 = 100\%$$

例 8.2　以表 8-1 所示的事务集为例，其中 $C[i]$是候选项集，$L[i]$是大数据项集。假设最小支持度为 40%，最小置信度为 70%，则数据项在候选项集中至少要出现 4 次以上才能满足大数据项的条件，规则的可信度至少要大于 70%才能形成关联规则。Apriori 关联规则挖掘过程如图 8-4～图 8-6 所示。

表 8-1　交易事务数据

事务	100	200	300	400	500	600	700	800	900	1000
项集	*ABCDF*	*BCEF*	*BCE*	*BE*	*ABC*	*ACF*	*ABCDEF*	*ABCE*	*BC*	*EF*

计算过程：

(1) 扫描计算 1-项集，如图 8-4 所示。

$C[1]$

项目集
{A}
{B}
{C}
{D}
{E}
{F}

扫描 T →

$L[1]$

项目集	支持度
{A}	5
{B}	8
{C}	8
{D}	2
{E}	6
{F}	5

项目集	支持度
{A}	5
{B}	8
{C}	8
{E}	6
{F}	5

图 8-4

(2) 通过扫描数据库一次获取 1-项集的支持度，如图 8-5 所示。

$C[1]$

项目集
{A B}
{A C}
{A E}
{A F}
{B C}
{B E}
{B F}
{C E}
{C F}
{E F}

扫描 T →

$C[2]$

项目集	支持度
{A B}	4
{A C}	5
{A E}	2
{A F}	3
{B C}	6
{B E}	5
{B F}	3
{C E}	4
{C F}	4
{E F}	3

$L[2]$

项目集	支持度
{A B}	4
{A C}	5
{B C}	6
{B E}	5
{C E}	4
{C F}	4

图 8-5

(3) 通过频繁 1-项集创建 2-项集，通过筛选频繁 2-项集选择 3-项集，如图 8-6 所示。

$C[3]$

项目集
{A B C}
{B C E}

扫描 T →

$C[3]$

项目集	支持度
{A B C}	4
{B C E}	4

$L[3]$

项目集	支持度
{A B C}	4
{B C E}	4

图 8-6

由图 8-6 可以看出，从 $L[3]$ 中不能再构造候选集 $C[4]$，所以算法终止。根据最小可信度，可生成规则如表 8-2 所示。

表 8-2　事务集 T 的关联规则

关联规则	支持度	置信度	大数据项集
$A \Rightarrow B$	4	$4/5 = 80\%$	$L[2]$
$A \Rightarrow C$	5	$5/5 = 100\%$	$L[2]$
$B \Rightarrow C$	6	$6/8 = 75\%$	$L[2]$
$C \Rightarrow B$	6	$6/8 = 75\%$	$L[2]$
$E \Rightarrow B$	5	$5/6 = 86.7\%$	$L[2]$
$F \Rightarrow C$	4	$4/5 = 80\%$	$L[2]$
$A, B \Rightarrow C$	4	$4/4 = 100\%$	$L[3]$
$A, C \Rightarrow B$	4	$4/5 = 80\%$	$L[3]$
$B, E \Rightarrow C$	4	$4/5 = 80\%$	$L[3]$
$E, C \Rightarrow B$	4	$4/4 = 100\%$	$L[3]$

8.3　规则评价标准

关联规则是用支持度和置信度来评价的，如果一个规则的置信度高，则称之为一条强规则（关联规则），但是置信度和支持度有时候并不能度量规则的实际意义和业务关注的兴趣点，但数据决定模式，背景决定效用。如何挖掘出与背景相符的关联规则，需要更进一步筛选更多有效的评估方式。

8.3.1　支持度与置信度缺陷

关联规则存在两大标准：支持度与置信度：

定义 8.2（关联规则）　给定 $I = \{I_1, I_2, \cdots, I_n\}$ 是项集，$D = \{T_1, T_2, \cdots, T_d\}$ 是全体事务数据集，规则 $X \rightarrow Y$ 是关联规则，当且仅当如下两个条件得到满足：

（1）规则支持度大于事先设定阈值，即 $s(X \rightarrow Y) \geqslant s_{\text{minsup}}$

（2）规则置信度大于事先设定阈值，即 $c(X \rightarrow Y) \geqslant c_{\text{minsup}}$

例如，我们分析一个购物篮数据中购买游戏光碟和购买影片光碟之间的关联关系。交易数据集共有 10 000 条购买记录，其中 6000 条包含游戏光碟，7500 条包含影片光碟，4000 条既包含游戏光碟又包含影片光碟。数据集如表 8-3 所示。

表 8-3　误导实例数据

	买游戏	不买游戏	行总计
买影片	4000	3500	7500
不买影片	2000	500	2500
列总计	6000	4000	10000

假设我们设置的最小支持度为 30％，最小置信度为 60％。从表 8 - 3 中可以得到：

$$\text{support}(买游戏光碟 \to 买影片光碟) = \frac{4000}{10000} = 40\%$$

$$\text{confidence}(买游戏光碟 \to 买影片光碟) = \frac{4000}{7500} = 66\%$$

这条规则的支持度和置信度都满足要求，找到了一条强规则，于是我们建议超市把影片光碟和游戏光碟放在一起，可以提高销量。但是一个喜欢玩游戏的人会有时间看影片吗，这个规则是不是有问题？事实上，这条规则误导了我们。在整个数据集中，买影片光碟的概率为

$$P(买影片) = \frac{7500}{10000} = 75\%$$

而买游戏的人也买影片的概率只有 66％，66％＜75％，恰恰说明了买游戏光碟抑制了影片光碟的购买，也就是说买了游戏光碟的人更倾向于不买影片光碟，这才是符合现实的。

以上结论告诉我们，计算层面的指标不能够覆盖背景验证，需要更多的指标。如图 8 - 7 所示，仔细分析数据挖掘的过程可以发现，创建更多的指标意味着需要将更加丰富的背景知识融入系统。此外，我们还需要做到关联规则的可解释性，创建更严格的计算指标，从更复杂的层面描述关联规则。

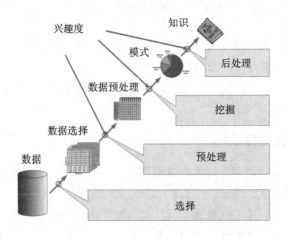

图 8 - 7　数据挖掘整体过程中从模式到知识还需要更多的验证与计算

8.3.2　关联规则价值衡量的方法

关联分析算法具有产生大量模式的潜在能力。例如，表 8 - 4 中显示的数据集虽然只有五项，但在特定的支持度和置信度阈值下，也能够产生数以百计的关联规则。由于真正的商业数据库的数据集和维数都非常大，很容易产生数以千计、甚至数以百万计的模式，而其中很大一部分是人们不感兴趣的。筛选这些模式，以识别最有趣的模式是一项复杂的任务，因为"一个人的垃圾可能是另一个人的财富"。因此，建立一组被广泛接受的评价关联模式质量的标准是非常重要的。

表 8-4　购物篮事务举例

TID	项　　集
1	〈面包，牛奶〉
2	〈面包，尿布，啤酒，鸡蛋〉
3	〈牛奶，尿布，啤酒，可乐〉
4	〈面包，牛奶，尿布，啤酒〉
5	〈面包，牛奶，尿布，可乐〉

目前常见的标准类型可分为两组，第一组标准可以通过统计论据建立。涉及相互独立的项或覆盖少量事务的模式被认为是人们不感兴趣的，因为它们可能反映数据中的伪联系。这些模式可以使用客观兴趣度度量来排除，客观兴趣度度量使用从数据推导出的统计量来确定模式是否是有趣的。客观兴趣度度量的例子包括支持度、置信度和相关性。

第二组标准可以通过主观论据建立，即模式被主观地认为是无趣的，除非它能够揭示意想不到的信息或提供导致有益行动的有用信息。例如，规则〈黄油〉→〈面包〉可能不是有趣的，尽管有很高的支持度和置信度，但是它表示的关系显而易见。另一方面，规则〈尿布〉→〈啤酒〉是有趣的，因为这种联系十分出乎意料，并且可能为零售商提供新的交叉销售机会。将主观知识加入到模式评价中是一项困难的任务，因为需要来自领域专家的大量先验信息。

下面是一些将主观信息加入到模式发现任务中的方法。

（1）可视化（Visualization）。这种方法需要友好的环境，保持用户参与，允许领域专家解释和检验被发现的模式，与数据挖掘系统交互。

（2）基于模板的方法。这种方法允许用户限制挖掘算法提取的模式类型，只把符合模板规则的模式提供给用户，而不是报告中提取的所有模式。

（3）主观兴趣度度量（Subjective Interestingness Measure）。主观度量可以基于领域信息来定义，如概念分层或商品利润等，随后使用这些度量来过滤那些显而易见和没有实际价值的模式。

8.4　规则评价指标

8.4.1　兴趣度

客观度量是一种评估关联模式质量的数据驱动方法。它不依赖于领域，只需要最小限度用户的输入信息；它不需要通过设置阈值来过滤低质量的模式。客观度量常常基于相依表（Contingency Table）中列出的频度计数来计算。表 8-5 显示了一对二元变量 A 和 B 的相依表。使用记号 $\overline{A}(\overline{B})$ 表示 $A(B)$ 不在事务中出现。在这个 2×2 的表中，每个 f_{ij} 都代表一个频度计数。例如，f_{11} 表示 A 和 B 同时出现在一个事务中的次数，f_{01} 表示包含 B 但不包含 A 的事务的个数，行和 f_{1+} 表示 A 的支持度计数，而列和 f_{+1} 表示 B 的支持度计数。相依表也可以应用于其他展性类型，如对称的二元变量、标称变量和序数变量。

表 8 - 5　变量 A 和 B 的 2 路相依表

	B	$\overline{B}$	
A	f_{11}	f_{10}	f_{1+}
$\overline{A}$	f_{01}	f_{00}	f_{0+}
共计	f_{+1}	f_{+0}	N

支持度-置信度框架的局限性：现有的关联规则挖掘算法需要使用支持度和置信度来除去没有意义的模式，支持度的缺点在于许多潜在的有意义的模式由于包含支持度小的项而被除去，而置信度的缺点更加微妙，可用下面的例子进行说明。

假定希望分析爱喝咖啡和爱喝茶的人之间的关系。收集一组人关于饮料偏爱的信息，并汇总在表 8 - 6 中。

表 8 - 6　1000 个人的饮料偏爱

	咖啡	咖啡	
茶	150	50	200
茶	650	150	800
共计	800	200	1000

可以使用表中给出的信息来评估关联规则{茶}→{咖啡}。单看表 8 - 6 中的数据，似乎喜欢喝茶的人也喜欢喝咖啡，因为该规则的支持度(15%)和置信度(75%)都相当高。这个推论也许是可以接受的，但是所有人中，不管他是否喝茶，喝咖啡的人的比例为 80%，而喝咖啡的饮茶者却只占 75%。也就是说，一个人如果喝茶，则他喝咖啡的可能性由 80% 降到了 75%。因此，尽管规则{茶}→{咖啡}有很高的置信度，但它却是一个误导。

置信度的缺陷在于该度量忽略了规则后件中项集的支持度。的确，如果考虑喝咖啡者的支持度，则会发现许多喝茶的人也喝咖啡，而喝咖啡的饮茶者所占的比例实际少于所有喝咖啡的人所占的比例，这表明饮茶者和喝咖啡的人之间存在一种逆关系。

由于支持度-置信度框架的局限性，各种客观度量都用来评估关联模式。下面简略介绍这些度量，并解释它们的优点和局限性。

茶与咖啡的例子表明，由于置信度度量忽略了规则后件中出现的项集的支持度，高置信度的规则有时可能出现误导。解决这个问题的一种方法是使用被称为提升度(Lift)的度量：

$$\text{lift}(A \to B) = \frac{c(A \to B)}{s(B)}$$

它计算规则置信度和规则后件中项集的支持度之间的比率。对于二元变量，提升度等价于另一种被称为兴趣因子(Interest Factor)的客观度量，其定义为

$$I(A, B) = \frac{s(A, B)}{s(A) \times s(B)} = \frac{N f_{11}}{f_{1+} f_{+1}}$$

兴趣因子比较模式的频率与统计独立假定下计算的基线频率。对于相互独立的两个变量，基线频率为

$$\frac{f_{11}}{N} = \frac{f_{1+}}{N} \times \frac{f_{+1}}{N} \quad 或 \quad f_{11} = \frac{f_{1+}f_{+1}}{N}$$

该式从使用简单比例作为概率估计的标准方法中得到。分数 $\frac{f_{11}}{N}$ 是联合概率 $P(A, B)$ 的估计，而 $\frac{f_{1+}}{N}$ 和 $\frac{f_{+1}}{N}$ 分别是概率 $P(A)$ 和 $P(B)$ 的估计。如果 A 和 B 是相互独立的，则 $P(A, B) = P(A) \times P(B)$，从而产生以上公式。综合以上分析，该度量（兴趣因子）可以解释如下：

$$I(A, B) \begin{cases} = 1, & 如果 A 和 B 是独立的 \\ > 1, & 如果 A 和 B 是正相关的 \\ < 1, & 如果 A 和 B 是负相关的 \end{cases}$$

对于表 8-6 中所显示的例子，$I = \frac{0.15}{0.2 \times 0.8} = 0.9375$，这表明饮茶者和喝咖啡的人之间稍微负相关。

兴趣因子也有其局限性，这里以一个文本挖掘领域的例子来进行解释。在文本挖掘领域，假定一对词之间的关联依赖与同时包含这两个词的文档的数量是合理的。例如，由于二者之间的较强关联，预计在计算机文献中"数据"和"挖掘"同时出现的频率高于"编译"和"挖掘"同时出现的频率。

图 8-8 显示了两对词 $\{p, q\}$ 和 $\{r, s\}$ 出现的频率。$\{p, q\}$ 和 $\{r, s\}$ 的兴趣因子分别为 1.02 和 4.08。由于下面的原因，这些结果多少有点问题：虽然 p 和 q 同时出现在 88% 的文档中，但是它们的兴趣因子接近于 1，表明二者是相互独立的；另一方面，$\{r, s\}$ 的兴趣因子比 $\{p, q\}$ 的高，尽管 r 和 s 很少同时出现在同一个文档中。在这种情况下，置信度可能是一个更好的选择，因为置信度表明 p 和 q 之间的关联（94.6%）远远强于 r 和 s 之间的关联（28.6%）。

	p	$\overline{p}$	
q	880	50	930
$\overline{q}$	50	20	70
共计	930	70	1000

	r	$\overline{r}$	
s	20	50	70
$\overline{s}$	50	880	930
共计	70	930	1000

图 8-8　词对 $\{p, q\}$ 和 $\{r, s\}$ 的相依表

相关分析是基于统计学分析一对变量之间关系的技术。对于连续变量，相关度用皮尔森相关系数定义。对于二元变量，相关度可以用 ϕ 系数度量，其定义为

$$\phi = \frac{f_{11}f_{00} - f_{01}f_{10}}{\sqrt{f_{1+}f_{+1}f_{0+}f_{+0}}}$$

相关度的值从 −1（完全负相关）到 +1（完全正相关）。如果变量是统计独立的，则 $\phi = 0$。例如，表 8-6 中给出的饮茶者和喝咖啡者之间的相关度为 −0.0625。相关分析的局限性、相关性的缺点通过图 8-8 所给出词的关联可以看出。虽然词 p 和 q 同时出现的次数比 r 和 s 多，但是它们的 ϕ 系数是相同的，即 $\phi(p, q) = \phi(r, s) = 0.232$。这是因为 ϕ 系数把项在事务中同时出现和同时不出现视为同等重要。因此，它更适合分析对称的二元变量。

这种度量的另一个局限性表现在，当样本大小成比例变化时，它不能够保持不变。该问题将在稍后介绍客观度量的性质时更详细地讨论。

IS 度量：IS 是另一种度量，用于处理非对称二元变量。该度量的定义为

$$IS(A, B) = \sqrt{I(A, B) \times s(A, B)} = \frac{s(A, B)}{\sqrt{s(A)s(B)}}$$

注意：当模式的兴趣因子和模式支持度都很大时，IS 也很大。例如，图 8-8 中显示的词对 $\{p, q\}$ 和 $\{r, s\}$ 的 IS 值分别是 0.946 和 0.286。与兴趣因子和 ϕ 系数给出的结果相反，IS 度量暗示 $\{p, q\}$ 之间的关联强于 $\{r, s\}$，这与期望的文档中词的关联一致。

可以证明，在数学上 IS 等价于二元变量的余弦度量。在这一点上，将 A 和 B 看作一对位向量，$A \cdot B = s(A, B)$ 表示两个向量的点积，$|A| \sqrt{s(A)}$ 表示向量 A 的大小。因此，

$$IS(A, B) = \frac{s(A, B)}{\sqrt{s(A) \times s(B)}} = \frac{A \cdot B}{|A| \times |B|} = \cos(A, B)$$

IS 度量也可以表示为从一对二元变量中提取出的关联规则置信度的几何均值，即

$$IS(A, B) = \sqrt{\frac{s(A, B)}{s(A)} \times \frac{s(A, B)}{s(B)}} = \sqrt{c(A \rightarrow B) \times c(B \rightarrow A)}$$

由于两个数的几何均值总是接近于较小的数，所以只要规则 $p \rightarrow q$ 或 $q \rightarrow p$ 中的一个具有较低的置信度，项集 $\{p, q\}$ 的 IS 值就会比较低。

一对相互独立的项集 A 和 B 的 IS 值为

$$IS_{indep}(A, B) = \frac{s(A, B)}{\sqrt{s(A) \times s(B)}} = \frac{s(A) \times s(B)}{\sqrt{s(A) \times s(B)}} = \sqrt{s(A) \times s(B)}$$

因为 IS 值取决于 $s(A)$ 和 $s(B)$，所以 IS 存在与置信度度量类似的问题——即使是不相关或负相关的模式，度量值也可能相当大。例如，尽管表 8-7 中所显示的项 p 和 q 之间的 IS 值相当大（0.889），但当项统计独立时，它仍小于期望值（$IS_{indep} = 0.9$）。

表 8-7　项 p 和 q 的相依表的例子

	q	$\bar{q}$	
p	800	100	900
$\bar{p}$	100	0	100
	900	100	1000

8.4.2　其他度量

除了迄今为止介绍的度量外，仍有另外一些分析二元变量之间联系的度量方法。这些度量可以分为两类：对称的度量和非对称的度量。如果 $M(A \rightarrow B) = M(B \rightarrow A)$，则度量 M 是对称的。例如，兴趣因子是对称的度量，因为规则 $A \rightarrow B$ 和 $B \rightarrow A$ 的兴趣因子的值相等；相反，置信度是非对称度量，因为规则 $A \rightarrow B$ 和 $B \rightarrow A$ 的置信度可能不相等。对称度量常常用来评价项集，而非对称度量方法更适合于分析关联规则。表 8-8 和表 8-9 用 2×2 相依表的频度计数，给出了这些度量的部分定义。

表 8-8 项集 $\{A, B\}$ 的对称的客观度量

度量（符号）	定 义
相关性（ϕ）	$\dfrac{Nf_{11}-f_{1+}f_{+1}}{\sqrt{f_{1+}f_{+1}f_{0+}f_{+0}}}$
几率（α）	$\dfrac{f_{11}f_{00}}{f_{10}f_{01}}$
$\kappa(k)$	$\dfrac{Nf_{11}+Nf_{00}-f_{1+}f_{+1}-f_{0+}f_{+0}}{N^2-f_{1+}f_{+1}-f_{0+}f_{+0}}$
兴趣因子（I）	$\dfrac{Nf_{11}}{f_{1+}f_{+1}}$
余弦（IS）	$\dfrac{f_{11}}{\sqrt{f_{1+}f_{+1}}}$
Piatetsky-Shapiro（PS）	$\dfrac{f_{11}}{N}-\dfrac{f_{1+}f_{+1}}{N^2}$
集体强度（S）	$\dfrac{f_{11}+f_{00}}{f_{1+}f_{+1}+f_{0+}f_{+0}}\times\dfrac{N-f_{1+}f_{+1}+f_{0+}f_{+0}f_{11}}{N-f_{11}-f_{00}}$
Jaccard（ζ）	$\dfrac{f_{11}}{f_{1+}+f_{+1}-f_{11}}$
全置信度（h）	$\min\left\{\dfrac{f_{11}}{f_{1+}},\dfrac{f_{11}}{f_{+1}}\right\}$

表 8-9 规则 $A\to B$ 的非对称的客观度量

度量（符号）	定义
Goodman-Kruskal（λ）	$\dfrac{\sum_j\max_k f_{jk}-\max_k f_{+k}}{N-\max_k f_{+k}}$
互信息（M）	$\dfrac{\sum_i\sum_j\dfrac{f_{ij}}{N}\lg\dfrac{Nf_{ij}}{f_{i+}f_{j+}}}{-\sum_j\dfrac{f_{j+}}{N}\lg\dfrac{f_{j+}}{N}}$
J 度量（J）	$\dfrac{f_{11}}{N}\lg\dfrac{Nf_{11}}{f_{1+}f_{+1}}+\dfrac{f_{10}}{N}\lg\dfrac{Nf_{10}}{f_{1+}f_{+0}}$
Gini 指标（G）	$\dfrac{f_{1+}}{N}\times\left[\left(\dfrac{f_{11}}{f_{1+}}\right)^2+\left(\dfrac{f_{10}}{f_{1+}}\right)^2\right]-\left(\dfrac{f_{+1}}{N}\right)^2+\dfrac{f_{0+}}{N}\times\left[\left(\dfrac{f_{01}}{f_{0+}}\right)^2+\left(\dfrac{f_{00}}{f_{0+}}\right)^2\right]-\left(\dfrac{f_{+0}}{N}\right)^2$
拉普拉斯（L）	$\dfrac{f_{11}+1}{f_{1+}+2}$
信任度（V）	$\dfrac{f_{1+}f_{+0}}{Nf_{10}}$
可信度因子（F）	$\dfrac{\dfrac{f_{11}}{f_{1+}}-\dfrac{f_{+1}}{N}}{1-\dfrac{f_{+1}}{N}}$
Added Value（AV）	$\dfrac{f_{11}}{f_{1+}}-\dfrac{f_{+1}}{N}$

8.5 一致性问题

给定各种各样的可用度量后，产生的一个合理问题是：当这些度量应用到一组关联模式时，是否会产生类似的有序结果。如果这些度量是一致的，则可以选择它们中的任意一个作为评估度量。否则的话，为了确定哪个度量更适合分析某个特定类型的模式，了解这些度量之间的不同点是非常重要的。

假设使用对称度量和非对称度量确定表 8 - 10 中的 10 个相依表的秩，这些相依表用来解释已有度量之间的差异。这些度盘产生的序分别显示在表 8 - 11 和表 8 - 12 中（1 是最有趣的，10 是最无趣的）。虽然某些度量值看上去是一致的，但是仍有某些度量会产生十分不同的次序结果。例如，ϕ 系数与 κ 和集体强度产生的秩是一致的，但是与兴趣因子和几率产生的秩有些不同。此外，相依表 E_{10} 根据 ϕ 系数具有最低秩，而根据兴趣因子却具有最高秩。

表 8 - 10 相依表的例子

实例	f_{11}	f_{10}	f_{01}	f_{00}
E_1	8123	83	424	1370
E_2	8330	2	622	1046
E_3	3954	3080	5	2961
E_4	2886	1363	1320	4431
E_5	1500	2000	500	6000
E_6	4000	2000	1000	3000
E_7	9481	298	127	94
E_8	4000	2000	2000	2000
E_9	7450	2483	4	63
E_{10}	61	2483	4	7452

表 8 - 11 使用表 8 - 8 的对称度量对相依表定秩

	ϕ	α	κ	I	IS	PS	S	ζ	h
E_1	1	3	1	6	2	2	1	2	2
E_2	2	1	2	7	3	5	2	3	3
E_3	3	2	4	4	5	1	3	6	8
E_4	4	8	3	3	7	3	4	7	5
E_5	5	7	6	2	9	6	6	9	9
E_6	6	9	5	5	6	4	5	5	7
E_7	7	6	7	9	1	8	7	1	1
E_8	8	10	8	8	8	7	8	8	6
E_9	9	4	9	10	4	9	9	4	4
E_{10}	10	5	10	1	10	10	10	10	10

表 8 - 12　使用表 8 - 9 中的非对称度量对相依表定秩

	λ	M	J	G	L	V	F	AV
E_1	1	1	1	1	4	2	2	5
E_2	2	2	2	3	5	1	1	6
E_3	5	3	5	2	2	6	6	4
E_4	4	6	3	4	9	3	3	1
E_5	9	7	4	6	8	5	5	2
E_6	3	8	6	5	7	4	4	3
E_7	7	5	9	8	3	7	7	9
E_8	8	9	7	7	10	8	8	7
E_9	6	4	10	9	1	9	9	10
E_{10}	10	10	8	10	6	10	10	8

表 8 - 11 中的结果数据表明，很多度量对同一个模式的质量提供了互相矛盾的信息。为了了解它们之间的差异，需要考察这些度量的性质：

（1）反演性。考虑表 8 - 13 中显示的位向量，每个列向量中的 0/1 位表示一个事务（行）是否包含某个特定的项（列）。向量 C 和 E 是向量 A 的反演，而向量 D 是向量 B 和 F 的反演。例如，向量 A 表示项 a 属于第一个和最后一个事务，而向量 B 表示项 b 在第五个事务中出现。事实上，向量 C 和 E 与向量 A 有一定的关系——它们的位由 0（不出现）反转为 1（出现），反之亦然。同理，向量 D 与向量 B 和 F 也存在着同样的位反转关系。这种反转位向量的过程称为反演（Inversion）。如果度量在反演操作下是不变的，则向量对（C，D）的度量值和向量对（A，B）的度量值应当相等。度量的反演性可以用如下方法检验。

表 8 - 13　反演操作的结果

A	B	C	D	E	F
1	0	0	1	0	0
0	0	1	1	1	0
0	0	1	1	1	0
0	0	1	1	1	0
0	1	1	0	1	1
0	0	1	1	1	0
0	0	1	1	1	0
0	0	1	1	1	0
0	0	1	1	1	0
1	0	0	1	0	0

定义 8.3(反演性)　客观度量 M 在反演操作下是不变的，如果交换频度计数 f_{11} 和 f_{00}，f_{10} 和 f_{01}，它的值保持不变。

在反演操作下保持不变的度量有 ϕ 系数、几率、κ 和集体强度。这些度量可能不适合分析非对称的二元数据。例如，向量 C 和 D 之间的 ϕ 系数与向量 A 和 B 之间的 ϕ 系数相等，尽管项 c 和 d 同时出现，且项 a 和 b 同时出现得更加频繁。此外，向量 C 和 D 之间的 ϕ 系数小于向量 E 和 F 之间的 ϕ 系数，虽然项 e 和 f 仅有一次同时出现。前面讨论 ϕ 系数的局限性时，已经提到了该问题。对于非对称的二元数据，使用非反演不变的度量更可取。一些非反演不变的度量包括兴趣因子、IS、PS 和 Jaccard 系数。

（2）零加性。假定对分析文档集中的一对词（如"数据"和"挖掘"）之间的联系感兴趣。如果向数据集中添加有关冰下捕鱼的文章，对分析词"数据"和"挖掘"之间的关联有影响吗？这种向数据集（在此情况下为文档）中添加不相关数据的过程就是所谓的零加（Null Addition）操作。

定义 8.4(零加性)　客观度量 M 在零加操作下是不变的，如果增加 f_{00} 而保持相依表中所有其他的频度不变，并不影响 M 的值。

对文档分析或购物篮分析这样的应用，期望度量在零加操作下保持不变。否则的话，当添加足够多的不包含所分析词的文档时，被分析词语之间的联系可能会完全消失。满足零加性的度量包括余弦（IS）和 Jaccard（ζ）度量，而不满足该性质的度量包括兴趣因子、Piatetsky-Shapiro（PS）、几率（α）和 ϕ 系数。

（3）缩放性：图 8-9 显示了 1993 年和 2004 年注册某课程的学生性别和成绩的相依表。图中的数据表明自 1993 年以来男生的数量翻了一番，而女生的则是原来的 3 倍。然而，2004 年的男生并不比 1993 年表现得更好，因为高分和低分男同学的比率保持不变，即 3:4。与之类似，2004 年的女同学也并不比 1993 年表现得更好。尽管抽样分布发生了变化，但是成绩和性别之间的关联预期保持不变。

	男	女	
高	30	20	50
低	40	10	50
	70	30	100

(a) 1993 年的样本数据

	男	女	
高	60	60	120
低	80	30	110
	140	90	230

(b) 2004 年的样本数据

图 8-9　成绩和性别的例子

定义 8.5(缩放不变性)　客观度量 M 在行/列缩放操作下是不变的，如果 $M(T)=M(T')$，其中 T 是频度计数为 $[f_{11}; f_{10}; f_{01}. f_{00}]$ 的相依表，T' 是频度计数为 $[k_1 k_3 f_{11}; k_2 k_3 f_{10}; k_1 k_4 f_{01}; k_2 k_4 f_{00}]$ 的相依表，而 k_1, k_2, k_3, k_4 是正常量。由表 8-14 可知，只有几率（α）在行和列缩放操作下是不变的。所有其他的度量，如 ϕ 系数、κ、IS、兴趣因子和集体强度（S），当相依表的行和列缩放时，它们的值也发生变化。本书虽然没有讨论非对称度量（如置信度、J 度量、Gini 指标和信任度）的性质，但很明显，在反演和行/列缩放操作下，这些度量不可能保持相同的值，不过它们在零加操作下是不变的。

表 8 - 14　对称度量的性质

符号	度量	反演	零加	缩放
ϕ	ϕ 系数	yes	no	no
α	几率	yes	no	yes
κ	Cohen 度量	yes	no	no
I	兴趣因子	no	no	no
IS	余弦	no	yes	no
PS	Piatetsky-Shapiro 度量	yes	no	no
S	集体强度	yes	no	no
ξ	Jaccard	no	yes	no
h	全置信度	no	no	no
s	支持度	no	no	no

8.6　关联规则的应用

8.6.1　关联规则与 CRM

在客户关系管理(Customer Relationship Management，CRM)理论中有一个经典的 2/8 原则，即 80％的利润来自 20％的客户。那么，这 20％的客户都有什么特征呢？

调查发现，大部分企业每年有 20％～50％的客户是变动的。企业一方面在挖空心思争取新客户，另一面却不断失去老客户。有没有办法找出，失去的是哪一类型的客户，得到的又是哪种类型的客户？在竞争激烈的商业时代，资源占有成为决定企业生死成败的关键。在客户关系方面，企业总希望建立与客户最稳固的关系，并最有效率地把这种关系转化为利润，即留住老顾客、发展新顾客并锁定利润率最高的客户，这也就是 CRM 要重点研究的问题。为了实现这个目标，企业就需要尽可能地了解客户的行为，但这种了解不可能通过与客户接触直接获得，因为企业不可能挨个与客户交谈，而且单个客户往往无法提供他们所需的信息。

企业所能做的就是尽可能多地收集顾客的信息，并借助各种分析方法，透过无序的、表层的信息挖掘出内在的知识和规律，这就是当前十分流行的数据挖掘技术所研究的。在挖掘出大量信息后，企业就可以根据这些规律或使用这些信息设计数学模型，对未发生行为做出结果预测，为企业的综合经营决策、市场策划提供依据。在 CRM 中，数据挖掘是从大量的有关客户的数据中挖掘出隐含的、先前未知的、对企业决策有潜在价值的知识和规则。这些潜在价值的知识和规则有：

(1) 客户特征。数据挖掘的第一步就是挖掘出顾客的特征描述。企业在了解客户信息方面永不满足，它们不仅会想方设法了解顾客的地址、年龄、性别、收入、职业、教育程度等基本信息，对婚姻、配偶、家庭状况、疾病、爱好等的收集也不遗余力。也由于这个原因，在提及 CRM 时，个人隐私便成为一个敏感话题。

（2）"黄金客户"。通过客户行为分析，归类出消费额最高、最为稳定的客户群，确定为"黄金客户"。针对不同的客户档次，确定相应的营销投入。对于"黄金客户"，往往还需要制定个性化营销策略，以求留住高利润客户。因此，不要期待在 CRM 时代继续人人平等。当然，成功的 CRM 不会让顾客感觉到被歧视。如果你不幸发现自己受到的待遇比别人低，很有可能别人是"黄金"，而你是"白银"或者"黑铁"。

（3）客户关注点。通过与客户接触，收集大量客户消费行为信息；通过分析，得出客户最关注的方面，从而有针对性地进行营销活动，把钱花在"点"上。同样的广告内容，根据客户不同的行为习惯，有的人会接到电话，有的人就可能收到信函；同一个企业，会给它们的客户发送不同的信息，而这些信息往往就是顾客所感兴趣的。为什么企业给你送来的信息正是你最需要的、最满意的，是因为你和其他与你相似的顾客的数据，已经在企业的数据仓库里经过分析了。

（4）客户忠诚度。得出客户持久性、牢固性及稳定性分析。对于高忠诚度客户，要注意保持其良好印象；对于低忠诚度客户，要么不要浪费钱财，要么就下大功夫把他们培养成忠诚客户。

在 CRM 中，必不可少的要素是将海量的、复杂的客户行为数据集中起来，形成整合的、结构化的数据仓库（Data Wearhouse），这是数据挖掘的基础。在此基础上，就需要借助大量的知识和方法，把表面的、无序的信息进行整合，揭示出潜在的关联性和规律，从而用于指导决策。

8.6.2 CRM 关联规则挖掘

横向关联是挖掘表面看似独立的事件间的相互关系，如"90％的顾客在一次购买活动中购买商品 A 的同时购买商品 B"之类的知识，以及经典的"尿布和啤酒"的故事，就是利用这种方法，发现二者之间有很高的相关系数，引起重视，然后深入分析后才找出内在原因。

次序关联分析的侧重点在于分析事件的前后序列关系，发现诸如"在购买 A 商品后，一段时间里顾客会接着购买商品 B，而后购买商品 C"的知识，形成一个客户行为的"A→B→C"模式。可以预见，一个顾客在买了计算机后，就很有可能购买打印机、扫描仪等配件。不过，要是通过数据挖掘找出"刮胡刀→抽水马桶→钻石戒指"这样的模式，估计企业客户服务部门就要忙乎一阵才能搞明白其中潜在的联系。

现以连锁药店管理的 CRM 系统为例来讲述数据挖掘。为了能更好地帮助药店选择适当的药材进货，利用关联规则挖掘来设计该系统，在得到销售记录的同时，先对其记录做一定的统计，根据顾客同时购买的药物来挖掘其中的关联规则，然后列出订货清单进货。关联规则挖掘在 CRM 中的应用类别主要可分为：

（1）建立数据库。

在此将各个药品用相应的字母来表示：C1：克感敏（一种降烧药）；C2：感冒通；C3：板蓝根；C4：鱼腥草；C5：金莲，然后通过 Delphi 中的 Database Desktop 中的向导来制作表单。

在销售浏览表中设置四个字段：Saleno、Mname、Data 和 Price，将它们的属性设置为字符串型，并规定各个字段的长度。数据库界面如图 8-10 所示。

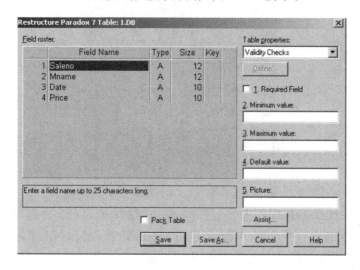

图 8-10　数据库界面设计

（2）关联规则挖掘。

通过运行程序可得到药品之间的相应信息（support 为支持度计数的值）：

感冒通→克感敏，Support 4；

感冒通→板蓝根，Support 4；

感冒通→金莲，Support 2；

克感敏→板蓝根，Support 4；

克感敏→鱼腥草，Support 2。

这些信息的可信度为：

感冒通→克感敏，confidence 86%；

感冒通→板蓝根，confidence 86%；

感冒通→金莲，confidence 29%；

克感敏→板蓝根，confidence 100%；

克感敏→鱼腥草，confidence 33.3%。

通过对上述数据的分析可以知道：假设有 100 个客户，则有 40 个人会同时购买感冒通和克感敏或感冒通和板蓝根或克感敏和板蓝根，有 20 个人会同时购买感冒通和金莲或克感敏和鱼腥草；在购买感冒通的顾客中，有 86% 的人会同时购买克感敏或板蓝根，有 29% 的人会同时购买金莲；购买克感敏的用户 100% 会同时购买板蓝根，33.3% 的人会同时购买鱼腥草。连锁药店的工作人员通过这些数据可以大体了解顾客的消费心理，可以多采购一些顾客购买频率较高的药品，充足自己药店的货源；在货柜的摆放设计中，店员可以根据可信度的数据把同时购买频率较高的药品放在一起，方便顾客选购，或者分放两侧，在顾客寻找该药品时，可以看到其他需要的药品而同时买走。运行结果的界面如图 8-11所示。

可见，连锁药店通过整理销售记录，并进行关联规则的挖掘，提高了其销售额。

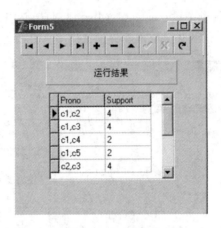

图 8 - 11　运行结果

由于本系统针对的是药店的药物,而每一样药物都有自己的特性和副作用。为了让店员弄清每种药品的特性,在系统中添加了药物字典的界面,具体列出了每种药品的编码代号、名称、条形码、生产厂家、批准文号、主治内容以及一些副作用,方便进货人员查询。

本 章 小 结

本章主要讲述如何基于频繁项集构建关联规则、创建候选关联规则,以及如何进行有效剪枝、如何区分各种评价指标的优缺点、如何选择合适的标准与方法对规则进行有效评估等。Aumann 等尝试建立一个评价关联规则的系统;Silberschatz 提出了从主观角度判断一个规则是否有趣的两条原则;Cooley 等使用 Dempster-Shafer 理论分析组合软置信集的思想,并使用这种方法识别 Web 数据中相反或新颖的关联模式。如果读者对于关联挖掘剪枝和模式评估有兴趣,可以阅读相关文献。

本章回答了如下几个问题:

(1) 关联规则与频繁模式的关系是什么?

(2) 关联规则如何产生?

(3) 频繁模式中所采用的剪枝原理能否应用于关联规则?

(4) 为什么支持度与置信度不能有效刻画关联规则?

(5) 关联规则的评价标准是什么?

(6) 表 8 - 9 和表 8 - 10 中评估方法的优缺点是什么?

习 题

1. 考虑频繁 3-项集:{1、2、3}、{1、2、4}、{1、2、5}、{1、3、4}、{1、3、5}、{2、3、4}、{2、3、5}、{3、4、5}。假设数据集仅有 5 个元素。

(1) 列出采用 $F_{k-1} \times F_1$ 合并策略,由候选产生过程得到的所有候选 4-项集。

(2) 列出由 Apriori 算法的候选产生过程得到的所有候选 4-项集。

(3) 列出经过 Apriori 算法候选剪枝步骤后剩下的所有候选 4-项集。

2. Apriori 算法使用产生-计数的策略找出频繁项集。通过合并一对大小为 k 的频繁项集得到一个大小为 $k+1$ 的候选项集（称作候选产生步骤）。在候选项集剪枝步骤中，如果一个候选项集的任何一个子集是不频繁的，则该候选项集将被丢弃。假定 Apriori 算法将用于表 8-15 所示数据集，最小支持度为 30%，即任何一个项集在少于 3 个事务中出现就被认为是非频繁的。

表 8-15　购物篮事务的例子

事务 ID	购买项
1	$\{a, b, d, e\}$
2	$\{b, c, d\}$
3	$\{a, b, d, e\}$
4	$\{a, c, d, e\}$
5	$\{b, c, d, e\}$
6	$\{b, d, e\}$
7	$\{c, d\}$
8	$\{a, b, c\}$
9	$\{a, d, e\}$
10	$\{b, d\}$

（1）画出表示表 8-15 所示数据集的项集格，用下面的字母标记格中的每个节点。

• N：如果该项集被 Apriori 算法认为不是候选项集。一个项集不是候选项集有两种可能的原因：它没有在候选项集产生步骤产生，或它在候选项集产生步骤产生，但是由于它的一个子集是非频繁的而在候选项集剪枝步骤被丢掉。

• F：如果该候选项集被 Apriori 算法认为是频繁的。

• I：如果经过支持度计数后，该候选项集被发现是非频繁的。

（2）频繁项集的百分比是多少？（考虑表格中的所有项集）

（3）对于该数据集，Apriori 算法的剪枝率是多少？（剪枝率定义为由于如下原因不认为是候选项集所占的百分比：在候选项集产生时未被产生，或在候选剪枝步骤被丢掉。）

（4）假警告率是多少？（假警告率是指经过支持度计数后被发现是非频繁的候选项集所占的百分比。）

3. Apriori 算法使用了 Hash 树的数据结构，可以有效地计算支持的候选人的项集。现考虑候选 3-项集的 Hash 树，如图 8-12 所示。

（1）给定的事务包含的项目 $\{1、3、4、5、8\}$，在寻找该事务的候选项集时，访问了 Hash 树的哪些叶节点？

（2）使用（1）访问过的叶节点，确定事务 $\{1、3、4、5、8\}$ 包含的候选项集。

4. 考虑下面的候选 3-项集的集合：$\{1, 2, 3\}$，$\{1, 2, 6\}$，$\{1, 3, 4\}$，$\{2, 3, 4\}$，$\{2, 4, 5\}$，$\{3, 4, 6\}$，$\{4, 5, 6\}$。

（1）构造以上候选 3-项集的 Hash 树。假定 Hash 树使用这样一个 Hash 函数：所有的奇数项都被散列到节点的左子树，所有的偶数项被散列到右子树。一个候选 k-项集按如下方法插入到 Hash 树中：散列候选项集中的每个相继项，然后按照散列值分布到相应的分支，一旦到达叶节点，候选项集将按照下面的条件插入。

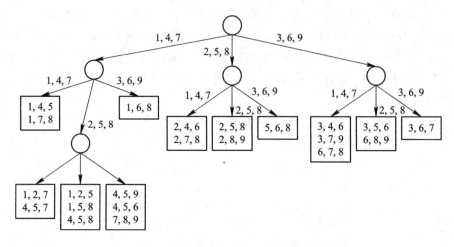

图 8-12　Apriori 的 Hash 树表示

• 条件 1：如果该叶节点的深度等于 k（假定根节点的深度为 0），则不管该节点已经存储了多少个项集，将该候选插入该节点。

• 条件 2：如果该叶节点的深度小于 k，则只要该节点存储的项集数不超过 maxsize，就把它插入到该叶节点。这里，假定 maxsize 为 2。

• 条件 3：如果该叶节点的深度小于 k 且该节点已存储的项集数量等于 maxsize，则这个叶节点转变为内部节点，并创建新的叶节点作为老的叶节点的子树。先前老叶节点中存放的候选项集按照散列值分布到其子树中，新的候选项集也按照散列值存储到相应的叶节点中。

（2）候选 Hash 树中共有多少个叶节点、多少个内部节点？

（3）考虑一个包含项集{1, 2, 3, 5, 6}的事务。使用（1）所创建的 Hash 树，则该事务要检查哪些叶节点？该事务包含哪些候选 3-项集？

5. 给定图 8-13 所示的格结构和表 8-15 给定的事务，用如下字母标记每一个节点。

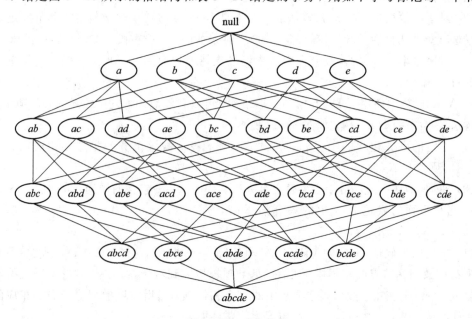

图 8-13　项集的格

- M：如果节点是极大频繁项集。
- C：如果节点是闭频繁项集。
- N：如果节点是频繁的，但既不是极大的也不是闭的。
- I：如果节点是非频繁的。

假定支持度阈值等于 30%。

6. 回答以下问题：

(1) 证明：当且仅当 $f_{11} = f_{1+} = f_得$，ϕ 系数等于 1。

(2) 证明：如果 A 和 B 是相互独立的，则 $P(A, B) \times P(\overline{A}, \overline{B}) = P(A, \overline{B}) \times P(\overline{A}, B)$。

(3) 说明：Yule 的 Q 和 Y 系数是几率的规范化样本，即

$$Q = \left[\frac{f_{11} f_{00} - f_{10} f_{01}}{f_{11} f_{00} + f_{10} f_{01}} \right]$$

$$Y = \left[\frac{\sqrt{f_{11} f_{00}} - \sqrt{f_{10} f_{01}}}{\sqrt{f_{11} f_{00}} + \sqrt{f_{10} f_{01}}} \right]$$

7. 对于关联规则 $A \rightarrow B$，考虑兴趣度度量 $M = \dfrac{P(A \mid B) - P(B)}{1 - P(B)}$。

(1) 该度量的取值范围是什么？什么时候取最大值和最小值？

(2) 当 $P(A, B)$ 增加，$P(A)$ 和 $P(B)$ 保持不变时，M 如何变化？

(3) 当 $P(A)$ 增加，$P(A, B)$ 和 $P(B)$ 保持不变时，M 如何变化？

(4) 当 $P(B)$ 增加，$P(A, B)$ 和 $P(A)$ 保持不变时，M 如何变化？

(5) 该度量在变量置换下对称吗？

(6) 若 A 和 B 是统计独立的，该度量的值是多少？

(7) 该度量是零加不变的吗？

(8) 在行或列缩放操作下，该度量保持不变吗？

(9) 在反演操作下，该度量如何变化？

参 考 文 献

[1] AUMANN Y, LINDELL Y. A statistical theory for quantitative association rules [J]. Journal of intelligent information systems, 2003, 20(3): 255 - 283.

[2] SILBERSCHATZ A, TUZHILIN A. What makes patterns interesting in knowledge discovery systems[J]. IEEE transactions on knowledge and data engineering, 1996, 8(6): 970 - 974.

[3] COOLEY R, TAN P N, Srivastava J. Discovery of interesting usage patterns from web data[C]. International Workshop on Web Usage Analysis and User Profiling. Springer, Berlin, Heidelberg, 1999: 163 - 182.

[4] AGRAWAL R, SRIKANT R. Mining sequential patterns[C]. Proceedings of the eleventh international conference on data engineering, IEEE, 1995: 3 - 14.

[5] ANTONIE M L, ZAÏANE O R. Mining positive and negative association rules: an approach for confined rules[C]. European Conference on Principles of Data Mining

and Knowledge Discovery. Springer, Berlin, Heidelberg, 2004: 27 - 38.

[6] AYRES J, FLANNICK J, GEHRKE J, et al. Sequential pattern mining using a bitmap representation[C]. Proceedings of the Eighth ACM SIGKDD International Conference on Knowledge Discovery and Data Mining. 2002: 429 - 435.

[7] HAN J, FU Y. Mining multiple-level association rules in large databases[J]. IEEE transactions on knowledge and data engineering, 1999, 11(5): 798 - 805.

[8] BOULICAUT J F, BYKOWSKI A, JEUDY B. Towards the tractable discovery of association rules with negations[M]. Flexible query answering systems. Physica, Heidelberg, 2001: 425 - 434.

[9] CHENG H, YAN X, HAN J. IncSpan: incremental mining of sequential patterns in large database [C]. Proceedings of the Tenth ACM SIGKDD International Conference on Knowledge Discovery and Data Mining, 2004: 527 - 532.

[10] FUKUDA T, MORIMOTO Y, MORISHITA S, et al. Mining optimized association rules for numeric attributes [J]. Journal of computer and system sciences, 1999, 58(1): 1 - 12.

[11] GAROFALAKIS M N, RASTOGI R, SHIM K. SPIRIT: Sequential pattern mining with regular expression constraints[C]. VLDB, 1999, 99: 7 - 10.

[12] HAN E H, KARYPIS G, KUMAR V. Min-apriori: An algorithm for finding association rules in data with continuous attributes[J]. Department of computer science and engineering, university of minnesota, tech. Rep, 1997.

第 9 章　聚类分析 I：概念与 K-均值算法

聚类分析是数据挖掘领域重要的研究问题之一，与分类问题不同，聚类分析属于无监督学习，没有训练样本。本章将针对聚类分析的基本定义、性质与算法进行学习，涉及的问题包括：分类数选择、计算距离、聚类过程、聚类结构评价等。本章主要阐述以下几个方面的问题：K-均值聚类算法的流程是什么？算法的优缺点是什么？如何对 K-均值算法进行拓展与应用？

9.1　引　　言

聚类分析是将物理或抽象对象的集合进行分组的过程，其中每一组中的对象具有高度的相似性。聚类分析也是一种重要的人类行为，可辅助人类的生产、生活。聚类源于很多领域，包括数学、计算机科学、统计学、生物学和经济学等。在不同的应用领域，很多聚类技术都得到了发展，这些技术方法被用于描述数据、衡量不同数据源间的相似性，以及把数据源分类到不同的簇中，如图 9-1 所示。关于图聚类分析与应用将在第 11 章与第 12 章中进行详细的阐述。

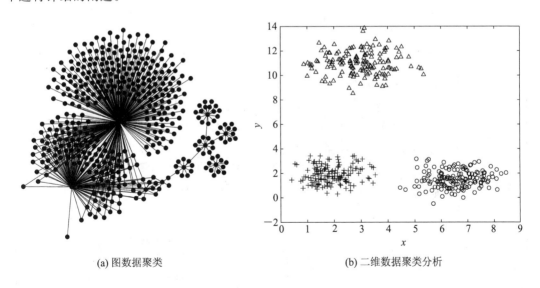

(a) 图数据聚类　　　　　　　　　　(b) 二维数据聚类分析

图 9-1　聚类分析

问题：聚类与分类的区别是什么？

提示：从目标、数据、模式等方面考虑。

聚类与分类的不同在于，聚类所要求划分的类是未知的。聚类是将数据分类到不同的类或者簇的一个过程，根据在数据中发现的描述对象及其关系的信息，将数据对象分组。

其目标是，组内的对象相互之间是相似的（相关的），而不同组中的对象是不同的（不相关的）。组内的相似性越大，组间差别越大，聚类效果就越好。

从统计学的观点来看，聚类分析是通过数据建模从而简化数据的一种方法。传统的统计聚类分析方法包括系统聚类法、分解法、加入法、动态聚类法、有序样品聚类、有重叠聚类和模糊聚类等。采用 K-均值、K-中心点等算法的聚类分析工具已被加入到许多著名的统计分析软件包中，如 SPSS、SAS 等。

从机器学习的角度来讲，簇相当于隐藏模式，聚类是搜索簇的无监督学习过程。与分类不同，无监督学习不依赖于预先定义的类或带类标记的训练实例，需要由聚类学习算法自动确定标记，而分类学习的实例或数据对象有类别标记。聚类是观察式的学习，而不是示例式的学习。

聚类分析是一种探索性的分析，在分类的过程中，人们不必事先给出一个分类的标准，聚类分析能够从样本数据出发，自动进行分类。聚类分析由所使用方法的不同，常常会得到不同的结论。不同研究者对于同一组数据进行聚类分析，所得到的聚类结果未必一致。

从实际应用的角度来看，聚类分析是数据挖掘的主要任务之一。聚类能够作为一个独立的工具获得数据的分布状况，通过观察每一簇数据的特征，集中对特定的聚簇集合进行进一步的分析。聚类分析还可以作为其他算法（如分类和定性归纳算法）的预处理步骤。例如，在一些商业应用中，需要对新用户的类型进行判别，但定义"用户类型"对商家来说可能不太容易，此时往往可先对用户数据进行聚类，根据聚类结果将每个簇定义为一个类，然后基于这些类训练分类模型，用于判别新用户的类型。

分类与聚类的区分归纳为如下几点，如表 9-1 所示。

表 9-1　分类与聚类的区别

	分　类	聚　类
监督情况	有训练集，训练集中每个数据对象的类别属性已知（有监督学习）	无训练数据（无监督学习）
类别情况	测试集中数据对象的类别情况	聚类是将数据分类到不同的类或者簇的一个过程，所以同一个簇中的对象间有很大的相似性，而不同簇的对象间有很大的相异性
模式	已知	簇相当于隐藏模式。聚类是搜索簇的无监督学习过程。与分类不同，无监督学习不依赖于预先定义的类或带类标记的训练实例，需要由聚类学习算法自动确定标记
结果	已知	聚类分析是一种探索性的分析，在分类过程中，人们不必事先给出一个分类的标准，聚类分析能够从样本数据出发，自动进行分类。聚类分析由所使用方法的不同，常常会得到不同的结论。不同研究者对于同一组数据进行聚类分析，所得到的聚类数未必一致

基于上述分析，给定聚类分析定义如下：

聚类依据研究对象(样品或指标)的特征对其进行分类，从而减少研究对象的数目。由于很多事物缺乏可靠的历史资料，无法确定共有多少类别，而聚类的目的是将性质相近的事物/对象归入一个组/簇。

定义 9.1（聚类分析 Clustering Analysis）　　将一组研究对象分为相对同质的群组(Clusters)的统计分析技术。

聚类是将样本划分为若干互不相交的子集，即样本簇，且同一簇的样本尽可能彼此相似，不同簇的样本尽可能不同。也就是说，聚类结果中簇内相似度高，簇间相似度低。

聚类分析已经广泛运用于各行各业，包括：

(1) 商业：聚类分析被用来发现不同的客户群，并且通过购买模式刻画不同客户群的特征。聚类分析是细分市场的有效工具，同时也可用于研究消费者行为，寻找新的潜在市场，选择实验的市场，并作为多元分析的预处理。

(2) 生物医学：聚类分析被用来对动植物和基因进行分类，获取对种群固有结构的认识，利用聚类分析挖掘致癌基因等。

(3) 地理：聚类能够帮助判别在地球中被观察对象的相似性。

(4) 保险行业：聚类分析通过平均消费的高低来鉴定汽车保险单持有者的分组，同时根据住宅类型、价值、地理位置来鉴定一个城市的房产分组。

(5) 因特网：聚类分析被用来在网上进行文档归类来修复信息。

(6) 电子商务：聚类分析也是电子商务网站建设数据挖掘中很重要的一个方面，通过分组聚类出具有相似浏览行为的客户，并分析客户的共同特征，可以更好地帮助电子商务的用户了解自己的客户，向客户提供更合适的服务。

9.2　聚类流程与方法

本节阐述聚类算法的基本流程，介绍每个子过程的任务与内容，同时对聚类算法进行简单分类，对每一类算法的特点进行描述。

9.2.1　聚类流程

典型的聚类分析流程如图 9-2 所示，主要包括四个过程：数据预处理、数据相似度度量、聚类策略的选择、聚类结果评估。

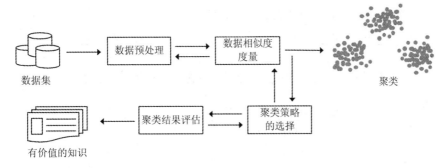

图 9-2　聚类分析的基本流程

1. 数据预处理

数据预处理包括数据类型选择、特征标度刻画等，主要依靠特征选择和特征抽取。其中，特征选择是选择重要的特征，特征抽取是把输入的特征转化为一个新的显著特征，它们经常被用来获取一个合适的特征集，从而避免"维数灾难"。数据预处理还包括将孤立点移出数据。由于孤立点是不依附于一般数据行为或模型的数据，它经常会导致有偏差的聚类结果，因此为了得到正确的聚类，必须将它们剔除。

2. 数据相似度度量

既然相似性是定义一个簇的基础，那么同一个特征空间中不同数据之间相似度的衡量对于聚类极为重要。由于特征类型和特征标度的多样性，距离度量的选择必须谨慎，它经常依赖于应用。例如，通常通过定义在特征空间的距离度量来评估不同对象的相异性。很多距离度量都应用在一些不同的领域，一个简单的距离度量，如欧氏距离，经常被用来反映不同数据间的相异性；一些有关相似性的度量，如几何距离等，能够被用来度量不同数据的相似性，更多数据相似度知识可参看第 2 章与附录中关于相似性计算的内容。在图像聚类上，子图图像的误差能够被用来衡量两个图形的相似性。

若函数 dist(•，•) 是一个"距离度量"，则需要满足一些基本性质：

(1) 非负性：$\mathrm{dist}(x_i, x_j) \geqslant 0$；

(2) 统一性：$\mathrm{dist}(x_i, x_j) = 0$，当且仅当 $x_i = x_j$；

(3) 对称性：$\mathrm{dist}(x_i, x_j) = \mathrm{dist}(x_j, x_i)$；

(4) 直递性（三角不等式）：$\mathrm{dist}(x_i, x_j) \leqslant \mathrm{dist}(x_i, x_k) + \mathrm{dist}(x_k, x_j)$。

假定每个样本有 p 个变量，则每个样本都可以看成 p 维空间中的一个点，n 个样本就是 p 维空间中的 n 个点，将第 i 个样本与第 j 个样本之间的距离记为 d_{ij}。典型的距离函数包括：

(1) 欧氏（Euclidian）距离函数，其表达式为

$$d_{ij} = \sqrt{(X_{1i} - X_{1j})^2 + (X_{2i} - X_{2j})^2 + \cdots + (X_{pi} - X_{pj})^2} = \left[\sum_{k=1}^{p} (X_{ki} - X_{kj})^2 \right]^{\frac{1}{2}}$$

(2) 明氏（Minkowski）距离函数，其表达式为

$$d_{ij} = \left[\sum_{k=1}^{p} (X_{ki} - X_{kj})^q \right]^{\frac{1}{q}}$$

当 $q=1$ 时，为绝对距离；当 $q=2$ 时，为欧氏距离；当 $q=\infty$ 时，有 $\max\limits_{1 \leqslant k \leqslant p} |X_{ki} - X_{kj}|$，为切比雪夫（Chebychev）距离。

(3) 马氏（Mahalanobis）距离函数，其表达式为

$$d_{ij} = \frac{1}{1-r^2} \left[\frac{(X_{1i} - X_{1j})^2}{s_1^2} + \frac{(X_{2i} - X_{2j})^2}{s_2^2} + \cdots + \frac{(X_{pi} - X_{pj})^2}{s_p^2} \right] -$$

$$\frac{2r(X_{1i} - X_{1j})(X_{2i} - X_{2j})}{s_1 s_2} - \frac{2r(X_{1i} - X_{1j})(X_{3i} - X_{3j})}{s_1 s_3} -$$

$$\cdots - \frac{2r(X_{1i} - X_{1j})(X_{pi} - X_{pj})}{s_1 s_p}$$

$$= (X_{1i} - X_{1j},\ X_{2i} - X_{2j},\ \cdots,\ X_{pi} - X_{pj}) \begin{pmatrix} s_1^2 & s_{12} & \cdots & s_{1p} \\ s_{21} & s_2^2 & \cdots & s_{2p} \\ \vdots & \vdots & & \vdots \\ s_{p1} & s_{p2} & \cdots & s_p^2 \end{pmatrix} \begin{pmatrix} X_{1i} - X_{1j} \\ X_{2i} - X_{2j} \\ \vdots \\ X_{pi} - X_{pj} \end{pmatrix}$$

$$d_{ij} = (X_i - X_j)' S^{-1} (X_i - X_j)$$

3. 聚类策略的选择

将数据对象分到不同的类/簇是聚类分析的最终目标，而划分方法和层次方法是聚类分析的主要方法。其中，划分方法一般从初始划分和最优化一个聚类标准开始，而层次方法则利用相似性构建树结构进行聚类（详情请参看第 10 章）。硬聚类（Crisp Clustering 或 Hard Clustering）中每一个数据对象属于且仅属于某一个类，软聚类（Fuzzy Clustering 或 Soft Clustering）中每个数据对象可以隶属一个或多个类；硬聚类与软聚类分别对应集合的划分与覆盖问题。硬聚类和软聚类是基于划分方法的两个主要技术，划分方法聚类是基于某个标准产生一个嵌套的划分系列，其可以度量不同类之间的相似性或一个类的可分离性，可用于合并和分裂类。其他的聚类方法还包括基于密度的聚类、基于模型的聚类、基于网格的聚类。

4. 聚类结果评估

聚类结果的质量评估是聚类分析中极为重要的内容之一。聚类是一个无管理的程序，也没有客观的标准来评价聚类结果。一般来说，利用类/簇的几何性质来评估聚类结果，包括类间的分离和类内部的耦合。也可通过预先定义的函数对聚类结果进行评估，如方差等。如果在有先验的专家知识的情况下，可利用专家知识引导评估等。

9.2.2　聚类方法

聚类分析是数据挖掘中一个很活跃的研究领域，目前已经提出了许多聚类算法。传统的聚类算法可以分为五类：划分方法、层次方法、基于密度的方法、基于网格的方法和基于模型的方法。

1. 划分方法（Partitioning Method，PAM）

划分方法的步骤为：首先创建 k 个划分，k 为要创建的划分个数；然后利用循环定位技术通过将对象从一个划分移到另一个划分来帮助改善划分质量。典型的划分方法包括：K-均值（K-means）、K-medoids、CLARA（Clustering LARge Application）、CLARANS（Clustering Large Application based upon RANdomized Search）、FCM（Fuzzy C-means，模糊聚类方法）等。

2. 层次方法

层次方法是（Hierarchical Method）创建一个层次以分解给定的数据集。该方法可以分为自上而下（分解）和自下而上（合并）两种操作方式。为弥补分解与合并的不足，层次方法经常要与其他聚类方法相结合，如循环定位法。典型的层次分类方法包括：

（1）BIRCH（Balanced Iterative Reducing and Clustering using Hierarchies）方法。该方法首先利用树的结构对对象集进行划分，然后利用其他聚类方法对这些聚类进行优化。

（2）CURE(Clustering Using REpresentatives)方法。该方法利用固定数目的代表对象来表示相应聚类，然后对各聚类按照指定量（聚类中心）进行收缩。

（3）ROCK 方法。该方法利用聚类间的连接进行聚类合并。

（4）CHEMALOEN(变色龙，是一个利用动态模型的层次聚类算法)方法。该方法在层次聚类时构造动态模型。

3．基于密度的方法

该方法根据密度完成对象的聚类，并根据对象周围的密度不断增长聚类。典型的基于密度的方法(Density-Based Methods)包括：

（1）DBSCAN(Densit-Based Spatial Clustering of Application with Noise)，该方法通过不断生长足够高的密度区域来进行聚类，它能从含有噪声的空间数据库中发现任意形状的聚类，并将一个聚类定义为一组"密度连接"的点集。

（2）OPTICS(Ordering Points To Identify the Clustering Structure)算法不显式地生成数据聚类，它只是对数据对象集合中的对象进行排序，得到一个有序的对象列表，其中包含了足够的信息用来提取聚类。

4．基于网格的方法

基于网格的方法(Grid-Based Methods)首先将对象空间划分为有限个单元以构成网格结构，然后利用网格结构完成聚类。STING(Statistical Information Grid)是一个利用网格单元保存的统计信息进行基于网格聚类的方法。此外，CLIQUE(Clustering in Quest)和Wave-Cluster 是将基于网格与基于密度相结合的方法。

5．基于模型的方法

基于模型的方法为每个簇假定了一个模型，寻找数据对给定模型的最佳拟合。一个基于模型的算法可能通过构建反映数据点空间分布的密度函数来定位聚类。基于模型的算法也基于标准的统计数据自动决定聚类的数目，考虑"噪声"数据或孤立点，从而产生稳健的聚类方法。典型的基于模型的方法(Model-Based Methods)包括：

（1）统计方法 COBWEB，它是一个常用的且简单的增量式概念聚类方法。它的输入对象是采用符号量（属性-值）对加以描述的，并采用分类树的形式来创建一个层次聚类。

（2）CLASSIT 方法，它是 COBWEB 的另一个版本，可以对连续取值属性进行增量式聚类。它为每个节点中的每个属性保存相应的连续正态分布（均值与方差），并利用一个改进的分类能力描述方法对连续属性求积分，这点不同于 COBWEB 那样计算离散属性（取值）和。但是 CLASSIT 方法也存在与 COBWEB 类似的问题，因此它们都不适合对大型数据库进行聚类处理。

9.3　K-均值算法

K-均值(K-means)算法是一种使用最广泛的聚类算法，它将各个聚类子集内的所有数据样本的均值作为该聚类的代表点。该算法的主要思想是通过迭代过程把数据集划分为不同的类别，使得评价聚类性能的准则函数达到最优，从而使生成的每个聚类类内紧凑。

9.3.1　算法的三大要素

聚类的目标是将数据对象分配到不同的聚类中，以使得类间相对松散、类内相对紧凑。如图 9-3 所示，每个数据对象用一个点表示，同类数据对象用相同形状标记。因此，需要计算数据对象之间的相似性，需要事先知道有哪些中心，同时还需要有目标函数的引导。下面介绍常用的目标函数、评价函数和分组方法。

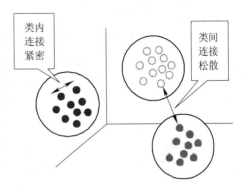

1. 相似性函数

图 9-3　K-均值算法挖掘不同的簇/分组

K-均值聚类算法不适于处理离散型属性，适合处理连续型属性。因此在计算数据样本之间的距离时，可以根据实际需要选择欧氏距离、曼哈顿距离或者明考斯基距离中的一种作为算法的相似性度量，其中最常用的是欧氏距离。下面具体介绍欧氏距离。

假设给定的数据集 $X = \{x_m \mid m = 1, 2, \cdots, n\}$，$X$ 中的样本用 d 个描述属性 A_1，A_2，$\cdots$，A_d 来表示，并且 d 个描述属性都是连续型属性。数据样本 $x_i = (x_{i1}, \cdots, x_{id})$，样本 x_i，x_j 之间的相似度通常用它们之间的距离 $d(x_i, x_j)$ 来表示。距离越小，样本 x_i，x_j 越相似，差异度越小；距离越大，样本 x_i，x_j 越不相似，差异度越大。

由 9.2 节数据相似性内容可知，典型的相似性函数有：

(1) 欧氏距离：$d(x_i, x_j) = \sqrt[2]{\sum_{k=1}^{d} (x_{ik} - x_{jk})^2}$；

(2) Cosine 距离：$d(x_i, x_j) = \dfrac{x_i \cdot x_j}{|x_i| |x_j|}$；

(3) 相关系数：$d(x_i, x_j) = x_i \cdot x_j$。

2. 选择评价聚类性能准则函数

K-均值聚类算法使用误差平方和准则函数来评价聚类性能。给定数据集 X，其中只包含描述属性，不包含类别属性。假设 X 包含 k 个聚类子集 X_1，X_2，$\cdots$，X_k，各个聚类子集的均值代表点（也称聚类中心）分别为 m_1，m_2，$\cdots$，m_k，则误差平方和准则函数公式为

$$E = \sum_{i=1}^{k} \sum_{p \in X_i} (p - m_i)^2$$

直观地看，上式在一定程度上刻画了簇内样本围绕簇均值向量的紧密程度，E 值越小，则簇内样本相似度越高。然而最小化上式相当困难，找到它的最优解需要考察样本集 D 所有可能的簇划分是 NP 难问题。因此，K-均值算法采用贪心策略，通过迭代优化来近似求解。

3. 数据对象如何分组

计算每个簇的平均值，并用该平均值代表相应的簇。根据每个对象与各个簇中心的距离，分配给最近的簇。

综上可知，K-均值算法三大要素包括目标函数、相似性与分组原则。

9.3.2　算法的流程

算法过程示意图如图 9 - 4 所示，首先随机选定 k 个数据点作为初始的聚类中心，计算每个数据点到聚类中心的距离；然后把数据对象赋给最近的中心所对应的类/簇，重新计算簇中心，重新分组，一直迭代，直到算法终止。

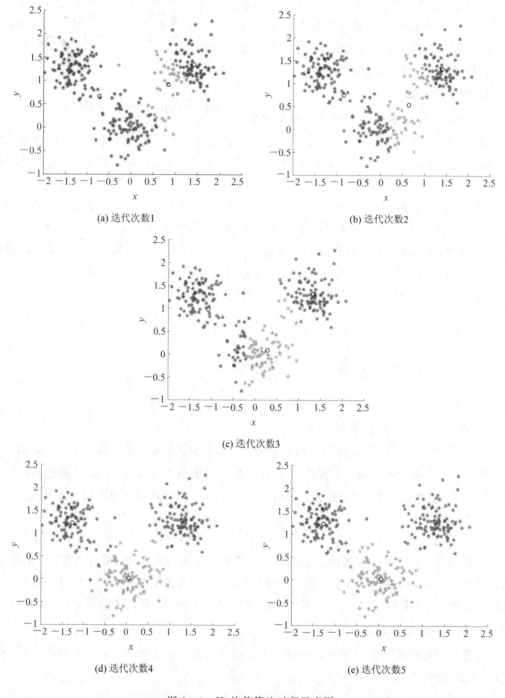

图 9 - 4　K-均值算法过程示意图

K-均值算法可描述为：

算法 9.1 K-均值算法

输入：聚类数 k 和数据 X

输出：k 个簇使平方误差准则最小

算法过程：

1. 为每个聚类确定一个初始聚类中心，这样就有 k 个初始聚类中心
2. 将样本集中的样本按照最小距离原则分配到最邻近聚类
3. 使用每个聚类中的样本均值作为新的聚类中心
4. 重复步骤 2、3 直到聚类中心不再变化

返回：得到 k 个聚类

注意：由算法步骤 1 可看出，初始的聚类中心是随机选择的，可能会导致一定的随机性；步骤 2 涉及距离计算，不同的距离计算方式会导致不同的聚类结构。

例如，数据对象集合 S 如表 9 - 2 所示，作为一个聚类分析的二维样本，要求的簇的数量 $k=2$。

表 9 - 2　聚类数据

O	X	Y
1	0	2
2	0	0
3	1.5	0
4	5	0
5	5	2

步骤 1　选择 $O_1 = c(0, 2)$，$O_2 = c(0, 0)$ 为初始的簇中心。

步骤 2　对剩余的每个对象，根据其与各个簇中心的距离，将它赋给最近的簇。

$$d(M_1, O_3) = \sqrt{(0-1.5)^2 + (2-0)^2} = 2.5$$

$$d(M_2, O_3) = \sqrt{(0-1.5)^2 + (0-0)^2} = 1.5$$

显然，$d(M_2, O_3) \leqslant d(M_1, O_3)$，故将第三个数据对象分配给第二类。

对于第四个数据对象：

$$d(M_1, O_4) = \sqrt{(0-5)^2 + (2-0)^2} = \sqrt{29}$$

$$d(M_2, O_4) = \sqrt{(0-5)^2 + (0-0)^2} = 5$$

因为 $d(M_2, O_4) \leqslant d(M_1, O_4)$，所以将该数据对象分配给第二类。

对于第五个数据对象：

$$d(M_1, O_5) = \sqrt{(0-5)^2 + (2-2)^2} = 5$$

$$d(M_2, O_5) = \sqrt{(0-5)^2 + (0-2)^2} = \sqrt{29}$$

因为 $d(M_1, O_5) \leqslant d(M_2, O_5)$，所以将第五个数据对象分配给第一类。更新，得到新簇：

$$C_1 = \{O_1, O_5\}, \quad C_2 = \{O_2, O_3, O_4\}$$

计算平方误差准则，单个方差为

$$E_1 = [(0-0)^2 + (2-2)^2] + [(0-5)^2 + (2-2)^2] = 25$$

$$E_2 = [(0-0)^2 + (0-0)^2] + [(0-1.5)^2 + (0-0)^2] + [(0-5)^2 + (0-0)^2]$$
$$= 27.25$$

总体平均方差为

$$E = E_1 + E_2 = 25 + 27.25 = 52.25$$

步骤 3　计算新的簇的中心：

$$M_1 = \left(\frac{0+5}{2}, \frac{2+2}{2}\right) = (2.5, 2)$$

$$M_2 = \left(\frac{0+1.5+5}{3}, \frac{0+0+0}{3}\right) = (2.17, 0)$$

重复步骤 2 和步骤 3，将 O_1 分配给 C_1，O_2 分配给 C_2，O_3 分配给 C_2，O_4 分配给 C_2，O_5 分配给 C_1。更新，得到新簇：

$$C_1 = \{O_1, O_5\} \quad C_2 = \{O_2, O_3, O_4\}$$
$$M_1 = (2.5, 2) \quad M_2 = (2.17, 0)$$

单个方差分别为

$$E_1 = [(2.5-0)^2 + (2-2)^2] + [(2.5-5)^2 + (2-2)^2] = 12.5$$

$$E_2 = [(2.17-0)^2 + (0-0)^2] + [(2.17-1.5)^2 + (0-0)^2] +$$
$$[(2.17-5)^2 + (0-0)^2] = 13.15$$

总体平均误差为

$$E = E_1 + E_2 = 12.5 + 13.15 = 25.65$$

可以看出，第一次迭代后，总体平均误差值由 52.25 变为 25.65，显著减小。由于在两次迭代中簇中心不变，所以停止迭代过程，算法停止。

9.3.3　算法的性能分析

K-均值算法的优缺点总结如表 9-3 所示。

表 9-3　K-均值算法的优缺点总结

主 要 优 点	主 要 缺 点
简单、快速。对于大数据集的处理，该算法是相对可伸缩和高效率的，因为它的复杂度是 $O(nkt)$	必须事先给出 k（要生成的簇的数目），而且对初值敏感。不同的初始值，可能会导致不同的结果
当结果簇是密集的，而簇与簇之间区别明显时，它的效果较好	对"噪声"和孤立点数据是敏感的，少量的该类数据能够对平均值产生极大的影响
	对簇的结构有要求，当簇的结构为非凸情况时，该算法的结果很差，如图 9-5 所示，其中包含两类，由于结构非凸，因此 K-均值算法不能进行有效区分
	当簇规模与密度不一致时，该算法的效果很差，如图 9-6 所示，簇密度不一致时，K-均值算法不能进行有效区分

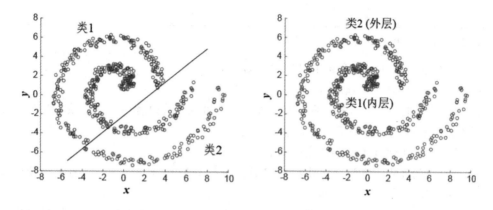

图 9-5　K-均值算法不能对非凸数据进行聚类

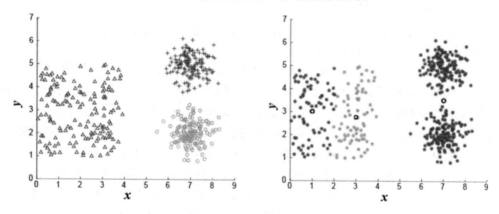

图 9-6　聚类密度对 K-均值算法性能的影响较大

9.4　K-均值算法的拓展

由于 K-均值算法存在相应的缺陷，因此如何有效解决这些问题就成为了关键。针对 K-均值算法对于不同的初始值，可能会导致不同的结果，解决方法有：

（1）多设置一些不同的初值，对比最后的运算结果，一直到结果趋于稳定结束。这种方法比较耗时，也浪费资源。

（2）很多时候，事先并不知道数据集的聚类数，这也是 K-均值算法的一个不足。有的算法是通过类的自动合并和分裂，得到较为合理的类型数目 k，如 ISODATA（Iterative Selforganizing Data Analysis，迭代自组织数据分析）算法。

K-均值算法适合于簇数已知的数据，而 ISODATA 算法则更加灵活：从算法角度来看，ISODATA 算法与 K-均值算法相似，聚类中心都是通过样本均值的迭代运算来决定的；ISODATA 算法加入了一些试探步骤，可以结合成人机交互的结构，使其能利用中间结果所取得的经验更好地进行分类。ISODATA 算法在迭代过程中可将一类一分为二，也可将二类合二为一，即"自组织"，这种算法具有启发式的特点。

ISODATA 算法的流程如下：

算法 9.2 ISODATA

输入：簇的数目 k 和包含 n 个对象的数据库事务

输出：k 个簇，使平方误差准则最小

1. 选择某些初始值。可选不同的参数指标，也可在迭代过程中人为修改，以将 N 个模式的样本按指标分配到各个聚类中心中去

2. 计算各类中诸样本的距离指标函数

3. 按给定的要求，将前一次获得的聚类集进行分裂和合并处理，从而获得新的聚类中心

4. 重新进行迭代运算，计算各项指标，判断聚类结果是否符合要求。经过多次迭代后，若结果收敛，则运算结束

K-均值算法其他的改进方式：

（1）K-modes 算法：实现对离散数据的快速聚类，保留了 K-均值算法的效率，同时将 K-均值算法的应用范围扩大到离散数据。它是按照 K-均值算法的核心内容进行修改，针对分类属性的度量和更新质心的问题而改进的。K-modes 算法具体如下：① 度量记录之间的相关性 D 的计算公式是，比较两记录之间的关系，属性相同为 0，不同为 1，并将所有关系相加。因此 D 越大，数据的不相关程度越强（与欧氏距离代表的意义是一样的）。② 更新 modes，使用一个簇的每个属性出现频率最高的那个属性值作为代表簇的属性值。

（2）K-prototype 算法：可以对离散与数值属性两种混合的数据进行聚类。在 K-prototype 中定义了一个对数值与离散属性都计算的相异性度量标准。K-prototype 算法结合了 K-均值算法与 K-modes 算法，针对混合属性解决了两个核心问题：① 度量具有混合属性的方法是，数值属性采用 K-均值算法得到 P_1，分类属性采用 K-modes 方法得到 P_2，则 $D=P_1+aP_2$，其中 a 是权重。如果认为分类属性重要，则增加 a，否则减少 a。当 $a=0$ 时，只有数值属性。② 更新一个簇中心的方法是结合 K-均值算法与 K-modes 算法。

（3）K-中心点算法：K-均值算法对于孤立点是敏感的，为了解决这个问题，不采用簇中的平均值作为参照点，可以选用簇中位置最中心的对象（中心点）作为参照点。这种划分方法仍然是基于最小化所有对象与其参照点之间的相异度之和来执行的。

9.5 图像分割的应用

K-均值算法已经广泛应用于各行各业，包括商业、科学、天文、气象等领域。本节以图像为对象，研究 K-均值算法如何对图像进行分割。

图 9-7 所示为一条狗、一辆自行车以及街道、树木和汽车。使用 K-均值算法对图像进行分割，将图像分割为合适的背景区域（自行车、街道、树木及汽车）和前景区域（狗）。

图 9-8 所示为一匹斑马、草地。使用 K-均值算法对图像进行分割，将图像分割为合适的背景区域（草地）和前景区域（斑马）。

图 9 - 7　K-均值算法应用于图像分割前后

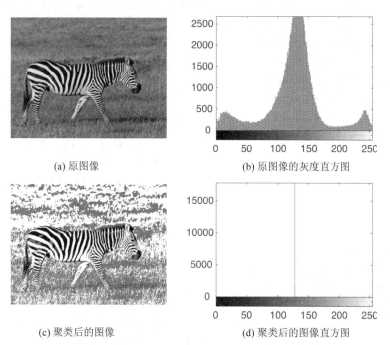

(a) 原图像

(b) 原图像的灰度直方图

(c) 聚类后的图像

(d) 聚类后的图像直方图

图 9 - 8　K-均值算法应用于图像分割前后(聚类中心个数为 3，最大迭代次数为 10)

相应程序如下：

```
RGB= imread ('zebra.jpg')；%读入图像
img＝rgb2gray(RGB)；
[m, n]＝size(img)；
subplot(2, 2, 1)，imshow(img)；title('图一 原图像')
subplot(2, 2, 2)，imhist(img)；title('图二 原图像的灰度直方图')
hold off；
img＝double(img)；
for i＝1:10
```

```
c1(1)=25；
c2(1)=125；
c3(1)=200；%选择三个初始聚类中心
r=abs(img-c1(i))；
g=abs(img-c2(i))；
b=abs(img-c3(i))；%计算各像素灰度与聚类中心的距离
r_g=r-g；
g_b=g-b；
r_b=r-b；
n_r=find(r_g<=0&r_b<=0)；%寻找最小的聚类中心
n_g=find(r_g>0&g_b<=0)；%寻找中间的一个聚类中心
n_b=find(g_b>0&r_b>0)；%寻找最大的聚类中心
i=i+1；
c1(i)=sum(img(n_r))/length(n_r)；%将所有低灰度求和取平均，作为下一个低灰度中心
c2(i)=sum(img(n_g))/length(n_g)；%将所有低灰度求和取平均，作为下一个中间灰度中心
c3(i)=sum(img(n_b))/length(n_b)；%将所有低灰度求和取平均，作为下一个高灰度中心
d1(i)=abs(c1(i)-c1(i-1))；
d2(i)=abs(c2(i)-c2(i-1))；
d3(i)=abs(c3(i)-c3(i-1))；
if d1(i)<=0.001&&d2(i)<=0.001&&d3(i)<=0.001
    R=c1(i)；G=c2(i)；B=c3(i)；
    k=i；
    break；
    end
end
img=uint8(img)；
img(find(img<R))=0；
img(find(img>R&img<G))=128；
img(find(img>G))=255；
toc
subplot(2，2，3)，imshow(img)；title('图三 聚类后的图像')
subplot(2，2，4)，imhist(img)；title('图四 聚类后的图像直方图')
```

本 章 小 结

聚类分析是无监督学习中一项重要的研究课题，本章主要讲述了聚类分析的背景、定义及其基本分类方法，重点阐述了聚类分析的过程、K-均值算法的原理与过程、K-均值算法的优缺点及其在图像中的应用。本章回答了如下几个问题：

（1）为什么要进行聚类分析？

数据无标签。

（2）聚类分析的基本过程是什么？

四大过程：数据预处理、相似度度量、聚类策略的选择、聚类结果评估。

（3）K-均值聚类算法的流程是什么？

三大过程：中心初始化、数据对象分组、重新计算中心。

（4）K-均值算法的优缺点是什么？

优点：速度快；

缺点：准确性有待提高、噪声敏感、对聚类形状有要求。

（5）K-均值算法如何拓展，有哪些应用？

多种方式拓展，应用于图像、医学、天文等。

传统的聚类算法已经比较成功地解决了低维数据的聚类问题。但是由于实际应用中数据的复杂性，在处理许多问题时，现有的算法经常失效，特别是对于高维数据和大型数据的情况。因为传统的聚类方法在高维数据集中进行聚类时，主要遇到两个问题：① 高维数据集中存在大量无关的属性，使得在所有维中存在簇的可能性几乎为零；② 高维空间中数据的分布较低维空间中数据的分布要稀疏，其中数据间距离几乎相等是普遍现象，而传统的聚类方法是基于距离进行聚类的，因此在高维空间中无法基于距离来构建簇。

高维聚类分析已成为聚类分析的一个重要研究方向。同时，高维数据聚类也是聚类技术的难点。随着技术的进步，数据收集变得越来越容易，导致数据库规模越来越大、复杂性越来越高，如各种类型的贸易交易数据、Web 文档、基因表达数据等，它们的维度（属性）通常可以达到成百上千维，甚至更高。但是受"维度效应"的影响，许多在低维数据空间表现良好的聚类方法运用在高维空间上往往无法获得好的聚类效果。高维数据聚类分析是聚类分析中一个非常活跃的领域，同时它也是一个具有挑战性的工作。高维数据聚类分析在市场分析、信息安全、金融、娱乐、反恐等方面都有很广泛的应用。

习　　题

1. 考虑一个数据集包含 2^{20} 个数据向量，其中的每个向量具有 32 个组件，并且每个组件都是 4 字节值。假设向量量化用于压缩，并且使用 2^{16} 个原型向量。那么压缩前后该数据集各需要多少字节的存储空间，压缩率是多少？

2. 试编程实现 K-均值聚类算法。设计多种不同的 k 值及初始化中心点，探讨如何初始化中心点以有利于取得好的聚类结果？

3. 给定 k 个等大小的簇，随机选取的初始质心来自一个给定的簇的概率是 $1/k$，但是每个簇恰好包含一个初始质心的概率很低（应当清楚，每个簇一个初始质心对于 K-均值是一个很好的开端）。一般来说，如果有 k 个簇，而每个簇有 n 个点，则在一个大小为 k 的样本中，由每个簇选取一个初始质心的概率 p 由下式给出（假定采用有放回抽样）：

$$p = \frac{\text{从每个簇选取一个质心的选法}}{\text{选取 }k\text{ 个质心的选法}} = \frac{k!n^k}{(kn)^k} = \frac{k!}{k^k}$$

例如，由该公式我们可以计算 4 个簇中每个簇具有一个初始质心的可能性是 $4!/4^4 = 0.0938$。

（1）对于 2 和 100 之间的 k 值，绘制从每个簇得到一个点的概率。

（2）对于 k 个簇，$k=10$、100 和 1000，找出大小为 $2k$ 的样本至少包含来自每个簇中的一个点的概率（可以使用数学方法或统计估计确定答案）。

4. 文档簇可以通过发现簇中文档的最高项(词)概括。例如,通过取最频繁的 k 分项(其中, k 是常数),或者通过取出现频率超过指定阈值的所有项来概括。假定使用 K-均值来发现文档数据集中文档的簇和词的簇。

(1) 文档簇中的最高项定义的项簇的集合与使用 K-均值对项聚类找到的词簇有何不同?

(2) 如何使用项聚类来定义文档簇?

5. 动手实现基于 K-均值算法及其图像分割。

参 考 文 献

[1] ALOISE D, DESHPANDE A, HANSEN P, et al. NP-hardness of Euclidean sum-of-squares clustering[J]. Mach learn, 2009, 75(2): 245-248.

[2] JAIN A K, MURTY M N, FLYNN P J. Data clustering: a review[J]. Acm computing surveys, 1999, 31(3): 264-323.

[3] XU R, II D C W. Survey of clustering algorithms[J]. IEEE transactions on neural networks, 2005, 16(3): 645-678.

[4] KAUFMAN L, ROUSSEEUW P J. Finding groups in data: an introduction to cluster analysis[J]. New York: DBLP, 1990.

[5] DEZA M, DEZA E. Encyclopedia of distance[M]. Berlin: Springer, 2009.

第10章　聚类分析Ⅱ：分层聚类与密度聚类

第 9 章描述的 K-均值算法存在噪声敏感、算法随机性大、算法准确性相对较低等问题，因此有必要设计更有效的聚类算法对复杂数据进行聚类分析。本章将阐述分层聚类算法与基于密度的聚类算法（DBSCAN，Density-Based Spatial Clustering of Applications with Noise），所涉及的关键问题包括如何构建分层树、如何计算数据对象之间的相关性、如何利用密度对非凸数据进行聚类，以及如何对聚类结构进行评价等。

10.1　引　　言

聚类分析是将物理或抽象对象的集合分组为由类似的对象组成的多个类的分析过程，它是一种重要的人类行为，已在数学、计算机科学、统计、生物和经济等不同领域进行了广泛的应用。

聚类分析的优点：

（1）简单、直观；

（2）主要应用于探索性的研究，其结果可以提供多个可能的解，选择最终的解需要研究者的主观判断和后续分析；

（3）不管实际数据中是否真正存在不同的类别，利用聚类分析都能得到分成若干类别的解；

（4）聚类分析的解完全依赖于研究者所选择的聚类变量，增加或删除一些变量对最终的解都可能产生实质性的影响。

聚类分析的缺点：

（1）不能自动发现分成多少个类——属于无监督分析方法；

（2）期望能很清楚地找到大致相等的类或细分是不现实的；

（3）对样本聚类时，变量之间的关系需要研究者决定；

（4）不会自动给出一个最佳的聚类结果。

问题 1：K-均值算法有哪些典型的缺陷？是否存在有效的解决方法？

提示：噪声敏感、非凸结构，如第 9 章表 9-3 所示。

本章阐述的分层聚类与基于密度的算法可以克服 K-均值算法的缺陷，其中分层聚类主要解决初始值选择与敏感性高的问题，而密度聚类主要解决非凸结构的问题，如表 10-1 所示。

表 10 - 1 K-均值算法的缺点与改进方法

K-均值算法的缺陷	改进方法
必须事先给出 k（要生成的簇的数目），而且对初值敏感。不同的初值，可能会导致不同的结果	分层聚类
对"噪声"和孤立点数据是敏感的，少量的该类数据能够对平均值产生极大的影响	
对簇的结构有要求，当簇的结构非凸时，算法结果很差	密度聚类

10.2 分 层 聚 类

分层聚类（或层次聚类）输出层次结构，这种结构比 K-均值聚类返回的非结构化聚类集更具信息性。此外，分层聚类不需要预先指定聚类的数量，同时分层算法是确定性的。这些优势都是 K-均值算法所不具备的。与 K-均值算法和 EM 算法（Expectation-Maximization algorithm，最大期望算法）的线性复杂度相比，最常见的层次聚类算法具有至少 $O(N^2)$ 的复杂度，也就是说，分层聚类的这些优点以降低效率为代价。

一般来说，当考虑聚类效率时，我们选择 K-均值算法等平面聚类算法，当这些算法的输出结果（不包含结构化，预定数量的聚类，非确定性）成为关注点时，我们选择分层聚类。此外，许多研究人员认为，层次聚类比平面聚类能产生更好的聚类。分层聚类假设类别之间存在层次结构，将样本聚到层次化的类中。分层聚类试图在不同层次对数据进行划分，从而形成树形的聚类结构。数据集的划分可采用"自底向上"的聚合策略，也可以采用"自顶向下"的分拆策略。

10.2.1 算法流程

分层聚类法首先将每个数据对象看成一个类，计算类之间的距离（如何计算类之间的距离将在 10.2.2 节中进行详细描述），每次将距离最近的数据对象合并成一个类。然后，计算类与类之间的距离，将距离最近的类归并为一个大类。不停地合并，直到合成一个类，如图 10 - 1 所示，每次归并两个点，直到所有的数据点都隶属于一个组。

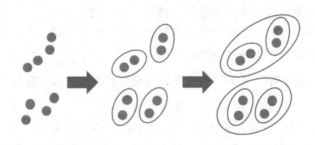

图 10 - 1 分层聚类通过不断归并（划分）数据进行聚类

分层聚类法基本上有两种：聚集法和分割法。聚集法首先将所有的研究对象都各自算作一类，将最"靠近"的类首先进行聚类，再将这个类和其他类中最"靠近"类的结合，这样继续合并直至所有对象都综合成一类或满足某个给定阈值条件为止。分割法正好相反，它首先将所有对象看成一大类，然后分割成两类，使一类中的对象尽可能地"远离"另一类的对象，再将每一类继续这样分割下去，直至每个对象都自成一类或满足一个阈值条件为止。

下面分别给出聚集法和分裂法的算法。

算法 10.1　聚集法分层聚类算法

输入：样本集合 D，聚类数目或者某个条件

输出：聚类结果

1. 将样本集中所有的样本点都当作一个独立的类/簇
2. 计算两个类簇之间的距离，找到距离最小的两个类/簇 C_1 与 C_2
3. 合并类簇 C_1 与 C_2 为一个新的类/簇
4. 重复步骤 1～3，直到达到聚类的数目或者达到设定的条件

算法 10.2　分裂法分层聚类算法

输入：样本集合 D，聚类数目或者某个条件

输出：聚类结果

1. 将样本集中所有的样本点都当作一个类簇
2. 在同一个类簇（计为 c）中计算样本之间的距离，找出距离最远的两个样本 a、b
3. 将样本 a、b 分配到不同的类簇 C_1 与 C_2 中
4. 计算原类簇（c）中剩余的其他样本点和 a、b 的距离。若 $\mathrm{dist}(a)<\mathrm{dist}(b)$，则将样本点归到 C_1 中，否则归到 C_2 中。
5. 重复步骤 1～4，直到达到聚类的数目或者达到设定的条件

通常来说，基于聚合的分层聚类算法更加通用，也是本书介绍的重点，其关键技术是如何通过层次树结构将数据归并/划分过程记录下来，形成系统树（Dendrogram），如图 10-2 所示。可见，树状结构更加直观与清晰。

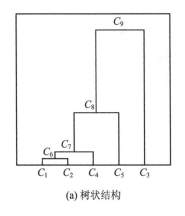

(a) 树状结构

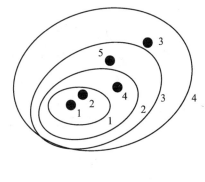

(b) 集合方式

图 10-2　系统树的两种形式

系统树的特点：树高与数据中对象数目一致，归并/划分先后顺序由子树高低区分，子树越低说明越早归并/划分。

10.2.2　集合距离计算

基于聚集法的分层聚类每次选择两个相似性最大的数据点或者数据点集合进行归并操作，因此，如何量化相似程度是分层聚类算法的关键问题。

问题 2：K-均值算法用数据对象之间的距离刻画相似性，分层聚类法用什么方法呢？

提示：K-均值算法用数据对象和中心之间的距离刻画其相似性，但是分层聚类法不仅需要计算节点之间的相似性，而且需要计算集合之间的相似性。节点之间的相似性利用 K-均值算法得到。

分层聚类的重点在于如何计算数据对象集合之间的相似性。给定两个集合 C_1 与 C_2，如何度量这两个集合之间的相似性？其难点在于如何定义集合之间的相似性，集合由数据对象构建，其相似性可基于数据相似性，如图 10-3 所示。

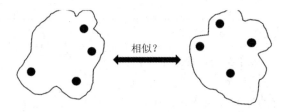

图 10-3　集合之间相似性的计算

定义集合之间的相似性的原则是：集合相似性基于集合中数据对象之间的相似性。因此，典型的集合相似性包括最近距离、最远距离、平均距离。

1. 最近距离

最近距离也称为单链距离（Single Linkage），其计算方法是将两个组合数据点中距离最近的两个数据点间的距离作为这两个组合数据点的距离，这种方法容易受到极端值的影响，两个非常相似的组合数据点可能由于其中的某个极端的数据点距离较近而组合在一起，如图 10-4 所示。

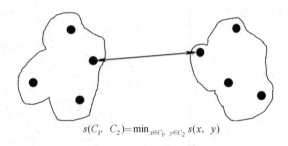

$$s(C_1, C_2) = \min_{x \in C_1, y \in C_2} s(x, y)$$

图 10-4　基于最近距离的集合相似性

2. 最远距离

最远距离也称为全链距离（Complete Linkage），其计算方法与最短距离的不同，它将两个组合数据点中距离最远的两个数据点间的距离作为这两个组合数据点的距离。最远距离的问题与最近距离的相反，两个不相似的组合数据点可能由于其中的极端值距离较远而无法组合在一起，如图 10-5 所示。

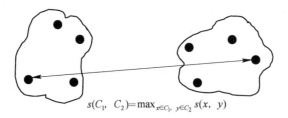

$$s(C_1,\ C_2)=\max_{x\in C_1,\ y\in C_2} s(x,\ y)$$

图 10-5　基于最远距离的集合相似性

3. 平均距离

平均距离（Average Linkage）的计算方法是计算两个组合数据点中的每个数据点与其他所有数据点的距离，将所有距离的均值作为两个组合数据点间的距离，如图 10-6 所示。这种方法的计算量比较大，但其结果比前两种方法的更合理。

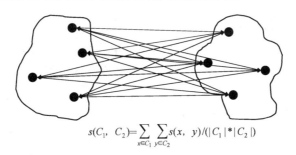

$$s(C_1,\ C_2)=\sum_{x\in C_1}\sum_{y\in C_2} s(x,\ y)/(|C_1|*|C_2|)$$

图 10-6　基于平均距离的集合相似性

问题 3：三种集合相似性计算的优缺点是什么？

提示：从定义、准确性、稳定性等方面进行分析。

（1）单链、全链方式的优势在于计算过程简单，缺点是不够稳定，仅利用了局部信息；

（2）平均距离方法的优势在于相对稳定，利用了集合中的全局信息，缺点是计算相对复杂。

现举例说明分层聚类法的操作过程。给定 5 个样本的集合，样本之间的欧氏距离由如下矩阵 $\boldsymbol{D}$ 表示，采用最小距离作为类间距离，并设定最终类别个数为 1，即将所有样本聚为一类作为终止条件。

$$\boldsymbol{D}=[d_{ij}]_{5\times5}=\begin{bmatrix} 0 & 1 & 10 & 2 & 3 \\ 1 & 0 & 6 & 4 & 5 \\ 10 & 6 & 0 & 8 & 7 \\ 2 & 4 & 8 & 0 & 6 \\ 3 & 5 & 7 & 6 & 0 \end{bmatrix}$$

式中：d_{ij} 表示第 i 个样本与第 j 个样本之间的欧氏距离。$\boldsymbol{D}$ 显然是一个对称矩阵，应用聚合层次聚类法对这 5 个样本进行聚类。

解　（1）首先用 5 个样本构建 5 个类，$C_i=\{x_i\}$，$i=1,2,\cdots,5$。样本之间的聚类也就相应地变为类之间的聚类，即 $\boldsymbol{D}$ 也是这 5 个类之间的距离。

（2）由矩阵 D 可以看出，$d_{12}=d_{21}=1$ 最小，所以将 C_1 和 C_2 合并为一个新类，记为 $C_6=\{x_1,x_2\}$。

（3）计算 C_6 与 C_3、C_4、C_5 之间的最短距离，有

$$d_{63}=d_{36}=6,\ d_{64}=d_{46}=2,\ d_{65}=d_{56}=3$$

又由于其余三类中两类之间的距离为

$$d_{34}=d_{43}=8,\ d_{35}=d_{53}=7,\ d_{45}=d_{54}=6$$

显然，$d_{64}=d_{46}=2$ 最小，所以将 C_4 和 C_6 合并为一个新类，记为 $C_7=\{x_1,x_2,x_4\}$。

（4）计算 C_7 与 C_3、C_5 之间的最短距离，有

$$d_{73}=d_{37}=6,\ d_{75}=d_{57}=3$$

C_3 与 C_5 之间的距离为

$$d_{35}=d_{53}=7$$

显然，$d_{75}=d_{57}=3$ 最小，所以将 C_5 和 C_7 合并为一个新类，记为 $C_8=\{x_1,x_2,x_4,x_5\}$。

（5）将 C_8 和 C_3 合并为一个新类，记为 $C_9=\{x_1,x_2,x_3,x_4,x_5\}$，即将全部样本聚为一类，聚类终止。

问题 4：相较于 K-均值算法，分层聚类法的优势是什么？

提示：从噪声、准确性、稳定性等方面进行分析，如表 10-2 所示。

表 10-2　K-均值算法与分层聚类法的对比

	K-均值算法	分层聚类法
噪声敏感性	敏感性高	敏感性低
聚类数确定	事先必须给出	不需要
时间复杂度	$O(NKl)$	$O(N^2)$
凸形聚类	不能解决	不能解决

通过对比可知：

① 分层聚类法可以有效解决噪声、聚类数等问题。

② 分层聚类法的时间复杂度高。具体来说，K-均值算法的时间复杂度接近线性，而分层聚类法的时间复杂度是二次方。

③ K-均值算法与分层聚类法都不能对非凸聚类进行准确的分析。

10.3　分层聚类的实现

这里我们选用 SPSS 数据管理软件实现分层聚类，选用的数据集为一组有关 12 盎司啤酒成分和价格的数据，变量包括 name（啤酒名称）、calories（热量卡路里）、sodium（钠含量）、alcohol（酒精含量）以及 cost（价格）。其具体步骤如下：

（1）将数据导入软件中，如图 10-7 所示。

（2）依次单击 Analyze→Classify→Hierarchical Cluster... 选项，打开分层聚类对话框，如图 10-8 所示。

	name	calories	sodium	alcohol	cost
1	Budweiser	144	15	4.7	.43
2	Schlitz	151	19	4.9	.43
3	Lowenbrau	157	15	.9	.48
4	Kronenbourg	170	7	5.2	.73
5	Heineken	152	11	5.0	.77
6	Old_Milwaukee	145	23	4.6	.28
7	Augsberger	175	24	5.5	.40
8	Srohs_Bohemian_Style	149	27	4.7	.42
9	Miller_Lite	99	10	4.3	.43
10	Budweiser_Light	113	8	3.7	.40
11	Coors	140	18	4.6	.44
12	Coors_Light	102	15	4.1	.46
13	Michelob_Light	135	11	4.2	.50
14	Becks	150	19	4.7	.76
15	Kirin	149	6	5.0	.79
16	Pabst_Extra_Light	68	15	2.3	.38
17	Hamms	139	19	4.4	.43
18	Heilemans_Old_Style	144	24	4.9	.43
19	Olympia_Goled_Light	72	6	2.9	.46
20	Schlitz_Light	97	7	4.2	.47

图 10 - 7　将数据导入软件中

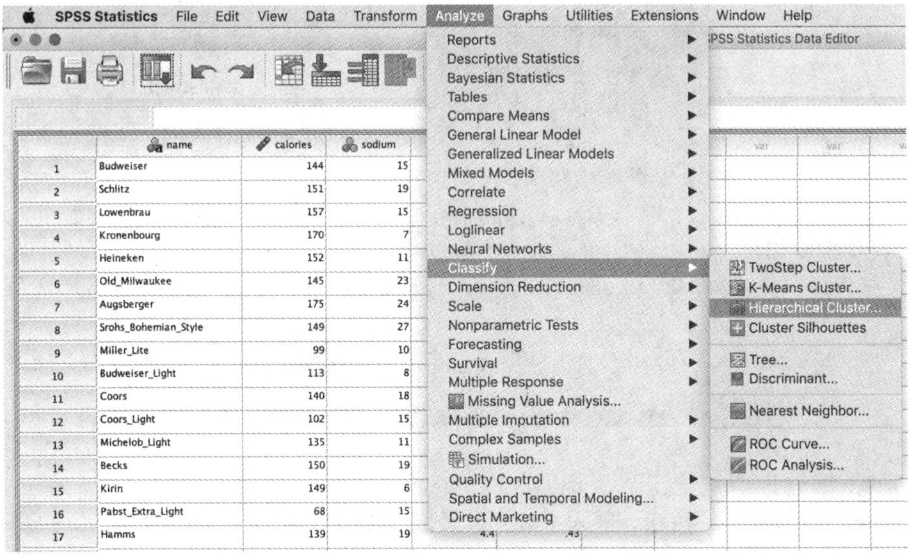

图 10 - 8　打开分层聚类对话框

（3）在"Hierarchical Cluster Analysis"对话框中，将用于聚类的变量 calories、sodium、alcohol、cost 放入"Variables"文本框中；将"name"放入 Label Cases by 标签中，使得每一条数据用 name 的值命名；在"Cluster"一栏中选择"Cases"对样本进行聚类，即对啤酒进行聚类；在"Display"一栏中选择需要展示的输出结果，如图 10 - 9 所示。

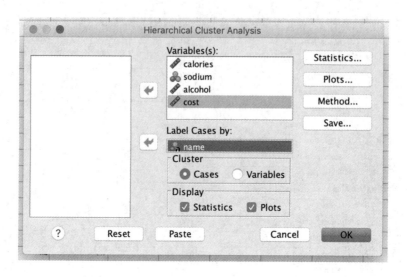

图 10-9　设置各项参数

（4）单击"Statistics..."按钮，进入 Statistics 对话框，选择要求输出的统计量，选中"Agglomeration schedule"复选框，显示聚类过程中每一步合并的类或观测量，如图 10-10 所示。然后单击"Continue"按钮，返回"Hierarchical Cluster Analysis"对话框。

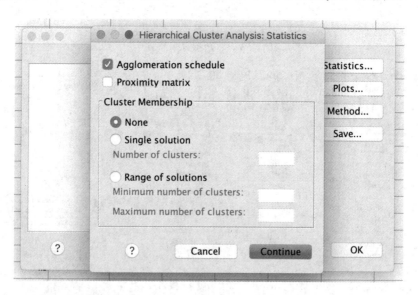

图 10-10　Statics 对话框

（5）单击"Plots..."按钮，进入 Plots 对话框，选中"Dendrogram"复选框，选择输出树状图，如图 10-11 所示。然后单击"Continue"按钮，返回"Hierarchical Cluster Analysis"对话框。

（6）单击"Method..."，按钮进入 Method 对话框确定聚类方法，单击"Cluster Method"下拉列表框中的下箭头按钮，展开方法选择菜单，选择"Between-groups linkage"组间连接选项，即类平均法；点击"Measure"文本框内"Interval"下拉列表框中的下箭头按钮，展开距离测度选择菜单，选择决定是否合并两类的距离测度，这里选择"Squared

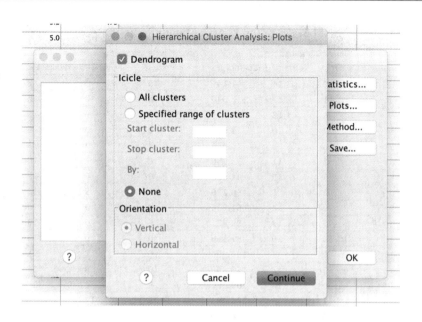

图 10 - 11　Plots 对话框

Euclidean distance"选项，即欧氏距离平方，如图 10 - 12 所示。然后单击"Continue"按钮返回"Hierarchical Cluster Analysis"对话框。

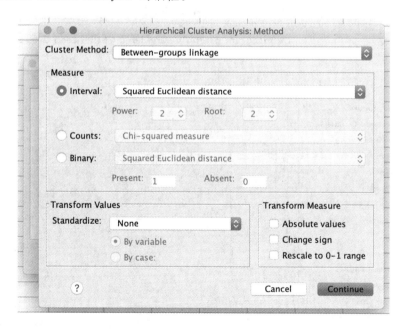

图 10 - 12　Method 对话框

（7）单击"OK"按钮，得到层次聚类聚集状态图和表示层次聚类过程的树状图，如图 10 - 13、图 10 - 14 所示。

在图 10 - 13 中，"Cluster Combined"（"Cluster 1"和"Cluster 2"列）是聚类这一步中被合并的两类中的观测量号，"Coefficients"表示不相似性系数。由于选择了欧氏距离平方作

Agglomeration Schedule

| Stage | Cluster Combined | | Coefficients | Stage Cluster First Appears | | Next Stage |
	Cluster 1	Cluster 2		Cluster 1	Cluster 2	
1	2	14	1.149	0	0	8
2	11	17	2.040	0	0	6
3	6	18	2.113	0	0	5
4	9	20	13.012	0	0	9
5	6	8	33.035	3	0	8
6	1	11	33.050	0	2	10
7	5	15	34.000	0	0	12
8	2	6	60.276	1	5	13
9	9	12	61.526	4	0	14
10	1	13	83.821	6	0	13
11	16	19	97.366	0	0	18
12	3	5	109.900	0	7	15
13	1	2	150.409	10	8	15
14	9	10	209.260	9	0	18
15	1	3	225.901	13	12	17
16	4	7	314.199	0	0	17
17	1	4	841.833	15	16	19
18	9	16	1147.070	14	11	19
19	1	9	3866.046	17	18	0

图 10 - 13 层次聚类聚集状态图

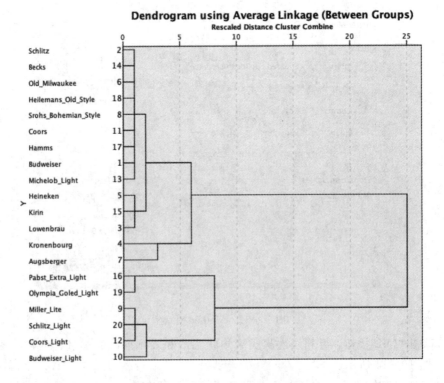

图 10 - 14 层次聚类过程的树状图

为距离测度，因此从图 10 - 13 中可以看出，数值较小的两项（两个观测量、两类或观测量与一类）比数值较大的两项先合并。"Stage Cluster First Appears"表示合并的两项第一次出现的聚类步序号。其中，"Cluster 1"和"Cluster 2"的值均为 0，表示是两个观测量的合并；有一个为 0，表示是观测量与类的合并；两个值均为非 0 值，表示是两个类的合并。如第 3 步表示两个观测量 6 和 18 的合并，第 5 步表示观测量 8 与第 3 步合并结果的合并，第 8 步表示第 1 步合并结果与第 5 步合并结果的合并。"Next Stage"表示当前步合并的结果在下一步合并时出现的步序号。图 10 - 14 是表示层次聚类过程的树状图，图上方的数字是按距离比例进行重新标定的结果。可以看出，将 20 种啤酒分为 2～4 类时，类间距离比较大，类间区别明显，说明各类的特点比较突出，对各类啤酒更容易定义。

10.4　密度聚类

分层聚类可克服 K-均值算法的部分缺陷，但是 K-均值算法与分层聚类算法都不能有效解决的问题是：在非凸簇结构条件下，两类算法的效果不佳。

密度聚类又称"基于密度的聚类"，此类算法假设聚类结构能通过样本分布的紧密程度确定。通常情形下，密度聚类算法从样本密度的角度来考察样本之间的可连接性，并基于可连接样本不断扩展聚类簇以获得最终的聚类结果。DBSCAN（Density-Based Spatial Clustering of Applications with Noise）是一种著名的密度聚类算法，是 Martin Ester、Hans Peter Kriegel 等人于 1996 年提出的一种基于密度空间的数据聚类方法，是最常用的一种聚类方法。该算法将具有足够密度的区域作为距离中心，并不断生长该区域。该算法基于一个事实，即一个聚类可以由其中的任何核心对象唯一确定。该算法利用基于密度的聚类概念，即要求聚类空间中的一定区域内所包含对象（点或其他空间对象）的数目不小于某一给定阈值；能在具有噪声的空间数据库中发现任意形状的簇，可将密度足够大的相邻区域连接起来，能有效处理异常数据，主要用于对空间数据的聚类。

密度聚类算法的优点：

（1）聚类速度快，且能够有效处理噪声点和发现任意形状的空间聚类；

（2）与 K-均值算法相比，不需要输入需要划分的聚类个数；

（3）聚类簇的形状没有偏倚；

（4）可以在需要时输入过滤噪声的参数。

密度聚类算法的缺点：

（1）当数据量增大时，要求较大的内存支持，I/O 消耗也很大；

（2）当空间聚类的密度不均匀、聚类间距差相差很大时，聚类质量较差，因为这种情况下参数"MinPts"和"Eps"选取困难。

（3）算法聚类效果依赖于距离公式的选取，实际应用中常用欧氏距离；对于高维数据，存在"维数灾难"。

10.4.1　类密度

DBSCAN 算法基于一组"邻域"参数（ε，MinPts）来刻画样本分布的紧密程度，对数据点进行分类，包括核心点、边界点、噪声点。给定数据集 $D = \{x_1, x_2, \cdots, x_n\}$，定义如下：

（1）Eps 邻域：给定对象半径 Eps 内的邻域，称为该对象的 Eps 邻域，即对 $x_j \in D$，其 Eps 邻域包含样本集 D 中与 x_j 的距离不大于 ε 的样本，即 $N_\varepsilon(x_j) = \{x_i \varepsilon D \mid \mathrm{dist}(x_i, x_j) \leqslant \varepsilon\}$；

（2）核心点（Core Point）：如果某个数据对象的 Eps 邻域至少包含最小数目 MinPts 的对象，则称该对象为核心对象，即若 $|N_\varepsilon(x_j)| \geqslant$ MinPts，则 x_j 是一个核心对象；

（3）边界点（Edge Point）：不是核心点，它落在某个核心点的 Eps 邻域内，其 Eps 邻域内包含对象的数量小于 MinPts，即若 x_i 位于 x_j 的 Eps 邻域中，x_j 是核心点，$|N_\varepsilon(x_i)| <$ MinPts，则 x_i 为边界点；

（4）噪声点（Outlier Point）：既不是核心点，也不是边界点的任何点。

数据点分类如图 10-15 所示，数据点的分类取决于参数 MinPts 和 Eps。

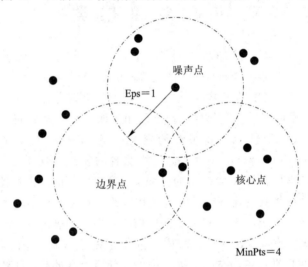

图 10-15　DBSCAN 算法数据点分类情况示意图

那么，不同类型的数据对象之间的关系是什么？DBSCAN 算法对数据对象之间的关系进行定义，包括直接密度可达、密度可达、密度相连。对于数据集 $D = \{x_1, x_2, \cdots, x_n\}$，有：

（1）直接密度可达（Directly Density-reachable）：若 x_i 位于 x_j 的 Eps 邻域内，且 x_j 是核心对象，则称 x_i 由 x_j 直接密度可达；

（2）密度可达（Density-reachable）：对 x_i 与 x_j，若存在样本序列 $p_1, p_2, \cdots, p_n$，其中 $p_1 = x_i$，$p_n = x_j$，且 p_{i+1} 由 p_i 直接密度可达，则称 x_j 由 x_i 密度可达；

（3）密度相连（Density-connected）：对 x_i 与 x_j，若存在 x_k 使得 x_i 与 x_j 均由 x_k 密度可达，则称 x_i 与 x_j 密度相连。

这三种定义的数据对象间的关系如图 10-16 所示。

Eps 用一个相应的半径表示，如 MinPts=4，在有标记的各点中，A、B、D 和 E 的 Eps 邻域内包含至少 4 个点，因此它们都是核心点。B 和 D 由 A 直接密度可达，C 和 E 由 A 密度可达，C 和 F 密度相连，其余类似关系不再赘述。值得注意的是：数据之间的关系取决于两大因素，即数据对象的性质和相邻数据对象。

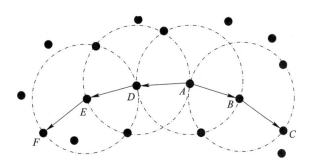

图 10 - 16　DBSCAN 算法数据对象之间的关系示意图

10.4.2　算法过程

DBSCAN 算法描述如下：

算法 10.3　DBSCAN

输入：样本集合 D，聚类数目或者某个条件

输出：聚类结果

1. DBSCAN 通过检查数据集中每个点的 Eps 邻域来搜索簇，如果点 p 的 Eps 邻域包含的点多于 MinPts 个，则创建一个以 p 为核心对象的簇

2. 迭代地聚集从这些核心对象直接密度可达的对象，这个过程可能涉及一些密度可达簇的合并

3. 当没有新的点添加到任何簇时，该过程结束

现从时间复杂度、空间复杂度、参数设置三方面对 DBSCAN 算法进行分析。

1. 时间复杂度

DBSCAN 的基本时间复杂度是 $O(N^* $ 找出 Eps 邻域中的点所需的时间)，N 是点的个数。在低维空间数据中最坏情况下，时间复杂度是 $O(N^2)$。在低维空间数据中，有一些数据结构如 KD 树(K-Dimensional Tree)，使得可以有效检索特定点给定距离内的所有点，时间复杂度可以降低到 $O(N\lg N)$。

2. 空间复杂度

在低维和高维数据中，其空间复杂度都是 $O(N)$，对于每个点，DBSCAN 只需要维持少量数据，即簇标号和每个点的标识(核心点或边界点，或噪声点)。

3. 参数设置

DBSCAN 共包括 3 个输入数据：① 数据集 D；② 邻域半径 Eps；③ 给定点在邻域内成为核心对象的最小邻域点数 MinPts。其中，Eps 和 MinPts 要根据具体应用人为设定。若参数设置得过小，大部分数据不能聚类；若参数设置过大，多个簇和大部分对象会归并到同一个簇中。基本方法是观察点到其 k 个最近邻距离(K-距离)的特性。K-距离的定义在 DBSCAN 算法原文中给出了详细的解说，对于某个 k，对数据中的每个点，计算其对应的第 k 个最近邻距离，并按递增次序将它们排序，然后绘制排序后的值，称这幅图为排序的

K-距离图，选择该图中第一个谷值点位置对应的 K-距离值设定为 Eps，一般将 k 值设为 4。如果我们选取该距离为 Eps 参数，而取 k 的值为 MinPts 参数，则 K-距离小于 Eps 的点将被标记为核心点，其余点则为边界点或噪声点。

例如，选择与图 9-5 中相同的数据集，采用 DBSCAN 算法对数据点进行聚类。取 $k=4$，可得到如图 10-17 所示的结果。

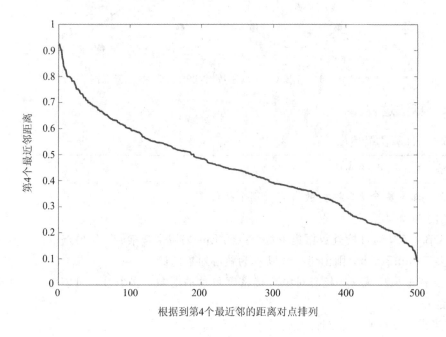

图 10-17　样本数据的 K-距离图

图 10-17 为样本数据的 K-距离图。由图可以看出，第一个谷值点位置对应的 K-距离值为 0.8，则设定参数 Eps 为 0.8，相应地，设置参数 MinPts 为 4。由图 10-18 可以看出，使用参数（Eps = 0.8，MinPts = 4），DBSCAN 算法可以得到很好的聚类结果，而采用参数（Eps = 0.5，MinPts = 4）和（Eps = 3，MinPts = 4）不能得到有效的聚类划分。可见，过小的 Eps 参数使得应属于同一聚类的数据被划分为多个聚类，过大的 Eps 参数使得所有数据被聚为一类。

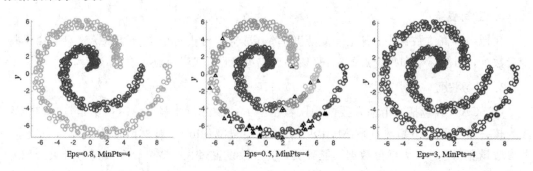

图 10-18　样本数据

10.5　聚类结果评估

聚类效果的好坏会直接影响聚类的效果。大体上，有两类指标用以衡量聚类效果的好坏，一类是外部聚类效果，另一类是内部聚类效果。聚类分析的目标是：簇内数据对象高度相似、簇间数据对象高度分离，即得到内紧外松的结构，如图 10-19 所示。

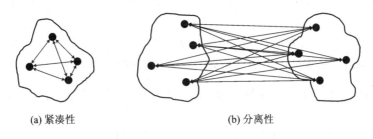

(a) 紧凑性　　　　　　　　　　　(b) 分离性

图 10-19　聚类分析的目标是得到内紧外松的结构

之所以要对聚类结果进行评估，是因为聚类是一种非常重要的无监督学习技术，它的任务是将目标样本分成若干个簇(Cluster)，并且保证每个簇之间的样本尽量地接近、不同簇的样本间距离尽量远。作为一个无监督学习任务，评价聚类后的效果是非常有必要的，否则聚类的结果将很难被应用。对于聚类结果，我们需通过某种性能度量来评估其好坏。此外，若明确了最终将要使用的性能度量，则可直接将其作为聚类过程的优化目标，从而更好地得到符合要求的聚类结果。

聚类性能度量大致分为两类，一类是将簇结果与某个参考模型进行比较，称为"外部指标"；另一类是直接考察聚类结果，而不利用任何参考模型，称为"内部指标"。

对数据集 $D = \{x_1, x_2, \cdots, x_n\}$，假定通过聚类给出的簇划分为 $C = \{C_1, C_2, \cdots, C_k\}$，参考模型给出的簇划分为 $C^* = \{C_1^*, C_2^*, \cdots, C_s^*\}$。相应地，令 τ 与 τ^* 分别表示与 C 和 C^* 对应的簇标记向量。我们将样本两两配对考虑，定义为

$$a = |SS|, \quad SS = \{(x_i, x_j) \mid \tau_i = \tau_j, \tau_i^* = \tau_j^*, i < j\}$$
$$b = |SD|, \quad SD = \{(x_i, x_j) \mid \tau_i = \tau_j, \tau_i^* \neq \tau_j^*, i < j\}$$
$$c = |DS|, \quad DS = \{(x_i, x_j) \mid \tau_i \neq \tau_j, \tau_i^* = \tau_j^*, i < j\}$$
$$d = |DD|, \quad DD = \{(x_i, x_j) \mid \tau_i \neq \tau_j, \tau_i^* \neq \tau_j^*, i < j\}$$

其中：集合 SS 包含了在 C 中隶属于相同簇且在 C^* 中也隶属于相同簇的样本对；集合 SD 包含了在 C 中隶属于相同簇但在 C^* 中隶属于不同簇的样本对；集合 DS 包含了在 C 中隶属于不同簇但在 C^* 中隶属于相同簇的样本对；集合 DD 包含了在 C 中隶属于不同簇且在 C^* 中也隶属于不同簇的样本对。由于每个样本对 $(x_i, x_j)(i<j)$ 仅能出现在一个集合中，因此有 $a+b+c+d=n(n-1)/2$ 成立。基于上式，可以导出下面这些常用的聚类性能度量的外部指标。

Jaccard 系数(Jaccard Coefficient，JC)，计算公式为

$$JC = \frac{a}{a+b+c}$$

FM 指数(Fowlkes and Mallows Index，FMI)，计算公式为

$$\text{FMI} = \sqrt{\frac{a}{a+b} \cdot \frac{a}{a+c}}$$

Rand 指数（Rand Index，RI），计算公式为

$$\text{RI} = \frac{2(a+d)}{n(n-1)}$$

显然，上述性能度量的结果值均在[0，1]区间，值越大越好。常用的聚类性能度量的外部指标还包括熵（Entropy）、纯度（Purity）、精度（Precision）、召回率（Recall）和 F 值（F-measure）。

（1）熵：每个簇由单个类的对象组成的程度。对于每个簇，首先计算数据的类分布，即对于簇 i，计算簇的成员属于类 j 的概率 $p_{ij} = n_{ij}/n_i$。其中，n_i 是簇 i 中对象的个数，n_{ij} 是簇 i 中类 j 的对象个数。使用类分布，用标准公式 $e_i = -\sum_{i=1}^{c} p_{ij}\, \text{lb}\, p_{ij}$ 计算每个簇 i 的熵，其中 c 是聚类个数。簇集合的总熵用每个簇的熵的加权和计算，即 $e = \sum_{i=1}^{k} \frac{n_i}{n} e_i$，其中 k 是簇的个数，n 是数据点的总数。

（2）纯度：簇包含单个类的对象的另一种度量方法。使用前面的术语，簇 i 的纯度是 $p_i = \max\limits_j p_{ij}$，而聚类的总纯度是 $\text{purity} = \sum_{i=1}^{k} \frac{n_i}{n} p_i$。

（3）精度：簇中一个特定类的对象所占的比例。簇 i 关于类 j 的精度是 $\text{precision}(i, j) = p_{ij}$。

（4）召回率：簇包含一个特定类的所有对象的程度。簇 i 关于类 j 的召回率是 $\text{recall}(i, j) = n_{ij}/n_j$，其中，$n_j$ 是簇 j 中对象的个数。

（5）F 值：精度和召回率的组合，度量在多大程度上，簇只包含一个特定类的对象和包含该类的所有对象。簇 i 关于类 j 的 F 值是 $F(i, j) = (2 \times \text{precision}(i, j) \times \text{recall}(i, j))/(\text{precision}(i, j) + \text{recall}(i, j))$。

考虑聚类结果的簇划分 $C = \{C_1, C_2, \cdots, C_k\}$，定义为

$$\text{avg}(C) = \frac{2}{|C|(|C|-1)} \sum_{1 \leqslant i < j \leqslant |C|} \text{dist}(x_i, x_j)$$
$$\text{diam}(C) = \max_{1 \leqslant i < j \leqslant |C|} \text{dist}(x_i, x_j)$$
$$d_{\min}(C_i, C_j) = \min_{x_i \in C_i,\, x_j \in C_j} \text{dist}(x_i, x_j)$$
$$d_{\text{cen}}(C_i, C_j) = \text{dist}(\mu_i, \mu_j)$$

式中：$\text{dist}(\cdot, \cdot)$ 用于计算两个样本之间的距离；μ 代表簇 C 的中心点 $\mu = \frac{1}{|C|} \sum_{1 \leqslant i \leqslant |C|} x_i$。显然，$\text{avg}(C)$ 对应于簇 C 内样本间的平均距离，$\text{diam}(C)$ 对应于簇 C 内样本间的最远距离，$d_{\min}(C_i, C_j)$ 对应于簇 C_i 与簇 C_j 最近样本间的聚类，$d_{\text{cen}}(C_i, C_j)$ 对应于簇 C_i 与簇 C_j 中心点间的聚类。基于上式，可以导出下面这些常用的聚类性能度量的内部指标。

• DB 指数（Davies-Bouldin Index，DBI），计算公式为

$$\text{DBI} = \frac{1}{k} \sum_{i=1}^{k} \max_{j \neq i} \left(\frac{\text{avg}(C_i) + \text{avg}(C_j)}{d_{\text{cen}}(C_i, C_j)} \right)$$

• Dunn 指数（Dunn Index，DI），计算公式为

$$\text{DI} = \max_{1 \leqslant i \leqslant k} \left\{ \min_{j \neq i} \left(\frac{d_{\min}(C_i, C_j)}{\max_{1 \leqslant l \leqslant k} \text{diam}(C_l)} \right) \right\}$$

显然，DBI 的值越小越好，DI 的值越大越好。

此外，根据簇的内部紧凑性、外部分离性，常见的聚类性能度量的内部指标还有 WSS（Within Sum of Squares）和 BSS（Between Sum of Squares），分别定义为

$$WSS = \sum_{i=1}^{k} \sum_{x \in C_i} (x - m_i)^2$$

$$BSS = \sum_{i=1}^{k} |C_i| (m - m_i)^2$$

式中：m_i 表示第 i 个聚类 C_i 的中心点；m 表示所有数据的中心点。WSS 越小，说明簇内内容相似性越高；BSS 越大，说明簇间内容相似性越低。因此，最小化 WSS、最大化 BSS，也是常用的聚类性能度量的内部指标。

10.6　聚类算法对比

到目前为止，我们讲述了 K-均值算法、层次聚类、DBSCAN 算法这三个聚类算法，每个算法都有其自身的优点和缺陷，本节将对这三个算法进行对比。

10.6.1　K-均值算法

K-均值算法的原理可简单理解为：假设有一堆散点需要聚类，想要的聚类效果就是"类内的点都足够近，类间的点都足够远"。首先要确定这堆散点最后聚成几类，然后挑选几个点作为初始中心点，再依据启发式算法（Heuristic Algorithms）给数据点做迭代重置（Iterative Relocation），直到最后达到"类内的点都足够近，类间的点都足够远"的目标。

Partition-based Methods 聚类多适用于中等体量的数据集，可以将"中等"理解为数据集越大，越有可能陷入局部最小。其优、缺点如下：

优点：

（1）简单，易于理解和实现；

（2）时间复杂度低。

缺点：

（1）需要手工输入类数目，对初始值的设置很敏感，所以有了 K-means＋＋、intelligent K-means、genetic K-means 算法；

（2）对噪声和离群值非常敏感，所以有了 K-medoids 和 K-medians 算法；

（3）只适用于数值类型数据，不适用于分类类型数据，所以有了 K-modes 算法；

（4）不能解决非凸（Non-convex）数据，所以有了核 K-means 算法；

（5）主要发现圆形或者球形簇，不能识别非球形的簇。

10.6.2　分层聚类

分层聚类算法先计算样本之间的距离，每次将距离最近的点合并到同一个类；然后计算类与类之间的距离，将距离最近的类合并为一个大类；不停地合并，直到合成了一个类。其优、缺点如下：

优点：

（1）距离和规则的相似度容易定义，限制少；

（2）不需要预先制订聚类数；

（3）可以发现类的层次关系；

（4）可以聚类成其他形状。

缺点：

（1）计算复杂度太高；

（2）奇异值对聚类也能产生很大的影响；

（3）算法很可能聚类成链状。

10.6.3　DBSCAN 算法

DBSCAN 算法基于密度，对于集中区域效果较好。为了发现任意形状的簇，该算法将簇看作数据空间中被低密度区域分割开的稠密对象区域，是一种基于高密度连通区域密度的聚类方法。该算法将具有足够高密度的区域划分为簇，并在具有噪声的空间数据中发现任意形状的簇。其优、缺点如下：

优点：

（1）与 K-均值算法相比，DBSCAN 不需要事先知道要形成的簇类的数量；

（2）与 K-均值算法相比，DBSCAN 可以发现任意形状的簇类；

（3）能够识别出噪声点；

（4）对于数据库中样本的顺序不敏感，即 Pattern 模式的输入顺序对结果的影响不大，但是对处于簇类之间的边界样本，可能会根据哪个簇类优先被探测到而其归属有所摆动。

缺点：

（1）不能很好地反映高尺寸数据；

（2）不能很好地反映数据集变化的密度；

（3）对于高维数据，点之间极为稀疏，密度很难定义。

本 章 小 结

聚类分析是无监督学习中的一项重要研究课题，本章主要讲述了针对 K-均值算法存在的各种问题，分析了与之相补充的分层聚类算法的原理与过程，进而介绍了基于密度的聚类算法，同时对比了各聚类算法的优、缺点，最后分析了聚类结果的评价。本章回答了如下几个问题：

（1）为什么要采用分层聚类与密度聚类？

K-均值算法存在噪声敏感、随机性的问题，且不能处理非凸聚类，因此采用层次聚类和密度聚类。

（2）什么是分层聚类，怎么实现？

分层聚类是创建一个层次以分解给定的数据集。该方法可以分为"自顶向下"和"自底向上"两种。分层聚类可通过构建分层树，然后切割来实现。

（3）集合间相似性如何刻画与计算？

集合间相似性可通过单链距离、全链距离和平均距离三种方法来刻画与计算。

（4）密度聚类算法的原理与过程是什么？

密度聚类是当样本点的密度大于某阈值时，则样本点添加到最近的簇中。使用密度聚类能够克服基于距离的算法只能发现"类圆形"聚类的缺点，可发现任意形状的聚类，且对噪声数据不敏感。

习　　题

1. 给定两个点集，每个点集包含 100 个落在单位正方形中的点。一个点集的安排，使得点在空间中均匀分布；另一个点集由单位正方形上的均匀分布产生。

（1）这两个点集之间有差别吗？

（2）如果有，对于 $k=10$ 个簇，哪一个点集通常具有较小的 WSS？

（3）DBSCAN 在均匀数据集上的行为如何？在随机数据集上的呢？

2. 计算表 10-3 的混淆矩阵的熵和纯度。

表 10-3　混淆矩阵

簇	娱乐	财经	国外	都市	国内	体育	合计
1	1	1	0	11	4	676	693
2	27	89	333	827	253	33	1562
3	326	465	8	105	16	29	949
合计	354	555	341	943	273	738	3204

3. 有时，层次聚类用来产生 k 个簇，$k > 1$。其方法是取树状图的第 k 层（根在第一层）的簇。通过观察这种方法产生的簇，我们可以评估不同数据和簇类型的层次聚类行为，并且将层次聚类与 K-均值进行比较。下面是一维点的集合：$\{6, 12, 18, 24, 30, 42, 48\}$。

（1）对于下列每组初始质心，将每个点指派到最近的质心，创建两个簇，然后对两个簇的每组质心分别计算总平方误差。对下列每组质心，这两个簇和总平方误差是多少？

- $\{18, 45\}$；
- $\{15, 40\}$。

（2）两组质心代表稳定解吗？也就是说，如果在该数据集上，使用给定的质心作为初始质心运行 K-均值，所产生的簇会有改变吗？

（3）单链产生的簇是什么？

（4）在此情况下，哪种技术（K-均值矩阵或单链）能够产生"最自然的"簇？（对于 K-均值，用最小平方误差产生聚类）。

（5）这个自然聚类对应于哪种（些）簇定义？（明显分离的、就要中心的、基于近邻的或基于密度的）。

（6）K-均值算法的哪个著名特性解释了前面的行为？

4. 我们可以将一个数据集表示成对象节点的集合和属性节点的结合，其中每个对象与每个属性之间有一条边，该边的权值是对象在该属性上的值。对于稀疏数据，如果权值为 0，则忽略该边。双划分聚类（Bipartite）试图将该图划分成不相交的簇，其中每个簇由一个对象节点集和一个属性节点集组成。该聚类的目标是最大化簇中对象节点和属性节点之间的边的权值，并且最小化不同簇的对象节点和属性节点之间的边的权值。这种聚类称作协同聚类(Co-clustering)，因为对象和属性同时聚类。

（1）双划分聚类(协同聚类)与对象集和属性集分布聚类有何不同？

（2）是否存在某些情况，使得(1)中这些方法产生相同的结果？

（3）与一般聚类相比，协同聚类的优点和缺点分别是什么？

参 考 文 献

[1] ESTER M, KRIEGEL H P, SANDER J, et al. A Density-Based Algorithm for Discovering Clusters in Large Spatial Databases with Noise[C]. In Proceedings of the 2nd International Conference on Knowledge Discovery and Data Mining, 1996, 226 - 231.

[2] MAULIK U, BANDYOPADHYAY S. Performance evaluation of some clustering algorithms and validity indices[J]. IEEE Transactions on Pattern Analysis & Machine Intelligence, 2002, 24(12): 1650 - 1654.

[3] XING E P, NG A Y, JORDAN M I, et al. Distance Metric Learning with Application to Clustering with Side-Information[C]. International Conference on Neural Information Processing Systems, 2002, 505 - 512.

[4] JAIN A K, DUBES R C. Algorithms for Clustering Data[M]. Upper Saddle River, NJ: Prentice Hall, 1988.

[5] MITCHELL T M. Machine learning[M]. New York: McGraw-Hill, 1997.

第 11 章　社交网络图聚类

前 10 章阐述了数据挖掘的数据预处理、分类、关联规则挖掘与聚类算法，所针对的数据都是非结构化数据。实际上，现实世界中许多复杂系统都是结构化的，而图已成为描述和分析复杂系统的有力工具，如何挖掘图数据对理解潜在复杂系统具有重要的指导意义。本章以社交网络为研究对象，研究社团结构挖掘问题（对应图聚类问题），包括背景介绍、社团结构刻画、社团结构挖掘算法、算法性能分析。

11.1　引　　言

复杂系统在自然界中广泛存在，而揭示复杂系统的统计结构特性、演化机制、整体行为与功能及它们之间的关联有着广泛的研究前景和巨大的应用价值。复杂网络理论兴起于20 世纪 90 年代末，以小世界和无标度特性的发现为开创性标志，已得到包括物理、数学、生物和计算机等学科领域专家和学者的密切关注，以至于著名的物理学家霍金预言"21 世纪是复杂性的时代"。

复杂网络是一种描述、分析复杂性系统的有力工具，很多现实系统皆可抽象成网络模型，其中节点对应系统中的实体，边对应实体间的关系。例如，蛋白质交互网络的节点对应蛋白质或基因，边代表蛋白质或基因间的调节关系；网的节点对应计算机或路由器等设备，边对应设备间的物理连接关系；网络的节点对应不同的页面，边对应页面间的链接关系等。网络模型使得研究人员能够广泛利用图论和统计物理等相关领域的知识研究网络的统计特性、演化机制和整体行为与功能。复杂网络分析与研究是一个极其重要的挑战性课题，甚至被称为"网络的新学科"。

随着研究人员对复杂网络的逐步深入，越来越多的复杂特性、演化机理与集体行为被揭示。例如，"六度握手原理"、临界值理论和传播动力学方程、相继故障模型等。尽管这些问题在内容和研究方法上大相径庭，但都隶属于复杂网络的研究范畴。更重要的是，越来越多的研究表明，看上去互不相关的网络之间存在着许多通用性质。近年来，日益增强的计算机处理能力和高容量存储设备使得高通量的网络数据收集与挖掘成为可能。例如，人与人之间通过手机、短信、网络等通信工具进行的交流，万维网上个人"博客"的引用和回复，科研论文检索数据库中论文引用关系等。这些原始数据蕴含着无穷的知识宝藏。复杂网络为挖掘高通量的海量图数据提供了一种新方法、新视野。

复杂网络研究正渗透到数理、生命、信息和工程应用等众多领域。以计算生物学为例，生物信息学是 20 世纪 80 年代末伴随着基因组研究而产生的一门极具挑战性的前沿学科。它以基因组序列信息分析为基础，寻找基因组序列中代表蛋白质和基因等功能元件的编码序列，解释并破译隐藏在序列中的遗传规律。在基因组研究初期，生物信息学主要集中在大规模基因组装与标注上，以便挖掘出新的基因与功能；进入后基因组时代，在各种高通量的测序技术的推动下，基因组学、转录组学、蛋白质组学、代谢组学迅速成为研究热点，而蛋白质交互、基因调控与生物代谢网络的涌现，则标志着生物信息学进入系统生物学的时代。对于这些极其复杂的交互作用网络的结构和动力学认识，已经成为 21 世纪生命科学的关键性研究课题与挑战之一。

尽管复杂网络备受关注，但对复杂网络尚无严格的定义。钱学森院士认为具有自组织、自相似、吸引子、小世界、无标度中部分或全部性质的网络可称为复杂网络，主要表现在以下方面：

（1）结构复杂性：网络规模巨大，同时网络连接结构随时间而改变。例如，科学家协作关系网络会随新论文的加入和旧论文的删除而发生变化。同时，节点之间的连接可能存在权重或方向。

（2）元素复杂性：网络节点可能具有混沌等非线性行为。例如，基因表达网络中的基因都具有复杂的时间演化行为；在基因调控网络中，连接的存在性与强弱取决于其他基因。而且，网络中可能存在许多不同类型的节点和连接，如代谢网络包含不同的基质和酶。

（3）相互作用复杂性：多重因素相互影响引发非线性集体行为并导致了网络的复杂性。例如，当研究复杂疾病的发病原理时，由于微效基因、遗传因素、环境因素的相互作用，导致了表型相似而机理完全不同的疾病。

这些因素都增加了研究的难度。下面简述复杂网络的发展史。

11.2　社　团　结　构

在 11.1 节背景的基础上，我们给出社团结构的概念以及社团检测算法。从图的观点看来，社团是网络的子图，其内部节点之间的连接相对紧密，但与社团外节点的连接相对稀疏。图 11-1 包含三个社团，分别对应图中三个大圈内的部分。这些社团内的连接相对紧密，而社团间的连接相对稀疏得多。

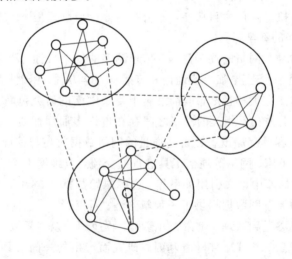

图 11-1　社团网络结构示意

社团检测起源于图划分问题（Graph Partitioning Problem）。该问题因具有重要的理论和实用价值而备受关注，最典型的应用是并行计算任务分配问题。与图划分问题不同的是，社团检测问题存在太多未知因素，包括社团数、节点的性质与功能等，这增加了社团检测问题的难度。另外，不同角色的社团网络定义社团的方式也不尽相同，如何提取特定网络中的特异性社团结构是社团检测的关键。

社团结构检测涉及三方面的研究内容：社团结构的量化标准问题，社团检测算法的设计与分析，社团检测的应用研究。本节主要从前两个方面分别讨论社团结构检测的相关工作。

11.2.1　社团度量标准

先简单介绍与复杂网络紧密相关的术语与概念。图 G 是由节点集 V 与边集 E 构成的二元组(V, E)。若边是无向的，则称为无向图；若图的每一条边都有方向，则图为有向图；若图所有边的权值都相同，则称为无权图，否则为加权图。简单图 G 规定一对节点之间最多只有一条边，通常研究的网络是简单图。图 G 是连通图，即当且仅当任何两个节点之间都有通路时可以互相到达，否则为不连通图。在无向图中，与节点相连的节点数称为节点 v_i 的度，记为 d_i。在有向图中，点的度分为入度和出度。出度是指从该节点指向其他节点的数目，入度是指从其他节点指向该节点的数目。对于两个图 $G_1 = (V_1, E_1)$ 和 $G_2 = (V_2, E_2)$，如果$V_1 \subseteq V_2$ 且 $E_1 \subseteq E_2$，则称 G_1 为 G_2 的子图。完全图（Complete Graph）K_n（n 是网络规模）是指任意两个节点间都存在边。通常采用矩阵来表示图：给定图 $G = (V, E)$，其邻接矩阵为 $\boldsymbol{A} = (A_{ij})_{n \times n}$，$n$ 为图的节点数，如果节点 v_i 和节点 d_i 之间有边相连，则 $A_{ij} = 1$，否则为 0。

社团结构检测通常用社团模块度函数 Q 来衡量，Q 的值越大，对应的社团结构越明显。详言之，给定网络 $G = (V, E)$，社团数 m，Q 函数定义为

$$Q = \sum_{i, j} \left(A_{ij} - \frac{d_i d_j}{2m} \right) \delta(c_i, c_j)$$

式中：c_i 表示节点 v_i 所属社团标记。函数 δ 定义为

$$\delta(c_i, c_j) = \begin{cases} 1, & \text{若 } c_i = c_j \\ 0, & \text{若 } c_i \neq c_j \end{cases}$$

研究表明，函数 Q 存在着严重的分辨极限问题，即优化 Q 能够检测出来的社团规模依赖于网络总边数，规模小于 $\sqrt{|E|/2}$ 的社团不能被检测出来。为了缓解函数 Q 所存在的分辨极限问题，有了模块密度函数 D。给定节点集的硬划分 $\{V_k\}_{k=1}^m$，D 定义为

$$D = \sum_{k=1}^m \left(\frac{L(V_k, V_k)}{|V_k|} - \frac{L(V_k, \bar{V}_k)}{|V_k|} \right)$$

式中：$L(V_k, V_k) = \sum_{v_i, v_j \in V_k} A_{ij}$，表示的是社团 k 内边数的两倍；$\bar{V}_k = V - V_k$；$L(V_k, \bar{V}_k)$ 表示的是连接社团 k 与其他社团边的数目。

11.2.2　社团检测算法

本小节简述主要的社团检测方法——基于拓扑相似性的社团结构检测算法。该算法的关键步骤是定义节点间的相似性，然后利用已有算法进行社团提取。其基本框架可定义为算法 11.1。

算法 11.1 社团检测算法框架

输入：

网络 G，节点集 V，边集 E

输出：

$\{V_i\}_{i=1}^m$：节点集 V 的硬划分

1. 构建节点（或者节点集合）间的相似矩阵
2. 采用分层聚类、谱聚类等方法提取社团结构
3. **返回**：$\{V\}_{i=1}^m$

其中，典型的相似性度量包括以下几种：

(1) 欧氏距离。给定节点对 (v_i, v_j)，该距离定义为

$$d(i, j) = \sqrt{\sum_{k \neq i, j} (A_{ik} - A_{jk})^2}$$

式中：A 是图的邻接矩阵。该标准的基本原理是两点之间公共邻居节点越多，两个节点的相似性越高。

(2) 邻域距离。节点 u 和 v 的邻域距离为

$$S(u, v) = \frac{|N(u) \bigcap N(v)|}{\min(d_u, d_v) + 1}$$

式中：$N(u)$ 为节点 u 的邻域节点集合；d_u 表示节点 u 的度。

此外，还有另外四个版本的邻域距离可供选择：

$$S(u, v) = \frac{|N(u) \bigcap N(v)|}{|N(u) \bigcup N(v)|}$$

$$S(u, v) = \frac{|N(u) \bigcap N(v)|}{\min(d_u, d_v)}$$

$$S(u, v) = \frac{|N_+(u) \bigcap N_+(v)|}{|N_+(u) \bigcup N_+(v)|}$$

$$S(u, v) = \frac{|N_+(u) \bigcap N_+(v)|}{\min(d_u, d_v)}$$

式中：$N_+(u) = u \bigcup N(u)$ 是节点 u 与其邻居节点集组成的。

(3) 聚类系数。边 (u, v) 的聚类系数为

$$C_{uv} = \frac{z_{uv}}{\max(d_u - 1, d_v - 1)}$$

式中：z_{uv} 为网络中实际包含该边的三角形的个数；$\max(d_u - 1, d_v - 1)$ 为包含该边的最大可能的三角形个数。

(4) 介数相似性。边 (u, v) 的最短路径介数为

$$C_{uv} = \frac{L_{uv}}{L_G}$$

式中：L_{uv} 为通过边 (u, v) 的最短路径的条数；L_G 为网络中所有最短路径的条数。但计算所有边的最短距离介数的时间复杂度相当高，通常为 $O(|E|^2|V|)$；此外，还包括流介数、随机游走介数等。时间复杂度高是介数方法的主要缺点，比如边的随机游走介数时间复杂度

为 $O((|E|+|V|)|V|^2)$。

此外,典型的提取社团结构的方法包括分层聚类、谱聚类,以及模块度优化方法。下面将阐述半监督非负矩阵分解算法(Semi-supervised Symmetric Nonnegative Matrix Factorization,SS-NMF)。

11.3 半监督学习

在模式识别与机器学习领域,传统的监督学习需要大量的样本数据来训练分类器。但现实存在样本过少的问题,使得训练后的学习算法在实际应用中不能得到满意的结果。无监督学习试图通过发现无标记数据中的隐含结构来构造分类器,但在处理海量数据时算法的精度很难得到保证。因此,综合利用少量有标记数据和大量无标记数据的半监督学习方法逐渐引起人们的关注,并成为新的研究热点。

半监督学习思想最早可追溯到 20 世纪五六十年代,而后产生了自学习或自训练方法。其利用有标记数据构造学习机并对部分无标记数据进行预测,再将无标记数据和对应的预测标记加入训练集中,重新对学习机进行训练以提高学习机的性能。按照学习任务的不同,半监督学习可分为半监督分类和半监督聚类。半监督分类利用大量无标记数据扩大分类算法的训练集,以弥补标记数据不足的缺点;半监督聚类则是利用少量的标记数据辅助聚类算法的实现,以提高聚类算法的精度。当少量标记数据不足以反映完整的聚类结构时,半监督分类方法无法取代半监督聚类方法完成学习任务。半监督聚类方法利用类别标记或约束关系来提高准确性。半监督学习方法广泛应用于不同领域,例如生物信息学、文本分类、图像处理等。

半监督聚类方法可分为以下几种:

(1)基于模型的方法:假定每个类都隐含一个模型,根据模型发现相应的数据对象。其优点是可通过构建数据点空间分布的密度函数来确定分类,同时可利用标准统计工具来处理噪声与异常数据,自动确定聚类数。典型算法包括 Geman 等人提出的开创性工作——隐马尔可夫随机场(Hidden MRF,HMRF);Geman 等人针对图像分割问题提出的一种基于隐马尔可夫模型的半监督聚类分析方法;Romberg 等人提出的多小波描述的通用隐马尔可夫树模型图像去噪算法,该模型极大地简化了隐马尔可夫树模型,但降低了精度。

(2)基于约束的方法:结合了用户指定或面向应用的约束进行聚类。文献对约束条件进行了定义,即两个样本隶属于同类为必连约束(Must-Link),异类为必分约束(Cannot-Link)。基于约束的方法以约束作为聚类目标的组成部分,以达到引导聚类效果。Amorim 提出了一种增强的 K-均值聚类算法。虽然该方法可有效地提高输出效果,但在增加约束条件或增加样本集的情况下,效果很难得到肯定。

(3)基于数据集空间结构的方法:与核优化算法有一个共同点,即借助于辅助空间,但不同的是,该方法并不抛弃原空间信息,而是通过投影技术将主空间信息映射到辅助空间,在新空间中完成迭代过程。Janne 等人提出了一种基于空间条件分布的半监督聚类算法。为了克服不稳定性引发的局部最优解问题,罗等人通过组合主空间和辅助空间共同引导聚类过程,并引入两个相似性函数,分别量化主、辅空间距离。相对于其他方法而言,该方法具有全局性、初始解不敏感性、高效性等特点。

此外，半监督聚类方法还包括基于密度的半监督聚类方法、基于网格的半监督聚类方法、基于判别式的半监督聚类方法等。

11.4　社团挖掘

本节首先构建半监督非负矩阵分解的数学模型，然后讨论参数优化问题，最后分析算法的复杂性。

11.4.1　算法框架

给定网络 $G=(V, E)$，构建节点间的相似性矩阵 $\boldsymbol{K}$，依据相似性与不相似性分别构建必连矩阵 $\boldsymbol{C}_{\mathrm{ML}}$ 和必分矩阵 $\boldsymbol{C}_{\mathrm{CL}}$，其中元素 $(i; j) \in \boldsymbol{C}_{\mathrm{ML}}$ 表示节点 v_i 与节点 v_j 隶属于同类，而 $(i; j) \in \boldsymbol{C}_{\mathrm{CL}}$ 隶属于异类的约束（下一节将详述构建方法）。为了融合相似性与半监督成分，定义新相似性矩阵：

$$\bar{\boldsymbol{K}} = \boldsymbol{K} + \alpha \boldsymbol{C}_{\mathrm{ML}} - \beta \boldsymbol{C}_{\mathrm{CL}} \qquad (11-1)$$

式中：参数 α、β 分别控制半监督成分的相对权重。当 $\alpha=\beta=0$ 时，为非负矩阵分解算法。监督成分的作用是使得相似节点对更加相似，不相似的节点对更加不同。

在介绍半监督非负矩阵分解之前，我们将先介绍非负矩阵分解（Nonnegative Matrix Factorization，NMF）算法。对于任意给定的一个非负矩阵 $\boldsymbol{V} \in \mathbf{R}^{n \times m}$，NMF 算法能够寻找到一个非负矩阵 $\boldsymbol{W}^{n \times k}$ 和一个非负矩阵 $\boldsymbol{H}^{k \times m}$，使得满足 $\boldsymbol{V}=\boldsymbol{WH}$，从而将一个非负的矩阵分解为左右两个非负矩阵的乘积。非负矩阵分解的优势：一方面，科学研究中的很多大规模数据的分析方法需要通过矩阵形式进行有效处理，而 NMF 思想则为人类处理大规模数据提供了一种新的途径；另一方面，NMF 算法相较于传统的一些算法而言，具有实现上的简便性、分解形式和分解结果上的可解释性，以及占用存储空间少等诸多优点。

非负矩阵分解的目标函数为

$$\boldsymbol{J}_{\mathrm{NMF}} = \| \boldsymbol{V} - \boldsymbol{WH} \|^2$$
$$\mathrm{s.\,t.}\, \boldsymbol{W} \geqslant 0,\ \boldsymbol{H} \geqslant 0$$

式中：$\boldsymbol{W}$ 和 $\boldsymbol{H}$ 的列和行数为 k，代表矩阵的秩，通常要小于 m 和 n，即 $k < \min(m, n)$。由于非负矩阵分解要求满足矩阵非负的性质，使得普通的梯度下降法无法解决该问题，因此 D. D. Lee 和 H. S. Seung 提出了基于乘法运算来迭代优化的方法。但是本质上，基于乘法运算的方法也是梯度下降法，只是对梯度下降的步长给出了限制。这里给出迭代优化的更新法则，详细推导可以参见非负矩阵分解的相关资料：

$$\boldsymbol{W}_{ia} = \boldsymbol{W}_{ia} \frac{(\boldsymbol{VH}^{\mathrm{T}})_{ia}}{(\boldsymbol{WHH}^{\mathrm{T}})_{ia}} \qquad (11-2)$$

$$\boldsymbol{H}_{a\mu} = \boldsymbol{H}_{a\mu} \frac{(\boldsymbol{W}^{\mathrm{T}}\boldsymbol{V})_{a\mu}}{(\boldsymbol{W}^{\mathrm{T}}\boldsymbol{WH})_{a\mu}} \qquad (11-3)$$

非负矩阵分解算法详述如下：

算法 11.2　非负矩阵分解优化过程

输入：
　　数据矩阵 $\boldsymbol{V}$，降维后的秩数 k

输出：

    W, H

1. 初始化矩阵 W 和 H 为非负数
2. 循环直到算法收敛
3. 根据式(11-2)和式(11-3)提出的迭代法则，更新迭代 W 和 H
4. 返回：W 和 H

在普通非负矩阵分解的基础上，基于公式(11-1)的非负矩阵分解算法被称为 SS-NMF，与社团结构之间的关系为：

定理 11-1　半监督非负矩阵分解算法与模块密度是等价的。

证明　将相似矩阵 $\bar{K}$ 进行对称、非负分解，得

$$\bar{K} \approx HH^{\mathrm{T}}, \; H \geqslant 0$$

上式可转化为优化形式：

$$J_{\text{SS-NMF}} = \min_{H \geqslant 0} \| \bar{K} - HH^{\mathrm{T}} \|^2$$

由定理 11-1 可得

$$\max D \propto \min_{H \geqslant 0} \| \bar{K} - HH^{\mathrm{T}} \|^2$$

证毕。

利用梯度迭代方法可求解 $J_{\text{SS-NMF}}$。先令

$$\frac{\partial J_{\text{SS-NMF}}}{\partial H} = 0$$

其迭代更新表达式为

$$H_{ij} = H_{ij} \left(\frac{(\bar{K}H)_{ij}}{(HH^{\mathrm{T}}H)_{ij}} \right), \; \forall i, j \in \{1, 2, \cdots, |V|\} \tag{11-4}$$

在迭代公式(11-4)下，目标函数 $J_{\text{SS-NMF}}$ 是单调递减的。

迭代算法有三个基本问题：如何构建初始解？如何设置算法停止标准？算法结束如何提取社团结构？这三个问题均描述于算法 11.3 中。

11.4.2　参数优化

本小节主要解决社团分类数的确定与半监督矩阵构建。确定数据集的聚类数问题目前仍是聚类分析研究中的基础性难题之一。目前有两种确定聚类数的方法：枚举法与拓扑结构性质方法。

枚举法的原理是通过使用不同的输入参数(如聚类数 m)运行特定的聚类算法，对数据集进行不同的划分，并计算每种划分的聚类有效性指标，最后比较各个指标值的大小或变化情况，符合预定条件的指标值所对应的算法参数 m 被认为是最佳的聚类数。该策略的最大优势在于其将一个参数估计问题成功转化为了一个无参数优化问题。

算法 11-3　半监督非负矩阵分解算法

输入：

    网络 G，节点集为 V，边集为 E

    C_{ML}：半监督必连矩阵

C_{CL}：半监督必分矩阵

m：分类数

τ：最大迭代次数

σ：算法收敛标准

α，β：半监督参数

输出：

$\{V_i\}_{i=1}^{m}$：节点集 V 的硬划分

1. 构建相似矩阵 $\bar{K}$

2. 初始解 $H^{(0)}$ 为随机矩阵，其元素 $H_{ij}^{(0)}$ 服从标准正态分布，若 $H_{ij}^{(0)}<0$，则令 $H_{ij}^{(0)}$ 取绝对值

3. 根据式（11-4）更新矩阵 H

4. 判断算法是否收敛，即 $J_{SS\text{-}NMF} \leqslant \dfrac{3}{4}$，若收敛，跳转至步骤 6，否则进行下一步

5. 判断是否达到最大迭代次数；若是，进行下一步，否则跳转至步骤 2

6. 对于任意的节点 $v_i \forall i=1, 2, \cdots, |V|$ 属于第 l 类，其中 l 是行向量（H_{i1}，H_{i2}，$\cdots$，H_{im}）中最大元素对应的列，即 $l=\mathrm{argmax}_{1\leqslant j\leqslant m}H_{ij}$。若该行向量中同时存在两个或者多个最大元素，随机选择这些列中的一个

7. 返回：$\{V\}_{i=1}^{m}$

利用现有的优化理论与算法可以快速近似估计出分类数。但枚举法最大的缺陷在于构建优化目标函数。

拓扑结构性质方法的原理是利用网络相关矩阵（邻接矩阵、拉普拉斯矩阵等）的谱判断最优分类数。

聚类的初始分类数策略：给定网络 $G=(V; E)$ 与阈值 σ，定义节点相似性矩阵 $S=(S_{ij})$。构建初始分类数 m：首先找到最不相似的节点对，即 $C_m=\{(v_i, v_j)\}|\max(S_{ij}\in S)$，任意节点 $v_k\in V\backslash\{v_i, v_j\}$，若其满足对 $v_i\in C_m$ 恒有 $S_{ki}\leqslant\sigma$，则将该节点添加到集合 C_m 中，继续该过程直到 C_m 的势不再增加。初始分类数定义为 $m=|C_m|$，最直观的动机在于最不相似的节点必然分布在不同的簇中。为了搜索最佳分类数，SS-NMF 采用枚举法。在搜索过程中，为了避免分辨极限问题，采用模块密度函数作为社团结构的评价标准。

如何选取合适的半监督成分是 SS-NMF 的重要任务，直接关系到算法的性能。给定相似矩阵 $S=(S_{ij})$ 与阈值 $\bar{h}=\max\limits_{S_{ij}\in s}S_{ij}$，必连矩阵 $W_{ML}=(W_{ij})$ 定义为 $W_{ij}=\mathrm{e}^{S_{ij}-\bar{h}}$（若 $S_{ij}\geqslant\bar{h}$），否则 W_{ij} 为 0。可见，$W_{ij}=1$ 当且仅当 $S_{ij}=\max\limits_{S_{ij}\in s}S_{ij}$。类似地，可构建必分矩阵 W_{CL}。随着图论的深入研究，可构建许多与拓扑结构相关的相似性测度。本章采用核散播特征矩阵构建矩阵 K，采用最短路径构建矩阵 W_{CL}，采用邻接矩阵构建矩阵 W_{ML}。

注：SS-NMF 的初始解随机产生，会引发结果的不稳定性。本章采用多次运行取最优值的策略，即运行 50 次选取最大模块密度函数值所对应的划分结果。

11.5　实 验 结 果

本实验从预测准确性和分辨极限容忍性两方面进行验证。

11.5.1　检测性能

1. GN 标准测试集

GN 标准测试集是 Girvan 与 Newman 提出的，由 128 个节点、4 个规模为 32（每个社团有 32 个节点）的社团组成，每个节点的度为 16。为了有效控制社团结构的变化，引入两个参数 Z_{in}、Z_{out}，分别表示每个节点与社团内部连边数和与社团外部连边数，即 $Z_{in} + Z_{out} = 16$。显然，随着参数 Z_{out} 的逐渐加，社团内部的边数越来越少，而社团间的边数越来越多，导致社团结构越来越模糊，从而增加了社团结构检测的难度。

选择 GN 算法、谱聚类算法、NMF 算法进行性能对比。图 11-2 是算法在 GN 标准测试网络上的性能对比，横坐标表示 Z_{out} 的值，纵坐标表示准确率。从图中可看出，当 $Z_{out} \leqslant 8$ 时，NMF、谱聚类算法和 SS-NMF 算法的性能优于 GN 算法的，其原因是边数不足以刻画社团的网络拓扑结构。当 $Z_{out} \geqslant 9$ 时，SS-NMF 算法的性能明显优于 NMF 算法的，其主要原因是所采用的半监督策略可更好地刻画网络拓扑结构。

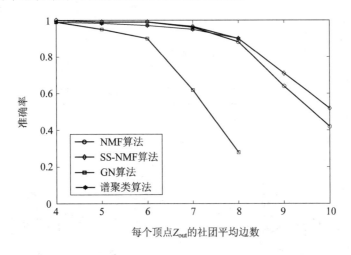

图 11-2　GN 标准测试网络上的算法性能

GN 网络的高度对称性不能全面衡量算法的性能，因此对 GN 测试网络进行相应的扰动：对称地合并社团，即将原来 4 个社团合并成 2 个等同规模的社团；非对称地合并社团，即合并 3 个社团为一个大社团。为了进一步检验 SS-NMF 算法的性能，将该算法应用于改进的 GN 网络。表 11-1 包含了 SS-NMF 算法、压缩算法、Q-优化算法、D-优化算法在非对称 GN 网络中的性能对照结果。从表中可以看出，D-优化算法的性能最好，Q-优化算法的效果最差，SS-NMF 算法拥有与 D-优化算法相近的性能。

2. 跆拳道俱乐部网络

Zachary 俱乐部网络是经典的社会网络，来源于 Zachary 的分析研究，包含 34 个成员（节点）和 78 对关系（边）。由于管理者和指导教师对费用问题发生了分歧，俱乐部分成分别以管理者和指导教师为中心的两个子俱乐部，如图 11-3(a) 所示。

由图 11-3 可知，NMF 算法提取两个社团，同时错误划分节点 3；K-均值算法将网络分解成 3 个社团；而 SS-NMF 算法检测到两种划分方式，分别是 2 个社团 $(a+b, c+d)$ 和

4个社团(a, b, c, d),这两种划分从拓扑结构上来看都是合理的。值得一提的是,SS-NMF 算法所得到的结果与 D-优化算法的结果一致。对比图 11-3(b)和图 11-3(d)可发现,某些节点(如节点 3)容易被错划分,其主要原因在于该节点扮演桥节点角色,更倾向于成为重叠节点。

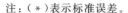

表 11-1 非对称 GN 网络上的算法性能

节点性质	Z_{out}	压缩	Q-优化	D-优化	SS-NMF
对称	6	0.99(0.01)	0.99(0.01)	0.99(0.01)	0.99(0.01)
	7	0.97(0.01)	0.97(0.02)	0.97(0.02)	0.97(0.02)
	8	0.87(0.08)	0.89(0.05)	0.91(0.03)	0.90(0.04)
节点非对称	6	0.99(0.01)	0.85(0.04)	0.99(0.01)	0.97(0.01)
	7	0.96(0.04)	0.80(0.03)	0.98(0.02)	0.93(0.02)
	8	0.82(0.10)	0.74(0.04)	0.94(0.03)	0.89(0.05)
连接对称	2	1.00(0.00)	1.00(0.00)	1.00(0.00)	1.00(0.00)
	3	1.00(0.00)	0.96(0.03)	1.00(0.00)	0.99(0.01)
	4	1.00(0.00)	0.74(0.10)	0.99(0.01)	0.96(0.03)

注:(*)表示标准误差。

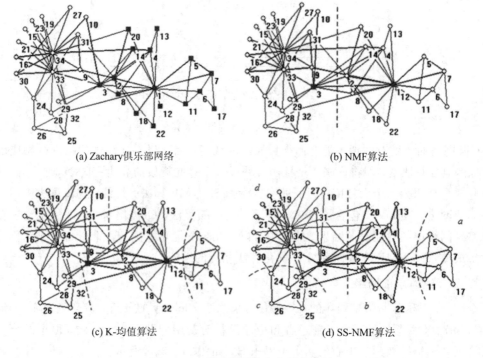

(a) Zachary俱乐部网络　　　　　　　　(b) NMF算法

(c) K-均值算法　　　　　　　　(d) SS-NMF算法

图 11-3 俱乐部网络上的划分结果

11.5.2　分辨极限容忍性分析

1. LFR 标准测试集

由于 GN 测试网络的社团规模与节点度保持严格的一致性，无法评价算法对分辨极限的容忍性。为解决这一缺陷，Lancichinetti、Fortunato 与 Radicchi（LFR）提出新的 LFR 标准测试集。与 GN 网络不同，LFR 可构建规模大小可变的社团结构，社团结构规模与节点的度都服从于某个参数的指数分布。LFR 利用一个参数 μ 来控制网络噪声。当 $\mu = 1$ 时，所有的边都属于社团内部；随着 μ 的减小，社团之间的边数越来越多，社团结构越来越模糊，这增加了社团检测的难度。图 11 - 4 给出了 LFR 标准测试网络示意图。因此，算法能否准确地识别出规模不一致的社团是容忍分辨极限的一项重要指标。

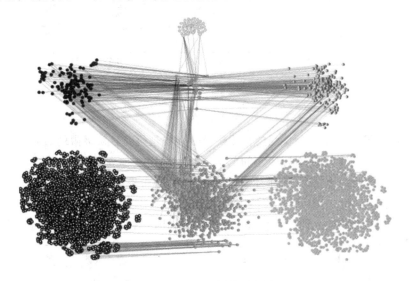

图 11 - 4　LFR 网络示意图

对于不同参数 $\mu \in \{0.9, 0.8, 0.7, 0.6, 0.5\}$，可以利用软件构建 50 个 LFR 网络的基本参数设置：节点度服从参数为 2 的幂律分布；社团规模服从参数为 1 的幂律分布，网络规模为 1000，节点平均度为 15，节点最大度为 50，社团规模最大值为 50，最小规模（每个社团中的最少节点数）为 5。

为了有效量化算法的准确性，本章引入标准化互信息指标（Normalized Mutual Information，NMI）。给定两个关于节点的划分 P 与 P'，标准互信息指标定义为

$$I(P, P') = \frac{-2 \sum_{i=1}^{|P|} \sum_{j=1}^{|P'|} N_{ij} \lg\left(\dfrac{N_{ij} \boldsymbol{N}}{N_{i.} N_{.j}}\right)}{\sum_{i=1}^{|P|} N_{i.} \lg\left(\dfrac{N_{i.}}{\boldsymbol{N}}\right) + \sum_{j=1}^{|P'|} N_{.j} \lg\left(\dfrac{N_{.j}}{\boldsymbol{N}}\right)}$$

式中：$\boldsymbol{N}$ 是一个 $|P| \times |P'|$ 矩阵，其元素 N_{ij} 表示划分 P 中第 i 个社团与划分 P' 中第 j 个社团的公共节点数；$N_{i.}$ 表示矩阵 $\boldsymbol{N}$ 第 i 行元素之和；$N_{.j}$ 表示矩阵 $\boldsymbol{N}$ 第 j 列元素之和。

图 11 - 5 为 LFR 网络上的算法性能，其横坐标表示参数 μ，纵坐标表示标准互信息。从图中可以看出，SS-NMF 算法的性能明显优于谱聚类与 GN 算法的；在 $\mu > 0.65$ 时，谱聚类算法的性能明显优于 NMF 算法，但当 $\mu < 0.65$ 时，其性能急剧下降。可能的原因在

于当网络较大时社团结构十分明显，网络矩阵所对应的谱足够刻画社团结构。随着 μ 的减小，谱不足够刻画与提取网络的拓扑结构信息。这表明 SS-NMF 算法在提取不同规模的社团结构上有明显的优势。

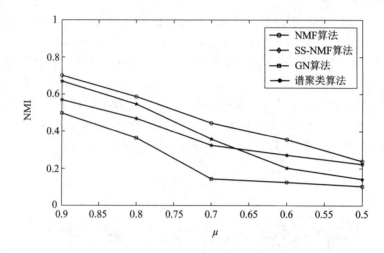

图 11-5　LFR 网络上的算法性能

除了分类的准确性，算法所检测的社团规模分布也是研究分辨极限的重要指标。图 11-6 是社团规模累计分布率与社团规模之间的关系图，其横坐标表示社团规模，纵坐标表示累计分布率。图中星形的点表示目标社团规模的累积分布率与社团规模之间的关系。从图 11-6(a)可以看出，当 $\mu=0.9$ 时，NMF 算法与 SS-NMF 算法的社团规模都控制在 50 以下，而谱聚类算法所挖掘社团的规模超过了 100，同时可知谱聚类算法甚至提取出比目标

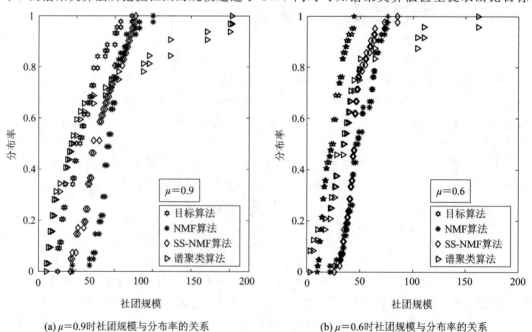

(a) $\mu=0.9$ 时社团规模与分布率的关系　　　　(b) $\mu=0.6$ 时社团规模与分布率的关系

图 11-6　累计概率分布率与社团规模之间的关系图

社团中最小社团更小的社团结构，即谱聚类算法将大规模的社团分解成更小的社团，同时合并小规模社团成超大规模社团。SS-NMF 算法是偏离目标社团规模最小的算法，这充分说明 SS-NMF 算法可在很大程度上容忍分辨极限问题，而 NMF 算法虽然不及 SS-NMF 算法，但远优于谱聚类算法，可能的原因有：① 算法不是模块度驱动函数，算法结果只取决于矩阵分解；② SS-NMF 算法同时采用多种拓扑结构，可更加有效地从多尺度、多层次刻画社团结构。

2. 科学家协作网

前面从人工网络方面对算法的分辨极限问题进行了有效分析，该实验从真实网络方面验证了 SS-NMF 算法。科学家协作网络包含 1589 个节点、2742 条边。该网络是一个不连通图，因此本章只对其最大的连通子图进行社团检测。最大连通子图包含 396 个节点和 914 条边。

SS-NMF 算法提取出 28 个社团，分类数与模块密度之间的关系包含在图 11-7(a)中。可以看出，SS-NMF 算法在取得 28 个社团时，模块密度值达到最大。为了更进一步研究分辨极限问题，最大模块密度值所对应的社团规模与结构示意图包含在图 11-7(b)中，其中社团的规模与圆的直径成正比，即社团规模越大，所对应圆的直径就越大；社团间连接边的粗细与连接边数成正比，即边数越多，边越粗。由图可以看出，SS-NMF 算法能同时发现大规模社团与小规模社团，表明该算法对分辨极限问题有一定的免疫性。

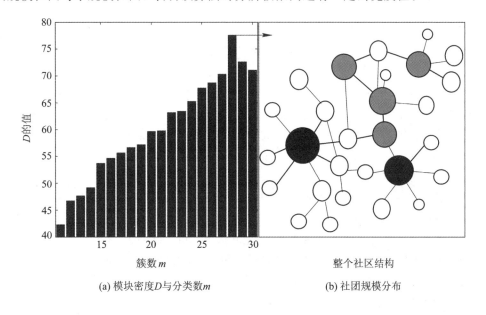

(a) 模块密度 D 与分类数 m　　　(b) 社团规模分布

图 11-7　社团分布

模块度优化算法不能识别出规模小于阈值 $\sqrt{L/2}$ 的社团，其中 L 为网络。而 SS-NMF 算法所提取的 28 个社团中，有 15 个社团规模小于 $\sqrt{912/2}\approx20$。SS-NMF 算法可以挖掘出 15 个规模小于 20 的社团，这表明该算法可检测出大量的小规模社团，进一步说明了该算法可在很大程度上容忍分辨极限问题。

本 章 小 结

本章介绍了一种基于半监督非负矩阵分解的社团结构检测算法,该算法将半监督策略融入非负矩阵分解算法中。与传统算法相比,该算法同时采用多种拓扑相似性,从多层次、多尺度方面刻画社团结构,因此具有更好的预测效果。同时,该算法是非模块度函数驱动算法,对分辨极限问题有较强的容忍性。将该算法同时应用于人工计算机网络与真实世界网络,实验结果表明该算法具有更高的准确性,能更好地处理分辨极限问题。

尽管该算法具有高准确性、容忍分辨极限能力强等特点,但仍有一些需要改进的地方:

(1)时间复杂度问题。分析表明,该算法的时间复杂度过高。如何有效利用网络的拓扑关系对 NMF 算法进行加速是一个富有实际与理论意义的问题。

(2)算法的收敛性问题。在实验中发现,该算法在很多情况下,不能在最大的迭代次数中收敛,其中一个主要原因在于该算法的初始解是随机的,如何去除随机性带来的收敛性问题是矩阵分解算法的一个重要的研究方向。

(3)半监督聚类算法的优势在于利用有限的标记信息来引导聚类,以达到高准确性与快速收敛的目的。半监督成分如何影响算法的性能与参数之间的互相制约关系也非常值得研究。

参 考 文 献

[1] WATTS D J. The "new" science of networks[J]. Annual Review of Sociology, 2004, 30: 243 - 270.

[2] 汪小帆,李翔,陈关荣. 复杂网络理论及其应用[M]. 北京:清华大学出版社,2006.

[3] BARABASI A L. Linked: The new science of networks [M]. Massachusetts: Persus Publishing, 2002.

[4] MILGRAM S. The small world problem. Phychology Today, 1967, 60 - 67.

[5] PASTOR-SATORRRAS R, VESPINGNANI A. Epidemic spreading in scale-free networks[J]. Physica Review Letter, 2001, 86(4): 3200-3203.

[6] MORENO Y, GOMEZ J B, PACHEO A F. Instability of scale-free networks nuder node-breaking avalanches[J]. Erophysica Letter, 2002, 58(4): 630 - 636.

[7] GUIMERA R, AMARAL L A N. Functional cartograph of complex metabolic networks[J]. Nature, 2005, 433: 895 - 900.

[8] HARBISON C T, GORDON D B, et al. Transcriiptional regulatory code of a eukaryotic genome[J]. Nature, 2004, 431: 99 - 104.

[9] WOO Y H, LI W S. Gene clustering pattern, promoter architecture, and gene expression stability in eukaryotic genomes[J]. Proceedings of the National Academy of Sciences, 2011, 108: 3306 - 3011.

[10]　WANG X F, CHEN G G. Complex networks: small-world, scale-free and beyond [J]. IEEE Constral & System Magzine, 2003, 3(1): 6 - 20.

[11]　MAYER-SCHONBERGER V. Can we reinvent the Internet? [J]. Science, 2009, 325: 396 - 397.

[12]　BARABASI A. Scale-free networks: A decade and beyond[J]. Science, 2009, 325: 412 - 413.

[13]　STROGATZ S H. Exploring complex networks[J]. Nature, 2001, 410: 268 - 276.

第12章 生物网络挖掘

生物网络(包括癌症网络)是理解生命科学的基础。本章以蛋白质交互网络为研究对象,旨在挖掘出生物网络中的蛋白质复合体。现有复合体检测算法都致力于提取蛋白质交互网络的稠密子图。图密度能否有效刻画蛋白质复合体的拓扑结构特征仍值得商榷,因此急需更合理的拓扑刻画方式。为解决该问题,提出了两个复合体预测算法:考虑到节点间通过短路径进行消息传递,利用节点的通信性刻画复合体的拓扑结构特征,将复合体预测问题转化为经典的全团问题,进而提出一种基于图的传递性的核-附属结构复合体检测算法;同时,从研究蛋白质交互网络的社会性质出发,证明了蛋白质交互网络存在弱连接效应,进一步验证了弱连接与拓扑相似性之间存在负相关性,继而利用该负相关性定义基于桥的拓扑相似性,并设计出相应算法来提取蛋白质复合体。

12.1 引　言

生物体的代谢过程,例如 DNA 修复、物质代谢、信号传导以及细胞周期控制,都涉及复杂的组织与蛋白质分子相互作用。蛋白质复合体是由具有相似或相同功能的蛋白质以及它们之间的物理交换所构成的集合,是构成大分子组织的基本单元。蛋白质的相互作用不仅涉及正常的生理过程(如 DNA 复制、转录、翻译),而且涉及复杂疾病。蛋白质相互作用的研究有助于理解不同生命活动之间的相互关系。到目前为止,绝大多数生物过程的原理尚未知,如何准确地从现有蛋白质交互数据中检测出蛋白质复合体,对理解与推导生物过程原理有着重要的意义。

当前可选实验方法有高压液体色谱(High-pressure Liquid Chromatography)、串联质谱法分析(Tandem Mass Spectrometry Analysis)等。这些实验方法的特点是物力消耗大、操作复杂、专业性强。随着高通量数据的涌现,如 DIP、Krogan、Gavin 等,基于计算方法检测蛋白质复合体课题得到了迅猛的发展。一般来说,蛋白质交互数据可抽象为网络模型,其中节点代表蛋白质,两个节点之间存在边(当且仅当两个节点对应的蛋白质之间存在物理交互时)。蛋白质复合体检测问题可转化成相关的图论问题。尽管图论与算法已被广泛研究,但设计出有效的复合体检测算法并非易事,最大的问题在于图论方面对蛋白质复合体尚无明确定义。为了解决该问题,Tong 等人指出隶属于同一复合体内的蛋白质相互交互的频率要高于隶属于不同复合体蛋白质的。这一结论为复合体检测带来了巨大机遇,现有文献都致力于提取网络中的稠密子图,而这些算法的区别仅在于定义稠密子图的方式和检测策略存在不同。

关于提取网络中的稠密子图,马尔可夫聚类算法(Markov Clustering Algorithm, MCL)利用随机游走模型,即当个体按照事先给定的概率随机地从一个节点走到其他节点时,直观看来,如果该个体走入稠密区域,则很难在短时间内走出这片区域。与 MCL 算法不同，MCODE（Molecular COmplex DEtection）假设隶属于同一复合体的蛋白质应该共享部分邻居节点。CFinder 算法以 k 团来定义稠密子图，两个 k 团相互邻接当且仅当它们共享 $k-1$ 个节点时。除拓扑结构性质外，相关的生物信息也被引入到具体算法中，并且依此来提高算法的性能，例如蛋白质功能信息、蛋白质绑定区域信息等。此外，不乏算法利用第三方数据来检测蛋白质复合体，这些方法由两部分组成：首先，选择某种评价标准对所研究的网络进行评分，选择得分高的交换边构建对应的置信网络；然后，设计出相应的算法在置信网络中提取稠密子图。

基于稠密子图的复合体提取算法仅考虑到网络的一个拓扑指标，并没有考虑复合体的内部结构。最近，Gavin 等人证明了复合体由核心与附属蛋白质组成，如图 12-1 所示。核-附属结构为复合体检测方法提供了新的思路，可分别提取核部分与附属部分。相对于附属部分而言，核部分的蛋白质是复合体心脏部位。本章的主要研究动机是：利用核-附属结构建立相应的概率模型来检测蛋白质复合体；基于拓扑关系检测复合体。基于核-附属结构的方法取得了优异的性能，表明了核-附属结构有助于更加准确地提取复合体。

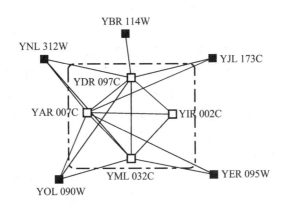

图 12-1　复合体的核-附属结构（框内为核心，框外为附属）

现有的可用蛋白质交互网络过于稀疏，例如 DIP（Digital Image Processing，数字图像处理）、Krogan、Gavin 数据库中节点的平均度为 5.29、6.98、10.62，而且包含过多噪声，这增加了复合体提取算法的难度。有效去除噪声对网络的干扰是蛋白质复合体检测的必要步骤。遗憾的是，绝大多数算法只是简单地删除度为 1 的节点。本章提出两种原创性方法，用以处理由稀疏性引发的噪声。在不改变蛋白质复合体拓扑结构的前提下，首先构建比原网络稠密得多的虚拟置信网络，然后在虚拟网络中分别提取复合体的核部分与附属部分。与经典算法 MCL、DPClus、DECAFF、Coach 相比，本章所提出算法的性能与最优算法 Coach 的相同，并且明显高于其他算法的。此外，本章所提出算法的健壮性相比于其他算法的最优。

12.2　相关工作

为了弥补实验方法的缺陷，计算方法越来越受到研究人员的关注。高通量技术，如酵母双杂交技术可构建出不同物种之间的大型蛋白质交互数据，利用网络可直观地描述这些数据。给定蛋白质交互网络，如何有效地刻画复合体的拓扑结构、如何设计算法以提取满足生物意义的复合体，是蛋白质复合体预测的两大关键问题。针对复合体拓扑刻画问题，Hartwell 等人指出，由于复合体中的蛋白质联合完成相关的生物功能，隶属于同一复合体的蛋白质应该在功能与结构上保持一致性。基于这一生物特征，Tong 等人指出由于隶属于同一复合体内的蛋白质相互交互的频率比和外界蛋白质交互的频率高很多，从图论观点来看，蛋白质复合体应对应交换网络中的稠密子图。

相对于拓扑刻画问题，更多的研究人员关注第二个问题——复合体检测算法。MCODE 算法是基于网络拓扑结构信息检测复合体的经典方法之一，它分三步：首先，利用节点局部密度对节点进行赋权；然后，选取权重大的节点作为种子节点；最后，从种子节点出发向周围节点进行添加，直到这些聚类的密度小于事先设定的阈值。MCODE 算法最大的缺陷在于所检测出来的复合体数过少，且复合体规模过大。而 MCL 算法利用随机游走模型来提取复合体，其缺点与 MCODE 方法的类似。与 MCODE 算法不同，DPClus 算法首先对每一条边进行赋权，然后根据边的权重对每个节点赋权。

团作为一种重要的网络拓扑结构也被广泛应用于复合体检测中。CFinder 算法利用派系过滤方法(Clique Percolation Method，CPM)来检测蛋白质复合体，其功能单元由相互邻接的 K-团链组成。CFinder 算法最大的问题在于选取合适的 k 值：$k=3$，会导致过多的噪声；$k=4$，则会过滤掉许多复合体。这三种方法同样用于检测蛋白质复合体：一是枚举所有的团作为复合体；二是 SPC(Super-Paramagnetic Clustering)算法；三是蒙特卡洛模拟(Monte Carlo Simulation)方法。实验结果表明，蒙特卡洛模拟方法优于 SPC 与团方法。为了解决派系过滤算法的时间复杂度问题，Li 等人提出了局部派系归并算法(Local Clique Merging Algorithm，LCMA)。

上述方法仅利用了交互网络的拓扑结构信息，而忽略了生物信息。为了进一步提升算法检测的准确性，许多算法尝试融合拓扑与生物信息，如基因表达数据、功能信息等不同结构数据融合。例如，利用蛋白质交互网络与微阵列数据提出的图形分割算法。King 等人融合网络拓扑性质与基因本体性质，提出了一种受限邻域搜索(Restricted Neighborhoods Search Clustering，RNSC)算法。DECAFF(Dense-neighborhood Extraction using Connertivity and conFidence Features)方法则利用功能信息与网络结构关系提取蛋白质复合体。除生物信息外，复合体的内部结构信息也用于复合体提取算法，例如 CORE 方法与 Coach 算法。

本章后续篇幅提出了两种复合体检测算法：基于网络通信性的核—附属算法(Graph Communicability and Core-Attachment Based Algorithm，GC-Coach)与基于弱连接效应的核—附属算法(Weak Tie Effect and Core-Attachment Based Algorithm，WT-Coach)。GC-Coach 利用网络通信性来检测复合体，而 WT-Coach 则利用蛋白质交互往来的社会性质——弱连接效应来检测复合体。

12.3　基于图通信的检测算法

GC-Coach 由三部分组成：① 利用网络通信性刻画蛋白质复合体的核部分；② 构建虚拟网络；③ 分别提取核部分与附属部分。为了更加直观地描述 GC-Coach 的流程，图 12-2

给出了该算法的流程示意图。本节按顺序讨论 GC-Coach 的三个部分，最后对算法进行复杂性分析。

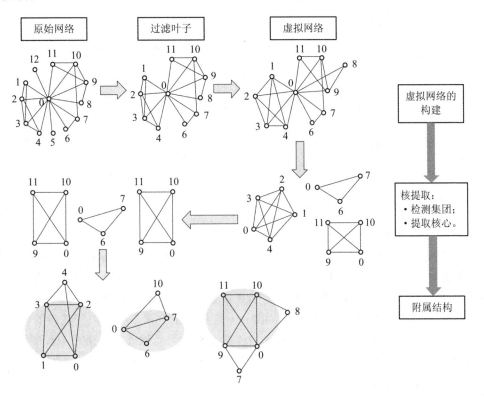

图 12 - 2　GC-Coach 流程示意图

12.3.1　拓扑刻画

蛋白质复合体具有三个基本性质：

(1) 相对附属部分而言，核部分蛋白质交互更多；

(2) 附属部分蛋白质与核部分共同构成蛋白质复合体；

(3) 每个复合体只有唯一的核部分。

性质(1)表明由核部分蛋白质所生成的子图拥有更多的边，即核部分之间的连通性更好；性质(2)表明附属部分与核部分是不能分割的整体。

给定图 $G = (V, E)$，图密度为

$$\mathrm{den}(G) = \frac{2 \times |E|}{|V| \times (|V| - 1)}$$

密度是刻画图中节点交互紧密程度的重要指标。但很多情况下，该指标不能有效刻画节点交互的紧密程度。例如，当网络密度与规模固定时，可以同时构建多个在拓扑结构上大相径庭的网络，如图 12 - 3 所示为两个拓扑结构完全不一致而密度与节点数完全一致的网络。这足以表明图密度不足以有效刻画复合体的拓扑结构。因此，急需从其他拓扑性质上刻画网络的紧密程度。本节将讨论如何采用网络的通信性来有效刻画复合体的核部分。

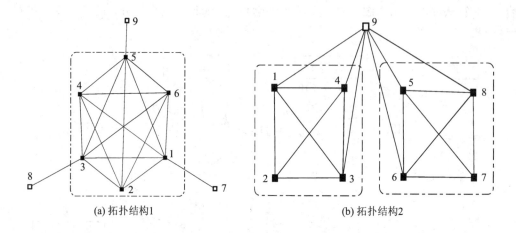

(a) 拓扑结构1　　　　　　　　(b) 拓扑结构2

图 12 - 3　同规模、密度但拓扑结构不同的网络示意图

要刻画复合体核部分(核部分所构成的子图称为核子图)的拓扑相似性,要预先定义节点间的相似性。最常用的刻画方式是两点之间最短路径的长度,但该指标不适合生物网络,原因是:① 没有考虑到网络的全局结构;② 生物网络过于稀疏,对噪声敏感,如删除一条边会导致节点的相似性急剧变化。为了克服这一缺陷,考虑连接节点间的所有不同长度的路径替换节点间的相似性。实际上,Kelley 等人指出有多条不同路径连接的蛋白质对通常是进化保守的,其原因在于这些节点的连接关系不容易被外界刺激或干扰破坏。本章定义节点间相似性为连接它们的所有不同长度路径的加权,通信性满足这一需求。

由于核子图的连通性比复合体的连通性高,图内不同长度的回路也是刻画网络连通性的指标。实际上,回路统计分布不仅限于刻画网络的拓扑结构,而且用于描述、控制网络同步特性。子网络的连通性高意味着该子图中任意节点对之间的连通性高。因此,认为核子图中节点对间的短回路数目多,即当 $\beta < 1$ 时,节点间的通信性高。基于此,定义核子图:

定义 12.1　生成子图 G_U 为核子图的充分条件为 $\min\{GC_{u,v}\,|\,u,v\in U\}\geqslant\tau$,其中参数 τ 为事先设定的阈值。

参数 τ 在复合体检测中有三个用途:控制核子图的规模,控制虚拟网络中的核子图数,控制网络中节点的连接强度。例如,当 $\tau < \min\{GC_{u,v}\,|\,u,v\in V\}$ 时,网络中只存在一个核子图,即网络本身;当 $\tau > \max\{GC\_(i,j)\,|\,u,v\in V\}$ 时,网络中无核子图存在。因此,应将 τ 设置为可调参数。

给定蛋白质交互网络 $G=(V,E)$ 和参数 τ,可构建如下虚拟网络(又名通信网络):

定义 12.2　图 G 的通信网络为 $\Phi(G,\tau)=(V_\tau,E_\tau)$,其中 $V_\tau=V$,$E_\tau=\{(u,v)\,|\,u,v\in V,\ \psi(GC_{u,v},\tau)=1\}$,$\psi(x,\tau)$ 函数定义为

$$\psi(x,\tau)=\begin{cases}1 & \text{若 } x\geqslant\tau\\0 & \text{否则}\end{cases}$$

通信网络有两种合理的物理解释:一方面,通信网络删除了原网络中通信性低的边,同时添加了通信性高的边,通信图从通信性方面考虑节点间的连通性;另一方面,通信网络是原网络的加权形式,边上的通信性对应于节点间的可信度,可将通信网络看成原网络的置信网络。

由定义 12.1 与 12.2 可知，在原网络 G 中检测蛋白质核子图等同于在通信网络 $\Phi(G,\tau)$ 中提取最大团（为方便起见，用 $\Phi(G)$ 代替 $\Phi(G,\tau)$）。至此，蛋白质复合体核子图提取问题成功转化为全团问题。原网络中的稠密子图对应通信图中的最大团，但反之不一定成立。这一结论表明稀疏的复合体也可能被提取出来，这也是 GC-Coach 算法与基于图密度算法的最大区别之一。该转化关系有两大优势：

（1）可利用全团问题理解、研究复合体检测问题，利用现有的全团检测算法来识别蛋白质复合体；

（2）由于通信图比原网络稠密得多，因此可有效处理原网络的噪声干扰问题。试验中，通信网络的边数达 120 000 条，比原网络稠密 8 倍。进一步，将复合体转化为团可提高识别的准确性。

构建虚拟网络的过程可参见算法 12.1。

12.3.2　复合体检测

本节主要讨论如何提取复合体核子图，包括提取复合体结构、提取复合体附属结构、算法分析。

1. 提取复合体核结构

全团问题是一个典型的 NP-难问题，由于其广泛应用而备受关注。BK（Burkhard-Keller）方法是迄今为止最快的解决全团问题的经典算法，其采用分支限定策略，当然，还有其他改进算法。可证明，枚举网络中所有最大团的时间复杂性为 $O(n^{n/3})$，其中 n 为网络的节点数，这表明严格方法是不可行的。本节采用核挖掘子算法来提取复合体核。当然，其他启发式方法亦可采纳，如贪婪算法（Greedy）、禁忌搜索算法（Tabu）。

算法 12.1　通信网络构建算法

输入：
　　G：网络，其中节点集为 V，边集为 E
　　τ：通信强度阈值
　　β：路径权重参数

输出：
　　$\Phi(G)$：通信网络

1. 计算邻接矩阵 A 的特征值与特征向量如 $\begin{bmatrix} \lambda_1 & \cdots & \lambda_n \\ x_1 & \cdots & x_n \end{bmatrix}$
2. 构建网络 G 的通信矩阵
3. 利用定义 12.2 构建通信网络
4. **返回：**$\{V_i\}_{i=1}^m$

当通信网络 $\Phi(G)$ 中所有最大团提取出来后，下一步工作是利用提取的最大团还原复合体核子图，即对于 $\Phi(G)$ 中每个团 $\Phi(G)_U$（$\Phi(G)_U$ 表示由子集 $U \subset V$ 在网络 $\Phi(G)$ 中生成的子图），其对应于原网络 G 中的复合体核为 G_U。由于参数 τ 的影响，子图 G_U 可能不够稠密。因此，限制核子图的密度不小于阈值 d（设置 $d=0.72$，GC-Coach 设为 0.618）。采用

贪婪策略来进化 $\Phi(G)_U$ 的密度：对于任意 $\Phi(G)_U$，如果 $\text{den}(G_U)<d$，找出节点 $v\in U$ 使得 $v=\text{argmax}_{v\in U}\{d(G_{U\setminus v})-d(G_U)\}$，删除节点 v，持续这一过程直到子图密度不小于阈值 d。

算法 12.2 复合体核子图检测算法

输入：

　　$\Phi(G)$：蛋白质交互网络 G 的通信网络

　　d：子图密度参数

输出：

　　SC：蛋白质复合体核子图集

1. $\text{TC}=\varnothing$

2. 调用蛋白质复合物核心挖掘算法提取复合体核，并将其存储在 TC 中

3. 对于任意核子图 $G_U\in \text{TC}$，若 $\text{den}(G_U)\geqslant d$，保存于 SC；否则进行下一步

4. 若 U 的蛋白质元素大于 2，则删除 U 中的节点 v，其中 $v=\text{argmax}_{v\in U}\{d(G_{U\setminus v})-d(G_U)\}$；若同时存在多个蛋白质满足条件，则随机选取一个

5. 若 $\text{den}(G_{U\setminus v})\geqslant d$，归于 SC，否则，跳转至上一步

6. **返回**：SC

值得一提的是，GC-Coach 与 Coach 算法有着本质的区别：首先，复合体刻画完全不同，GC-Coach 采用通信性，而 Coach 算法采用密度；其次，GC-Coach 在虚拟网络中提取复合体，而 Coach 算法在原网络中提取复合体，虚拟网络大约有 90% 的边与原网络不同；最后，提取附属部分的策略也不同。

2. 提取附属结构

识别复合体核结构对应的附属蛋白质是检测算法的第二个关键步骤。给定交互网络 $G=(V,E)$ 与复合体核子图 $G_U=(U,E_U)$，要构建一个具有生物功能意义的完整蛋白质复合体 $P=(V_P,E_P)$，可分为两步进行：① 提取出候选集 $S\subseteq V$，使得 $v\in S$ 皆为候选蛋白质；② 定义相似性函数用来判断候选节点 v 与核子图 G_U 的相似程度。

通常，S 由 U 的邻居节点组成，即 $S=N(U)=\{v\mid(u,v)\in E,u\in U,v\notin U\}$。对于量化函数，定义为

$$\text{cl}(v,U)=\frac{|N(v)\cap U|}{|U|}$$

式中：$N(v)$ 表示节点 v 的邻居节点集。当 $\text{cl}(v,U)>0.5$ 时，认为 v 为附属节点。GC-Coach 利用图通信性构建新的测度函数：

$$\text{cl}(v,U)=\frac{\sum\limits_{u\in U}GC_{uv}}{|U|+1}$$

其原理在于，若节点 v 是核子图 G_U 的附属蛋白质，当且仅当该节点与核子图中每个节点的通信性足够高时，也就是说，当节点与核子图的相似性大于平均通信性，即 $\text{cl}(v,U)\geqslant$

$\text{acl}(U\cup S)=\dfrac{\sum\limits_{(v\in S)}cl(v,U)}{|S|+|U|}$ 时，认为节点 v 为附属节点。

算法 12.3　附属结构检测算法

输入：

　　G：蛋白质交互网络

　　SC：蛋白质复合体核子图集

输出：

　　PC：复合体集

1. PC＝∅

2. 对每个复合体核子图 $G_U = (U, E_U) \in$ SC，构建子图邻居节点集 $N(U)$ 与平均距离 $\mathrm{acl}(U \bigcup N(U))$

3. 对邻居节点 $v \in N(U)$，计算与核子图的距离 $\mathrm{cl}(v, U)$

4. 若 $\mathrm{cl}(v, U) > \mathrm{acl}(U \bigcup N(U))$，选择作为附属节点，否则抛弃

5. **返回**：PC

---

3. 算法分析

首先研究 GC-Coach 的空间复杂度。存储 G 所需要的空间复杂度为 $O(|V|^2)$；存储通信矩阵所需要的空间复杂度为 $O(|V|^2)$，特征值与特征向量的空间需求分别为 $O(|V|)$、$O(|V|^2)$，存储通信矩阵的空间需求为 $O(|V|^2)$。聚类结果所用的时间复杂度为 $O(|V|m)$，其中 m 为复合体数目。由于 $m \ll |V|$，故其空间复杂度为 $O(|V|^2)$。

可知，构建通信矩阵的时间开销为 $O(|V|^3)$。提取蛋白质复合体算法的时间复杂度为 $O(|V|^2m)$，其原因在于构建每个节点的邻接图需要的时间为 $O(|V|^2)$，由于 $m \ll |V|$，故其空间复杂度为 $O(|V|^3)$。精化复合体核的时间为 $O(|V|^2)$。提取复合体附属结构的时间复杂度为 $O(m|V|)$，由于 $m \ll |V|$，故其空间复杂度为 $O(|V|^2)$。因此，该算法的时间复杂度为 $O(|V|^3)$。

由于 GG-Coach 是三次方时间复杂度算法，故其不能应用于大型网络。而在实验中所面临的网络规模（每个社团中的节点数）为 4928，边数为 120 000，因此很难利用该算法在短时间内得到满意的解。为了解决这一问题，采用划分策略，将网络分割成该算法能处理的范围（节点数为 1000）。采用 METIS 对网络进行划分，其原因在于该软件是目前最好的划分软件。

整体而言，GC-Coach 是基于核-附属结构的蛋白质复合体提取算法，包含三大关键技术：虚拟网络的构建、核子图的提取和附属蛋白质的识别。与其他基于核-附属算法相比，该方法有两大创新：

（1）该方法抛弃了传统的刻画方式，采用通信性来刻画蛋白质复合体的拓扑结构。实验结果表明，这种刻画方式更加合理，可以提取许多密度小的复合体。这说明图密度不足以刻画复合体的拓扑结构。

（2）将蛋白质复合体检测问题转化为全团问题，对理解与拓展复合体检测问题有一定的积极意义，例如利用现有的全团问题算法直接提取复合体。

下一节将详细介绍基于弱连接效应的复合体检测算法。

12.4 基于弱连接的检测算法

GC-Coach 利用网络中信息传播方式来刻画复合体拓扑结构。一个随之而来的问题是：蛋白质复合体交互网络是一类特殊的复杂网络，蛋白质网络是否有其他复杂网络存在的社会行为？如果存在，这些社会行为是否可应用于蛋白质复合体检测？

本节将回答该问题，首先证明蛋白质交互网络中存在弱连接效应，继而将该特性应用于复合体检测算法。

12.4.1 弱连接效应

边在网络中扮演着两种不同的角色：位于社团间的边维护网络的全局连通性；而位于社团内部的边提升局部连通性。实际上，该现象在社会网络中早有体现，分别称为同源（Homophily）与弱连接效应。同源现象表明具有相同背景、共同爱好与特征的人更容易成为朋友关系，而弱连接效应表明相似性低的个体之间连接强度低，但弱连接效应对维持整个社会网络的连通性具有至关重要的意义。现已证明，移动通信网络与论文引用网络都存在弱连接效应。但至今尚无对蛋白质交互网络中的弱连接效应的研究。

通过删除边，根据网络拓扑结构随边逐渐删除过程中的变化情况从而可研究蛋白质交互网络中的弱连接效应。也就是说，当对网络按照拓扑结构相似性从高往低逐渐删除边时，网络按照速度 $speed_1$ 崩溃；当对网络从低往高逐渐删除边时，网络按照速度 $speed_2$ 崩溃。如果网络中存在弱连接效应，那么 $speed_2$ 应该大于 $speed_1$。

要比较网络崩溃的速度，就需要定义量化网络拓扑结构随网络边删除操作的变化。可采用两种量化函数，一是最大连通分支的节点数，用 R_{GC} 来表示；二是标准化的网络易感性，用 $\tilde{S}$ 来表示，定义为

$$\tilde{S} = \frac{\sum_{s<s_{max}} s^2}{|V|}$$

式中：s 是连通子图的节点数；$|V|$ 代表整个网络的规模。当网络分解成不连通的子网络时，S 会呈现出明显的跳跃性距离（Gap）。

除了度量网络变化的标准，删边顺序对网络分解极其重要，需要定义节点间的相似性。定义边的桥系数为

$$B = \frac{\sqrt{C_i C_j}}{C_{(i,j)}}$$

式中：$C_{(i,j)}$ 为连接节点 v_i、v_j 的边；C_i 包含节点 v_i 的最大团的节点数。但该指标没有考虑到节点 v_i、v_j 间的拓扑与行为差异性。实际上，若边 (v_i, v_j) 扮演桥边的角色，则 v_i、v_j 应该隶属于不同的社团。基于此，提出了一种新的桥系数：

$$B_{(i,j)} = \frac{(1 - J(i,j))\sqrt{C_{(i\setminus j)} C_{j\setminus i}}}{C_{(i,j)}} \tag{12-1}$$

式中：$J(i,j)$ 是 Jaccard 相似性，即 $J(i,j) = \dfrac{|N(v_i) \bigcap |N(v_j)|}{|N(v_i) \bigcup N(v_j)|}$，$N(v_i)$ 是节点 v_i 的邻居

节点集；$C_{i\backslash j}$ 是包含 v_i 但不包含 v_j 的最大团中节点的数目；$1-J(i,j)$ 是节点间的不相似程度。式(12-1)的物理解释是，只有相似性低且在拓扑结构上扮演桥角色的边才可能成为弱连接边。

图 12-4 是网络拓扑结构图随边删除的变化情况，其横坐标代表被删除边的比例，纵坐标代表网络拓扑结构量化函数，所有的实验都在 DIP 网络上进行。图 12-4(d) 的 min(max) 分别代表从最小(最大)相似性开始删边；图 12-4(e) 的 min(max) 分别代表从最小(最大)的桥系数开始删边；图 12-4(f) 的 min(max) 分别代表从最小(最大)桥系数开始删边。图 12-4(a) 揭示了 R_{GC} 随边删除的变化情况，从中可知，按照相似度从大到小的顺序删除边，比相反顺序时网络崩溃的速度要快得多。从图 12-4(d) 可见，当 80% 的边被删除时，参数 $\tilde{S}$ 有很大的跳跃。而图 12-4(b) 和图 12-4(e) 是按照桥系数由大到小的顺序删边。从图中可知，按照桥系数从大到小的顺序删边，网络崩溃的速度比相反顺序的速度要快。从图 12-4(e) 可看出，参数 $\tilde{S}$ 的跳跃性比图 12-4(d) 的更大，这充分说明 PPI(Protein Protein Interaction Network，PPI 网络)中存在弱连接效应。

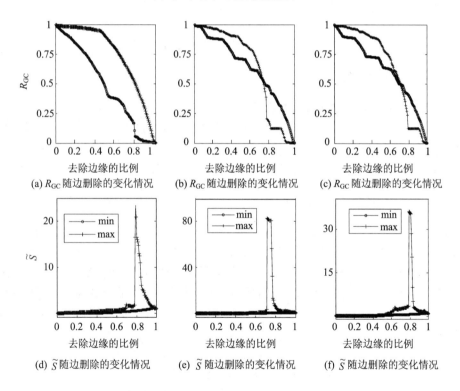

(a) R_{GC} 随边删除的变化情况　　(b) R_{GC} 随边删除的变化情况　　(c) R_{GC} 随边删除的变化情况

(d) $\tilde{S}$ 随边删除的变化情况　　(e) $\tilde{S}$ 随边删除的变化情况　　(f) $\tilde{S}$ 随边删除的变化情况

图 12-4　删边引发的网络分解示意图

除了验证蛋白质交互网络中弱连接效应的存在性，同样对弱连接与拓扑相似性的关系也进行研究。定义拓扑相似性为

$$\mathrm{Sim} = \boldsymbol{A} + \beta \boldsymbol{A}^2 + \beta^2 \boldsymbol{A}^3$$

式中：矩阵 $\boldsymbol{A}$ 为交互网络的邻接矩阵；β 为参数控制 $\boldsymbol{A}^2$、$\boldsymbol{A}^3$ 的相对权重，β 取值 0.618。

图 12-5 是桥系数与拓扑相似性关系图，$\langle B \rangle$ 为桥系数平均值，横坐标代表拓扑相似性，纵坐标代表桥系数。从图中可看出，桥系数与拓扑相似性具有负相关性，即桥系数越

大，拓扑相似性越低。

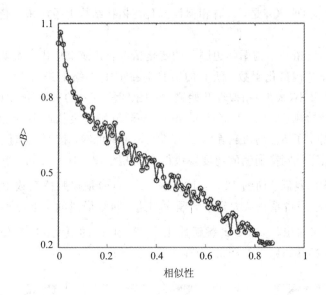

图 12 - 5 桥系数与拓扑相似性之间的关系图

12.4.2 置信网络构建

本节利用弱连接效应建立置信网络。给定节点对 u、v，信息从节点 u 通过不同的路径传递到节点 v，连接 u、v 的路径越多，节点 v 接收到的信息越多。实际上，在生物网络中，生物信号也是通过代谢路径来进行传递的。从图论观点来看，连接两点间的通道即为连接两节点间的路径。同时还需要考虑到路径的长度，路径越长，信号丢失量越多，越不可靠。

给定一条长度为 k 的路径 $v_1 \rightarrow v_2 \rightarrow \cdots \rightarrow v_{k+1}$，其权重为每条边的权重之积 $\prod\limits_{i=1}^{k} w_{i, i+1}$，其中 $w_{i, i+1}$ 表示边 (v_i, v_{i+1}) 上的权重。

上述方式计算路径的权重并没有考虑到边的不同角色。12.4.1 节指出边具有两种不同的角色——桥边与非桥边，其中桥边连接两个不同的社团。因此，在一条路径中应该考虑到不同角色的边，如果存在桥边，则需要降低其权重。也就是说，给定一个无权网络 $G=(V, E)$，首先需要对网络中的边进行赋权，赋权需要考虑到边的不同角色。基于图 12 - 5 桥系数与拓扑相似性的负相关性，定义边的权重为

$$W_{i, j} = \exp(- B_{(i, j)})$$

可知，桥系数越大，相似性越低；反之，相似性越高。

蛋白质对之间的相似性定义为连接这两个蛋白质的所有不同长度的路径的加权和。定义 $(D^k)_{uv}$ 表示所有的连接节点 u、v 且长度为 k 的路径权重之和，这里只考虑路径长度小于 4 的路径。因此，蛋白质之间的相似性可定义为算法 11.1

$$S = W + \beta W^2 + \beta^2 W^3$$

复合体中核部分的连通性高，因此隶属于核部分的蛋白质之间的相似性应该足够高。为了去除噪声对网络的影响，根据定义 12.2，可以理解基于弱连接效应的可置信网络。

12.4.3　复合体检测

弱连接效应的复核体检测采用核挖掘子算法来提取复合体核。附属蛋白质的候选策略也与 GC-Coach 算法一致。定义附属蛋白质 v_j 的判别函数为

$$\mathrm{cl}(v_j, U) = \frac{\sum_{v_i \in U} S_{i,j}}{|U| + 1}$$

若 $\mathrm{cl}(v_j, U) \geqslant \mathrm{acl}(U \bigcup N(U)) = \dfrac{\sum_{v_j \in S} \mathrm{cl}(v, U)}{|N(U)| + |U|}$，则认为该蛋白质属于该复合体。

算法 12.4　WT-Coach 算法

输入：

　　G：蛋白质交互网络

　　τ：边上权重阈值

输出：

　　PC：蛋白质复合体

1. 计算 G 中各边的桥系数
2. 计算相似性 S
3. 调用算法 12.1 构建置信网络
4. 调用算法 12.2 检测复合体核子图
5. 提取复合体附属结构
6. **返回**：PC

该算法的时间复杂度与第 12.3.2 节的相同，此处不再赘述。

12.5　实　验　结　果

本节的主要目的是验证 GC-Coach、WT-Coach 这两种算法能否提取出足够多的、具有生物功能意义的蛋白质复合体，同时也验证算法的鲁棒性。本节的程序采用 MATLAB 7.1 编写。

12.5.1　实验数据

选取 DIP 网络数据作为实验对象，包含 4928 个蛋白质、17 201 条交互边。为了验证算法检测的蛋白质复合体是否具有生物功能意义，因此构建标准复合体测试集。该测试集是从（Munich Information Center for Protein Sequences）数据库、SGD（Saccharomyces Genome Database）数据库等收集而来的，包含 428 个已知功能的蛋白质复合体。采纳该测试集的原因：首先，该数据集是目前最全面的已注解功能的数据集；其次，该数据集已成为公开测试数据集。

为了比较的全面性，本章选取四个算法进行对比，分别是 MCL、DPClus、DECAFF、Coach。选择 Coach 算法，是因为它是核-附属结构算法，且是目前性能最好的算法之一；选择 MCL 算法，是因为它是鲁棒的算法；选择 DPClus 与 DECAFF 算法，是因为这两个

算法的性能优越，且广泛运用于算法比较中。

12.5.2　F-值与覆盖率

首先定义 F-值（F-measure）与覆盖率（Coverage Rate）。给定两个蛋白质复合体 G_{P1}、G_{P2}，其邻接相似性为

$$\mathrm{NA}(G_{P1}, G_{P2}) = \frac{|P1 \bigcap P2|^2}{|P1| \times |P2|}$$

其量化两个子图之间的距离。$\mathrm{NA}(G_{P1}, G_{P2})$ 越大，$P1$、$P2$ 拥有的公共节点越多，因此相似性越高。简单起见，用 $\mathrm{NA}(P1, P2)$ 替代 $\mathrm{NA}(G_{P1}, G_{P2})$。当 $\mathrm{NA}(P1, P2)$ 大于某个预先设定的阈值 t 时，认为复合体 $P1$、$P2$ 是匹配的，通常 t 取值 0.2。给定检测复合体集 PS 和真实复合体集 BS，N_{cb} 是至少与 PS 中的一个复合体相匹配的真实复合体数目，即 $N_{cb} = |\{G_B | G_B \in B_S, \exists G_P \in \mathrm{PS}, \mathrm{NA}(P, B) \geqslant t\}|$；$N_{cp}$ 是至少与 BS 中的一个复合体相匹配的检测复合体数目，即 $N_{cp} = |\{G_P | G_P \in \mathrm{PS}, \exists G_B \in \mathrm{BS}, \mathrm{NA}(P, B) \geqslant t\}|$。F-值用于量化两个复合体集间的相似性，其定义为

$$F = \frac{2 \times \mathrm{Precision} \times \mathrm{Recall}}{\mathrm{Precision} + \mathrm{Recall}}$$

式中：$\mathrm{Precision} = \dfrac{N_{cp}}{|\mathrm{PS}|}$；$\mathrm{Recall} = \dfrac{N_{cb}}{|\mathrm{BS}|}$。

覆盖率量化的是真实复合体被检测的复合体覆盖的数目。具体来说，给定检测复合体集 PS 与真实复合体集 BS，构建匹配矩阵 $\boldsymbol{T}_{|\mathrm{BS}| \times |\mathrm{PS}|}$，其中元素 T_{ij} 表示第 i 个真实复合体与第 j 个检测复合体公共蛋白质的数目。覆盖率定义为

$$\mathrm{CR} = \frac{\sum\limits_{i=1}^{|\mathrm{BS}|} \max\{T_{ij}\}}{\sum\limits_{i=1}^{|\mathrm{BS}|} N_i}$$

式中：N_i 表示第 i 个真实复合体中蛋白质的个数。

表 12-1 包含各种检测蛋白质复合体算法对比的基本信息。在 DIP 网络上，MCL 识别出了 1116 个复合体，其中 193 个检测复合体匹配上 242 个真实复合体；DECAFF 算法挖掘出了 2190 个复合体，其中 605 个检测复合体匹配上 243 个真实复合体；DPClus 算法提取出了 1143 个复合体，其中 193 个检测复合体匹配上 274 个真实复合体；Coach 算法检测出了 746 个复合体，其中 285 个检测复合体匹配上 249 个真实复合体；GC-Coach 算法提取出了 445 个复合体，其中 196 个检测复合体匹配上 182 个真实复合体；WT-Coach 算法检测出了 620 个复合体，其中 230 个检测复合体匹配上 220 个真实复合体。

表 12-1　DIP 数据上的算法性能

数据类型	MCL	DPClus	DECAFF	Coach	GC-Coach	WT-Coach
检测复合体数目	1116	1143	2190	746	445	620
覆盖的蛋白质数	4930	2987	1832	1832	1310	1702
N_{cp}	193	193	605	285	196	230
N_{cb}	242	274	243	249	182	220

图 12-6 是各算法在 DIP 网络上的算法性能对照。可以看出，GC-Coach 算法在 F-值

上比 Coach 算法要低 2.9%，但比 MCL、DPClus、DECAFF 分别高出 16.8%、16.6%、6.1%。在覆盖率方面，GC-Coach 算法的覆盖率为 30.9%，比 DPClus、DECAFF 算法分别高出 4.3%、0.5%，但比 Coach 与 MCL 算法分别低 2.3%、4.0%。WT-Coach 算法在 F-值上比 MCL、DPClus、DECAFF 算法分别高出 6.7%、16.5%、6.0%，比 Coach 算法低 2.9%；在覆盖率方面，分别比 MCL、DPClus、DECAFF、Coach 算法高出 9.6%、1.4%、16.2%、7.9%。GC-Coach 算法稍逊于 Coach 算法的原因在于，其在 DIP 网络进行了划分操作，造成了信息的丢失，也破坏了一些复合体的网络结构。

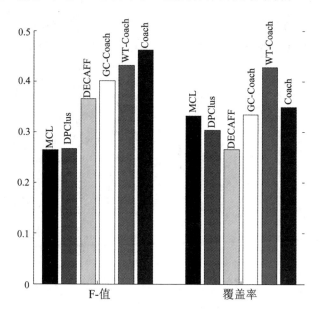

图 12-6　DIP 网络上的算法性能

为了进一步展示各算法检测的蛋白质复合体，针对 SAGA（Spt-Ada-Gcn5-Acetyltransferase）蛋白质复合体，图 12-7 包含了所有算法检测的 SAGA 蛋白质复合体。图 12-7(a) 是 SAGA 蛋白质复合体，包含 20 个蛋白质，其中 3 个孤立节点；图 12-7(b) 是本章算法 GC-Coach 检测的 SAGA 蛋白质复合体，包含 14 个蛋白质，其中 12 个蛋白质与标准复合匹配，2 个错分。而 Coach、DPClus、MCL、DECAFF 算法只能正确分类 11、9、6、8 个蛋白质，可参见图 12-7(c)～(f)。这表明通信性能可有效刻画复合体拓扑结构。

12.5.3　P-值

为确保检测的蛋白质复合体具有统计意义，采用 P-值（P-value）来验证复合体的生物统计意义。给定蛋白质复合体 G_c，其中 k 个蛋白质具有某种功能，而整个生物网络中具有该功能的蛋白质集为 F，则 P-值可定义为

$$\text{P-值} = 1 - \frac{\sum_{i=0}^{k-1}\left(\binom{|F|}{i}\binom{|V|-|F|}{|C|-i}\right)}{\binom{|V|}{|C|}}$$

式中：$|V|$ 表示网络的节点数。P-值表示满足同样功能 F 的随机概率。因此，P-值越小，该

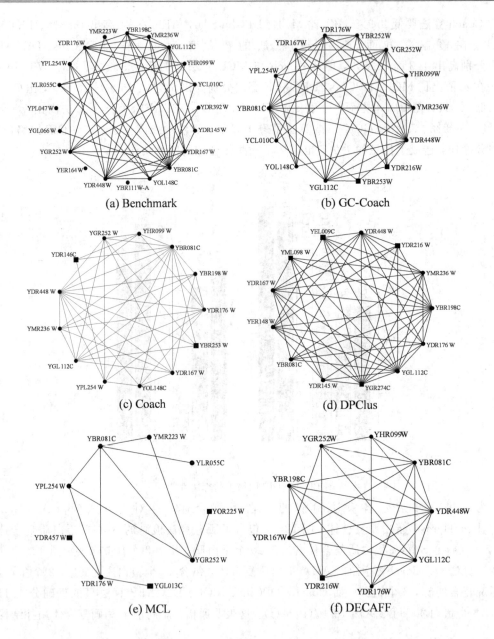

图 12-7　检测的 SAGA 复合体(方块节点代表错误检测的蛋白质)

蛋白质复合体的生物统计意义越大。统计显著性水平设为 1.0×10^{-2}，即 P-值大于 1.0×10^{-2} 的复合体被认为不具有统计意义。

表 12-2　检测蛋白质复合体的显著性对比

数据类型	MCL	DPClus	DECAFF	Coach	GC-Coach	WT-Coach
检测复合体数	913	1143	2190	746	445	620
有统计意义的复合体数	312	352	1653	622	364	519
比例(%)	34.2	30.8	75.5	83.4	81.8	83.7

　　具有统计意义的复合体与检测出的复合体之间的比率可作为算法性能的一个重要指标。表 12-2 包含了各算法检测的蛋白质复合体在统计意义上的对比。从表中可以看出，在 DIP 网络中，MCL 算法检测了 913 个复合体，其中 312 个具有统计意义，比率为 34.2%；DPClus 算法检测了 1143 个复合体，其中 352 个具有统计意义，比率为 30.8%；DECAFF 算法检测了 2190 个复合体，其中 1653 个具有统计意义，比率为 75.5%；Coach 算法检测了 746 个复合体，其中 622 个具有统计意义，比率为 83.4.0%；GC-Coach 算法检测 445 个复合体，其中 364 个具有统计意义，比率为 81.8%；WT-Coach 算法检测了 620 个复合体，其中 519 个具有统计意义，比率为 83.7%。虽然 GC-Coach 算法的统计意义比率为 81.8%，比 Coach 算法的低 1.6%，但比 MCL、DPClus、DECAFF 算法分别高出 47.6%、51.0%、6.3%，而 WT-Coach 算法与 Coach 有相同的性能。

　　为了进一步展示所检测出的复合体，分别选取 GC-Coach 与 WT-Coach 算法检测 5 个具有统计意义的蛋白质复合体，如表 12-3 所示。表中第三列是对应的 P-值，第二列是匹配率，第四列是蛋白质或者基因，第五列是基因功能注解。由标准可知，所提取复合体的 P-值都小于 1×10^{-20}，且匹配率都接近于 1。GC-Coach 算法所提取出的蛋白质复合体具有很高的统计意义，也具有生物功能意义。WT-Coach 检测的部分复合体呈现在表 12-4 中。

表 12-3　GC-Coach 算法检测的部分复合体

ID	匹配率	P-值	蛋白质				GO 功率
1	100%	8.30e-57	YGR104C	YHR058C	YBR193C	YMR112C	RNA 聚合酶Ⅱ转录介体活性
			YLR071C	YPR070W	YBR253W	YPR168W	
			YOL051W	YCR081W	YNL236W	YER022W	
			YHR041C	YNR010W	YDL005C	YGL151W	
			YOL135C	YDR443C	YOR174W	YGL025C	
			YPL042C	YML007W			
2	100%	4.11e-54	YGR104C	YHR058C	YBR193C	YMR112C	RNA 聚合酶Ⅱ转录介体活性
			YLR071C	YBL093C	YPR070W	YBR253W	
			YDR308C	YNL236W	YOL051W	YCR081W	
			YER022W	YHR041C	YNR010W	YDL005C	
			YGL151W	YDR443C	YOL135C	YGL025C	
			YOR174W				
4	100%	7.56e-26	YPL138C	YDR469W	YBR175W	YHR119W	组蛋白活性
			YBR258C	YAR003W	YKL018W	YLR015W	
5	90.9%	5.81e-25	YGR020C	YLR447C	YMR054W	YOR270C	ATP 酶活性
			YOR332W	YDL185W	YEL051W	YHR039CA	
			YHR060W	YPR036W	YBR127C		

表 12-4　WT-Coach 算法检测的部分复合体

ID	匹配率	P-值	蛋白质				GO 功率
1	90.5%	5.44e-44	YBL002W YDL150W YKR025W YOR151C YOR341W YPR190C	YBR009C YGL070C YNL113W YOR207C YPR010C	YBR154C YJR063W YOR116C YOR210W YPR110C	YDL140C YKL144C YNR003C YOR224C YPR187W	DNA 指导的 RNA 聚合酶活性
2	94.4%	8.77e-40	YDL150W YNR003C YBL002W YNL113W YPR187W	YKL144C YOR116C YBR154C YOR224C YPR190C	YKR025W YOR207C YDR045C YOR341W	YNL151C YPR110C YJR063W YPR010C	RNA 聚合酶活性
3	100%	7.57e-26	YPL138C YBR258C	YDR469W YAR003W	YBR175W YKL018W	YHR119W YLR015W	组蛋白甲基转移酶活性
4	88.2%	1.49e-20	YBL093C YNL236W YDL005C YHR041C YPL248C	YBR253W YOR140W YER022W YOL051W	YDR443C YBR193C YGL151W YOL135C	YNL025C YCR081W YGR104C YPL042C	转录调节活性
5	100%	2.64e-21	Q0085 YJR121W YPR020W	YBL099W YKL016C	YDR298C YML081C-A	YDR377W YPL078C	质子转运 ATP 酶活性

12.5.4　参数影响

GC-Coach 与 WT-Coach 算法风格迥异，所引入的参数数目与功能也大相径庭，因此分别对其进行参数影响的分析。

1. GC-Coach 算法的参数分析

GC-Coach 算法引入参数 β、τ、d、t，根据参数的功能分析其对性能的影响。参数 β 控制通信网络的构建，当 $\beta < 1$ 时，短回路接受更多的权重；当 $\beta > 1$ 时，长回路接受更多的权重。图 12-8(a)反映了 F-值与覆盖率随参数 β 的变化情况。从图中可以看出，当 $\beta \in [0, 0.22]$ 时，F-值取最大；随着参数 β 的增加，当 $\beta \in [0.25, 0.5]$ 时，F-值急剧下降；当 $\beta \in [0.55, 1.2]$ 时，F-值处于波动阶段。而覆盖率的变化趋势与 F-值的完全相反。其原因在于当 β 足够小时，只有短路径获得更多的权重，虚拟网络中团的规模相对较小，节点间的重叠率低，因此覆盖率低。随着参数 β 的增加，长路径接受更多的权重，通信图中团的规模相对大，节点间重叠率高，因此覆盖率高。为了平衡覆盖率与 F-值，β 取值 0.18。

参数 τ 控制虚拟网络中团的规模与数量，需要从虚拟网络规模与对最终结果两方面研究参数 τ 对算法性能的影响。图 12-8(b)是虚拟网络边数与参数 τ 的关系图。从图中可以看出，当 τ 增加时，网络的边数剧减。当 $\tau = 1$ 时，虚拟网络的边数为 12×10^4；当 $\tau = 8$ 时，虚拟网络的边数为 2×10^4。其原因在于当参数 τ 增加时，只有连通性高的边才能被保留。

图 12-8(c)是 F-值和覆盖率与参数 τ 之间的关系图。由图可知，F-值随参数 τ 的增加而急剧下降，而覆盖率随参数 τ 的增加而缓慢增加，其原因在于最大团的规模随参数 τ 的增加而急剧下降。GC-Coach 算法中参数 τ 取值 0.68。

参数 d 用于控制复合体核子图的密度，图 12-8(d)是 F-值与覆盖率和参数 d 之间的关系图。从图中可以看出，F-值随参数 d 的增加而逐渐增加，而覆盖率随之缓慢降低，其原因在于当参数 d 增加时，复合体的核子图越来越小，附属节点也越少，因此覆盖率低。为平衡 F-值与覆盖率，取 $d=0.618$。图 12-8(e) 反映了参数 t 与 F-值、查准率和查全率的关系。随着 t 的增加，F-值缓慢增加，而查全率随之降低，因此 t 取值 0.2。

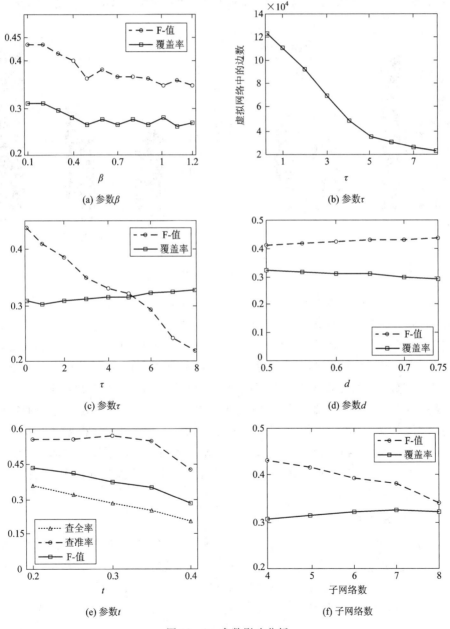

图 12-8 参数影响分析

为了解决算法复杂性问题，GC-Coach 算法采用划分策略对网络进行划分。图 12-8(f)是子网络数目与 F-值、覆盖率的关系。从图中可以看出，F-值随子网络数目的增加而降低，而覆盖率随之增加，其原因在于当子网络数目增加时，被破坏的复合体结构数随之增多。

与基于密度的复合体检测算法不同，GC-Coach 算法将复合体刻画成最大团。因此，提取复合体首先需要识别出虚拟网络中的最大团。而其他算法，如贪婪算法（Greedy）、禁忌搜索算法（Tabu）皆可用于提取复合体。图 12-9 是采用不同的最大团提取算法的对比，图 12-9(a)是算法在 F-值、覆盖率上的对比，可以看出，GC-Coach 算法在这两个方面做出了最佳的平衡；图 12-9(b)是算法在运行时间上的对比，可见贪婪算法最快，禁忌搜索算法最慢。

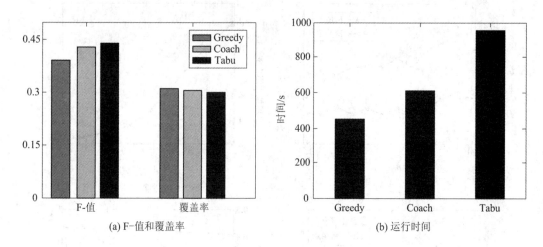

(a) F-值和覆盖率　　　　　　　　　　(b) 运行时间

图 12-9　最大团提取算法对比

最后研究原网络中稠密子图与通信网络中的最大团之间的关系。根据转化关系可知，原网络中的稠密子图对应通信图中的最大团，但反之不一定成立。因此，需要研究所检测蛋白质复合体的密度分布状况。图 12-10 是 Coach 算法与 GC-Coach 算法的检测蛋白质复合体的密度分布图。由图可知，Coach 算法检测的复合体中超过 50% 的复合体密度大于 0.9，且绝大多数复合体密度大于 0.7。进一步统计 Coach 算法所检测出的密度大于 0.9 的复合体规模小于 4，即 3-团形式的复合体。相比之下，GC-Coach 算法得到簇的密度大于 0.9 的复合体约为 40%，且绝大多数复合体的密度大于 0.6。相较于 Coach 算法，GC-Coach 所找出的复合体密度有所下降。这一结果表明网络通信性可提取出相对稀疏的复合体，同时也说明密度不能有效刻画蛋白质复合体。关于密度与复合体的拓扑结构关系将在 12.6 节中进一步讨论。

2. WT-Coach 算法的参数分析

WT-Coach 算法引入了参数 τ、β，本节讨论其如何影响算法性能。参数 τ 控制原始网络中节点间的连接强度，具体表现为复合体核的规模和虚拟网络中边的数目。图 12-11(a)是虚拟网络中边的数目随参数 τ 增加的变化情况。从图中可以看出，当 τ 从 0 增加到 0.4 时，虚拟网络的边呈指数性剧减。其原因在于当 τ 增加时，只有强度足够大的边才会保留下来。

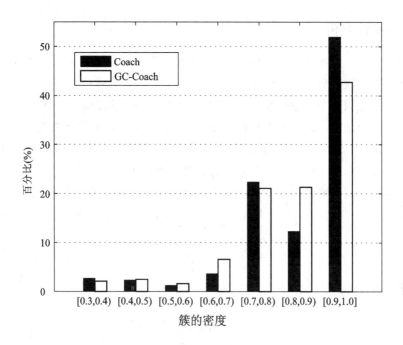

图 12-10　检测蛋白质复合体的密度分布示意图

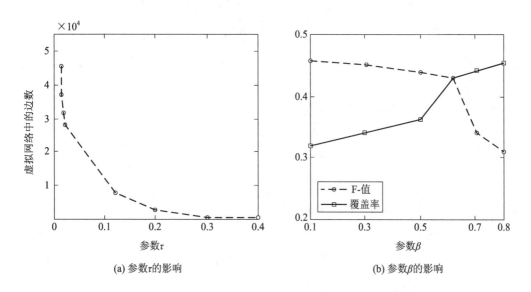

(a) 参数τ的影响　　　　　　　　　(b) 参数β的影响

图 12-11　参数对算法性能的影响

　　参数 β 控制连接网络节点对的路径权重,而这些权重直接决定算法的准确性。图 12-11(b)为F-值、覆盖率随参数 β 增加的变化情况。从图中可以看出,覆盖率随 β 值增加呈上升的趋势,而 F-值随 β 值增加呈现下降的趋势。原因在于当 β 值增加时,长路径所占有的比重越来越大,因此虚拟网络中的边数随之增多,增加了复合体的规模。为了平衡 F-值和覆盖率, β 的取值为 0.618。

12.5.5　鲁棒性分析

算法的鲁棒性是指测试数据出现"震动"（受到干扰）时，算法结论是否相对稳定。优秀的算法应该具有高度的鲁棒性，本节讨论 GC-Coach 算法的鲁棒性。

首先选择干扰数据与度量标准。将 MIPS 数据库中所有蛋白质复合体构建成团，称之为测试图（Test Graph）。由于测试网络不能有效区分算法提取复合体的性能，因此对测试网络进行相应的扰动，即通过随机地添加、删除边构建扰动网络（Altered Graph），用 $AG_{add,del}$ 表示，其中 add 与 del 分别表示添加边和删除边的比例。

评价性指标包括准确性（Accuracy）与分离度（Separation）。聚类的敏感度 S_n 定义为

$$S_n = \frac{\sum\limits_{i=1}^{n} N_i \max\limits_{j}\left(\dfrac{T_{ij}}{N_i}\right)}{\sum\limits_{i=1}^{n} N_i}$$

正向检测率 PPV 定义为

$$PPV = \frac{\sum\limits_{j=1}^{m} \dfrac{\left(\sum\limits_{i=1}^{n} T_{ij}\right)\max\limits_{i=1}^{n} T_{ij}}{\sum\limits_{i=1}^{n} T_{ij}}}{\sum\limits_{j=1}^{m}\sum\limits_{i=1}^{n} T_{ij}}$$

上面两式中：n、m 分别为标准测试集的势与检测集的势；N_i 表示第 i 标准复合体中包含蛋白质的数目。

基于 S_n 和 PPV，几何准确率定义为

$$Acc = \sqrt{S_n \cdot PPV}$$

分离度定义为

$$Sep_{ij} = F_{col_{ij}} \cdot PPV_{ij}$$

式中：$F_{col_{ij}} = \dfrac{T_{ij}}{\sum\limits_{j=1}^{m} T_{ij}}$。几何分离度 Sep 定义为

$$Sep = \sqrt{Sep_{co} \cdot Sep_{cl}}$$

式中：$Sep_{co} = \dfrac{\sum\limits_{i=1}^{n}\sum\limits_{j=1}^{m} Sep_{ij}}{n}$，$Sep_{cl} = \dfrac{\sum\limits_{i=1}^{n}\sum\limits_{j=1}^{m} Sep_{ij}}{m}$。

该实验中，只选择 MCL 与 Coach 算法与 GC-Coach 算法比较，是因为 MCL 算法是当前最鲁棒的算法，而 Coach 算法也是基于核-附属结构的算法，且它是当前性能最好的算法。

图 12-12 是各算法的鲁棒性分析。图 12-12(a) 是几何精度与添边率之间的变化关系图，可知，当添边率在 0～100% 的范围变化时，MCL 与 GC-Coach 算法几乎不受网络干扰，而 Coach 算法在添边率低于 40% 时不受影响，但当添边率超过 40% 后，几何精度波动

剧烈。图 12-12(b)是分离率与添边率之间的变化关系图,从图中可知,当添边率低于 80%时,MCL 与 GC-Coach 算法的分离率开始明显降低,但 Coach 算法在添边率高于 20% 时性能明显下降。这表明 GC-Coach 算法比 Coach 算法更加稳定,其原因在于 Coach 算法 利用节点的邻接图来识别复合体,而邻接图的拓扑结构对网络的扰动很敏感。但是网络通 信性对网络拓扑结构的变化不太敏感,因此 GC-Coach 算法具有更高的稳定性。

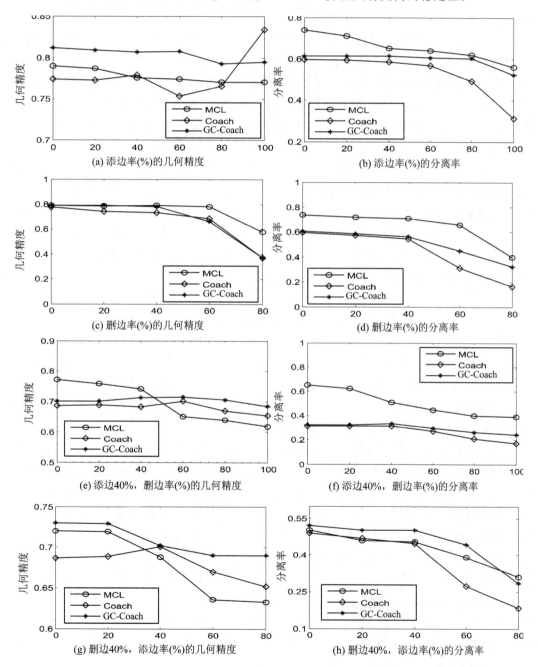

图 12-12　扰动网络下的算法性能

图 12-12(c)和图 12-12(d)分别描述了几何精度和分离率与删边率之间的关系。图 12-12(c)中 MCL 与 GC-Coach 算法在删边率低于 20% 时，几何精度维持稳定；当删边率超过 20% 时，其几何精度开始下降。但整体来说，MCL 算法在该方面的性能要优于 GC-Coach 算法。而删边率超过 5% 时，Coach 算法的几何精度开始下降，且在删边率小于 40% 时，GC-Coach 算法的性能要优于 Coach 算法的。从图 12-12(d)中可以看出，Coach 算法的性能最低，MCL 算法的最优。

图 12-12(a)～图 12-12(d)的实验只是单纯地使用添边或者删边操作。要充分检验算法的鲁棒性，需要同时对网络进行添边与删边操作。图 12-12(e)和图 12-12(f)分别为添加 40% 边的前提下删边率与几何精度、分离率之间的关系图。从图中可以看出，删边率大于 40% 时，GC-Coach 算法的性能要优于 Coach 算法的；而当删边率小于 40% 时，两算法具有相似的性能。值得指出的是，随着删边率的增加，MCL 算法的几何精度剧减。从图 12-12(f)中可以看出，当删边率低于 40% 时，Coach 算法与 GC-Coach 算法的分离率保持一致，而 MCL 算法的分离率最高。

图 12-12(g)和图 12-12(h)分别为删除 40% 边的前提下添边率与几何精度、分离率之间的关系图。从图 12-12(g)可知，当添边率低于 20% 时，GC-Coach 算法与 Coach 算法在几何精度上一致；当添边率高于 20% 时，三个算法的几何精度都开始下降，但 GC-Coach 算法与 Coach 算法的性能要优于 MCL 算法的。从图 12-12(h)可知，分离率对添边率非常敏感，且三个算法的变化趋势基本一致。

12.6　图密度与复合体拓扑关系

虽然现有的算法都致力于检测蛋白质交互网络中的稠密子图，但密度是否足够刻画复合体拓扑结构仍然值得商榷。本节通过对比 GC-Coach 与 Coach 算法所检测的复合体，分析图密度与复合体的拓扑关系。选择这两个算法的原因有：① Coach 是基于密度算法中性能最好的算法；② GC-Coach 与 Coach 算法的性能相当。

本节从两方面进行：检测复合体的规模分布与密度分布。图 12-13 是标准测试集及算法检测的复合体规模分布图，可以看出，DPClus 与 MCL 算法所检测出来的复合体在规模分布上与标准测试集的相差甚远，而 Coach 与 GC-Coach 算法的与标准测试集的吻合度高。对比图 12-13(a)～图 12-13(c)可断言，GC-Coach 算法所检测的复合体在规模分布上几乎与标准测试集的一致，而 Coach 算法的偏离标准分布相对较远。

图 12-14 验证了复合体的密度分布情况。从图中可以看出，Coach 算法所检测的复合体主要集中在 (0.9, 1] 区间，表明该算法所提取的模块具有高密度，而 WT-Coach 算法可提取更多稀疏的、具有生物意义的复合体。

两个性能几乎完全相同的算法检测出来的复合体在规模分布与密度分布上存在显著性差异，即基于密度的方法不能检测出非稠密的、具有生物功能意义的蛋白质复合体。因此，图密度不足以刻画蛋白质复合体的拓扑结构。

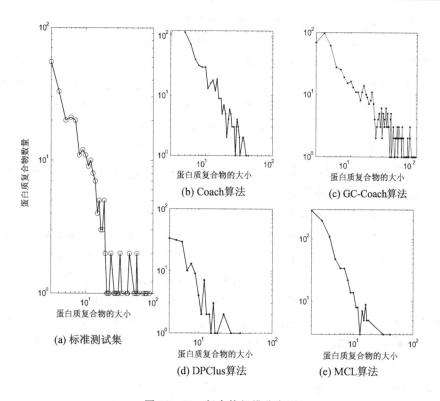

图 12 - 13　复合体规模分布图

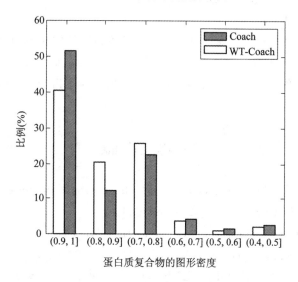

图 12 - 14　验证复合体密度分布情况

本 章 小 结

　　蛋白质复合体在分子功能、信号传递等许多生物过程中占据极其重要的位置,但目前已知的蛋白质复合体数量还很少。如何从现有的生物网络数据中检测出新的蛋白质复合体，这对理解、推导生命过程的原理有着极其重要的意义。

本章介绍了两种基于核-附属结构的算法。第一种算法首先对复合体的拓扑结构提出了一种新的刻画方式，利用网络的通信性刻画复合体拓扑结构。通过通信性构建与原来蛋白质交互网络同规模的虚拟网络，将蛋白质复合体检测问题转化为经典的全团问题。最后设计出算法，分别提取复合体核部分与附属部分。第二种方法从研究蛋白质交互网络的社会性质出发，证明网络存在弱连接效应，进一步验证了弱连接与拓扑相似性之间存在负相关性，基于此提出了桥拓扑相似性，并设计出算法用以提取复合体。实验结果表明，算法 GC-Coach、WT-Coach 不仅可以提取出具有生物功能意义的复合体，且具有很高的准确性。同时，鲁棒性分析表明该算法非常健壮。

在本章算法的基础上进一步的研究方向如下：

(1) 本章算法是三次方时间复杂度算法，不适合大规模的稠密网络。本章采用划分策略以牺牲算法的准确性来换取时间。如何对算法进行有效加速是一个重要的研究方向。

(2) 本章通过网络通信性将蛋白质复合体刻画成最大团，但还有其他更加有效的刻画方式。Bianconi 等人指出网络熵可以有效刻画难以被检测的社团结构。如何利用随机网络熵来有效识别无生物先验知识的蛋白质复合体也将是非常有意义的。如何利用模糊理论（例如模糊子群理论、模糊熵、最大模糊映射）来描述与分析复合体检测问题中的不确定因素也将是一个重要的研究方向。

(3) 现有的蛋白质交互网络充满了噪声，如何去除噪声对蛋白质检测问题有着至关重要的意义，如何构建可信网络和设计出噪声不敏感算法来提取噪声网络中的复合体是两个急需解决的重要问题。

(4) 由于生物网络是一种特定的社会网络，如何利用隐含在生物网络中的社会学行为来辅助设计蛋白质复合体检测将是一个非常有意义的问题。如何关联结构与功能是生物信息学中一个极其重要的研究目标，而如何将弱连接效应与生物功能进行有效关联也是非常重要的。

参 考 文 献

[1] XENARIOS I, RICE D W, et al. DIP: the database of innteracting proteins[J]. Nucleic Acids Research, 2000, 28: 289 – 291.

[2] KROGAN N J, CAGNEY G, YU H, et al. Global landscape of protein complexes in the yeast saccharomyces cerevisiae[J]. Nature, 2006, 440(7084): 637 – 643.

[3] GAVIN A C, ALOY P, GRANDI P, et al. Proteome survey reveals modularity of the yeast cell machinery[J]. Nature, 2006, 440(7084): 637 – 643.

[4] TONG A H, DREES B, NARDELLI G, et al. A combined experimental and computational strategy to define protein interaction networks for peptide recognition modules[J]. Science, 2002, 295(5583): 321 – 324.

[5] PEREIRA-LEAL J B, ENRIGHT A J, OUZOUNIS C A. Detection of functional modules from protein interaction networks[J]. Proteins, 2004, 54(1): 49 – 57.

[6] ENRIGHT A J, DONGEN S V, OUZOUNIS C A. An efficient algorithm for large-scale detection of protein families[J]. Nucleic Acids Research, 2002, 30(7): 1575 – 1584.

[7] BADER G, HOGUE C. An automated method for finding molecular complexes in large protein interaction networks[J]. BMC Bioinformatics, 2003, 10: 169.

[8] ADAMCSEK B, PLLA G, FARKAS I J, et al. CFinder: locating cliques and overlapping modules in biological networks[J]. Bioinformatics, 2006, 22(8): 1021 – 1023.

[9] ALEXANDERSONG. Euler and koigsber's bridges: a historical view [J]. Bulletin of the American Mathematical Society, 2006, 43(4): 567 – 573.

附录　数学基础

在机器学习以及数据挖掘中，一切内容都是构建在数学之上的，如贝叶斯分类器基于概率论中的贝叶斯理论、逻辑回归的损失函数基于二项分布等。打下坚实的数学基础是学习数据挖掘的第一步，这里将讲述和总结数据挖掘中可能用到的数学基础知识，供以后查阅使用。本附录的重点内容包括：向量点积的意义；矩阵与向量的乘法空间变换；矩阵的迹及其在矩阵求导中的重要地位；奇异值分解；奇异值分解在低秩分解中的应用；等式约束和不等式约束的区别；梯度下降法和坐标下降法的区别；贝叶斯定理；常用概率分布以及它们之间的关系；共轭分布和 KL 散度。

一、线性代数

1. 向量

简单地说，向量(Vector)是一个具有量值(Magnitude)和方向(Direction)的量。向量通常用一个有向线段表示，其长度就是向量的值。如图 F - 1(a)给出了两个二维空间中的向量：向量 u 的长度为 1，方向同 y 轴；向量 v 的长度为 2，方向为 45°。

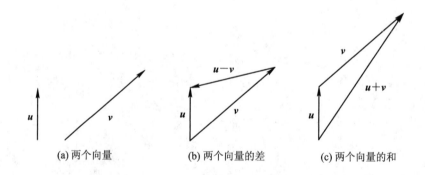

(a) 两个向量　　　　　　(b) 两个向量的差　　　　　(c) 两个向量的和

图 F - 1　两个向量及它们的加、减

1）向量运算

向量可以进行多种运算，例如加、减、数乘等。其中加减运算可参见图 F - 1(b)和图 F - 1(c)。向量数乘可以看作对向量的伸缩，如标量(Scale)α 乘以向量 u 表示为 αu，向量 αu 的长度是向量 u 的 α 倍，而方向取决于 α(若 α 为正，则方向不变；若 α 为负，则方向相反)。

向量运算和数值运算一样，具有如下性质：

- 向量加法的交换律：$u+v=v+u$。
- 向量加法的结合律：$(u+v)+w=u+(v+w)$。
- 向量加法逆元的存在性：$u+(-u)=0$。其中，零向量(Zero Vector)简记为 $\mathbf{0}$，满足 $u+\mathbf{0}=u$。

- 向量数乘结合律：$(\alpha\beta)\boldsymbol{u}=\alpha(\beta\boldsymbol{u})$。
- 向量数乘分配律：$(\alpha+\beta)\boldsymbol{u}=\alpha\boldsymbol{u}+\beta\boldsymbol{u}$，或者 $\alpha(\boldsymbol{u}+\boldsymbol{v})=\alpha\boldsymbol{u}+\alpha\boldsymbol{v}$。
- 标量单位元存在性：如果 $\alpha=1$，则对于任何向量 $\boldsymbol{u}$，有 $\alpha\boldsymbol{u}=\boldsymbol{u}$。

2）向量空间

向量空间（Vector Space）是向量的集合，其连同一个相关联的标量集，满足上述性质，并且关于向量加法和数乘运算是封闭的（封闭指向量运算后的结果仍然是向量集合中的向量）。向量空间具有如下性质：该空间中的任何向量，都可以用一组基（Basis）向量的线性组合（Linear Combination）来表示。如 $\boldsymbol{u}_1$，$\boldsymbol{u}_2$，$\cdots$，$\boldsymbol{u}_n$ 是 n 个基向量，那么对于任意向量 $\boldsymbol{v}$，可以找到 n 个标量 α_1，α_2，$\cdots$，α_n，使得 $\boldsymbol{v}=\sum_{i=1}^{n}\alpha_i\boldsymbol{u}_i$。我们称这组基向量生成（Span）了该向量空间。向量空间的维数（Dimension）是形成基所需要的最少的向量数（小于或等于 n）。

通常来说，基向量是正交的（Orthogonal），可以理解为二维空间中的垂直。当然，基向量可以不正交，但是经过一定的变换可以得到正交的基向量。基于基向量，我们可以用一个 n 元组表示 n 维空间的任一向量，如在基向量组 $\boldsymbol{u}_1$，$\boldsymbol{u}_2$，$\cdots$，$\boldsymbol{u}_n$ 下，向量 $\boldsymbol{v}$ 可以表示为 $(v_1, v_2, \cdots, v_n)$，其中 v_i 取决于基向量组。

从向量分量的角度来看，矩阵加减法和数乘会变得非常简单，即 $\boldsymbol{u}+\boldsymbol{v}=(u_1+v_1, u_2+v_2, \cdots, u_n+v_n)$，$\alpha\boldsymbol{u}=(\alpha u_1, \alpha u_2, \cdots, \alpha u_n)$。

3）点积、正交性、正交投影

从定义正交性开始，我们先提出向量的点积（Dot Product）。为简单起见，我们只在欧几里得空间讨论。

定义 F.1　点积：两个向量 $\boldsymbol{u}$ 和 $\boldsymbol{v}$ 的点积记为 $\boldsymbol{u}\cdot\boldsymbol{v}$，简记为 $\boldsymbol{uv}$：

$$\boldsymbol{uv}=\sum_{i=1}^{n}u_iv_i$$

有了点积的定义后，可以证明，在欧几里得空间中，两个垂直的向量点积为 0。例如二维欧几里得空间中，以 x 轴和 y 轴作为基向量，那么向量 $(1, 0)$ 和 $(0, 1)$ 是正交的。

点积也可以用来计算向量的长度，向量 $\boldsymbol{u}$ 的长度为 $\sqrt{\boldsymbol{u}\cdot\boldsymbol{u}}$，同时，向量的长度也称为 L_2 范数（Norm），记作 $\|\boldsymbol{u}\|_2$。向量的方向可以用标准化（Normalized）后的向量来表示：$\boldsymbol{u}/\|\boldsymbol{u}\|_2$。该向量的 L_2 范数为 1，同时，它的方向与 $\boldsymbol{u}$ 的相同。

基于向量范数，向量的点积也可写为

$$\boldsymbol{uv}=\|\boldsymbol{u}\|_2\|\boldsymbol{v}\|_2\cos(\theta)$$

式中：θ 是两个向量之间的夹角。

不仅如此，点积可以用正交投影（Orthogonal Projection）来解释：

$$\boldsymbol{uv}=\|\boldsymbol{u}\|_2\|\boldsymbol{v}_u\|_2$$

式中：$\|\boldsymbol{v}_u\|_2=\|\boldsymbol{v}\|_2\cos(\theta)$，表示向量 $\boldsymbol{v}$ 在 $\boldsymbol{u}$ 上的正交投影的长度，那么在 $\boldsymbol{u}$ 方向上相应长度的向量就是正交投影 $\boldsymbol{v}_u=\|\boldsymbol{v}_u\|_2\boldsymbol{u}=(\boldsymbol{uv}/\|\boldsymbol{u}\|_2)\boldsymbol{u}$，如图 F-2 所示。

可见，点积不仅仅是分量的相乘相加，它可以表示向量长度，可以表示向量之间的夹角，也可以表示向量之间的投影。

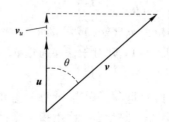

图 F - 2　向量 v 在 u 上的正交投影

4）向量范数

这里列举几个常用范数以供查阅：

- 向量的 1-范数：$\| \boldsymbol{u} \|_1 = \sum\limits_{i=1}^{n} | u_i |$，表示各个元素的绝对值求和。

- 向量的 2-范数：$\| \boldsymbol{u} \|_2 = \sqrt{\left\{ \sum\limits_{i=1}^{n} u_i^2 \right\}}$，表示欧几里得空间中的向量长度，等于每个元素的平方和再开平方根。

- 向量的无穷范数：$\| \boldsymbol{u} \|_\infty = \max\limits_{1 \leqslant i \leqslant n} | u_i |$，表示元素最大的绝对值。

- 向量的 p 范数：$\| \boldsymbol{u} \|_p = (\sum\limits_{i=1}^{n} | u_i |^p)^{\frac{1}{p}}$，其中正整数 $p \geqslant 1$，并且有 $\lim\limits_{p \to \infty} \| \boldsymbol{u} \|_p = \max\limits_{1 \leqslant i \leqslant n} | x_i |$。这是范数的一个总结，它概括了大部分的向量范数。

2. 矩阵

矩阵是一个按照长方形阵列排列的实数或复数集合，这里只讨论实矩阵。一个实矩阵 $\boldsymbol{A} \in \mathbf{R}^{m \times n}$，定义为一个有 m 行 n 列的阵列，其第 i 行第 j 列的元素为 $(\boldsymbol{A})_{ij} = A_{ij}$。也可以用向量来定义矩阵，一方面可以把矩阵看作 m 个行向量的组合，即 $\boldsymbol{A} = (\boldsymbol{a}_{1:}, \boldsymbol{a}_{2:}, \cdots, \boldsymbol{a}_{m:})^{\mathrm{T}}$；另一方面也可以把矩阵看作 n 个列向量的组合，即 $\boldsymbol{A} = (\boldsymbol{a}_{:1}, \boldsymbol{a}_{:2}, \cdots, \boldsymbol{a}_{:m})$，其中 $\boldsymbol{a}_{i:}$ 表示矩阵第 i 行组成的行向量，$\boldsymbol{a}_{:j}$ 表示第 j 列组成的列向量。在本章中，我们通常使用黑体小写字母 $\boldsymbol{a}$ 表示列向量，而行向量则表示为列向量的转置（Transpose），记作 $\boldsymbol{a}^{\mathrm{T}}$。

1）矩阵基本运算

记实矩阵 $\boldsymbol{A} \in \mathbf{R}^{m \times n}$，而 $\boldsymbol{B} \in \mathbf{R}^{n \times l}$，矩阵 $\boldsymbol{A}$ 的转置记作 $\boldsymbol{A}^{\mathrm{T}}$，定义 $(\boldsymbol{A}^{\mathrm{T}})_{ij} = A_{ji}$。显然有

$$(\boldsymbol{A} + \boldsymbol{B})^{\mathrm{T}} = \boldsymbol{A}^{\mathrm{T}} + \boldsymbol{B}^{\mathrm{T}}$$

$$(\boldsymbol{AB})^{\mathrm{T}} = \boldsymbol{B}^{\mathrm{T}} \boldsymbol{A}^{\mathrm{T}}$$

矩阵加减法类似于向量，同样具有交换律、结合律等性质。同样的，矩阵数乘运算和向量数乘运算相同，即各元素乘以相应的标量。其中，$\boldsymbol{AB}$ 表示矩阵乘法，得到的矩阵 $\boldsymbol{AB} \in \mathbf{R}^{m \times l}$，并且第 i 行第 j 列元素为 $(\boldsymbol{AB})_{ij} = \sum\limits_{k=1}^{n} A_{ik} B_{kj}$，因此矩阵乘法要求前一矩阵的列数和后一矩阵的行数相同。

对于矩阵 $\boldsymbol{A}$，若 $m = n$，则称为 n 阶方阵。用 $\boldsymbol{I}_n$ 表示 n 阶单位阵，即对角线元素为 1、其他都为 0 的方阵。方阵 $\boldsymbol{A}$ 的逆矩阵（Inverse Matrix）$\boldsymbol{A}^{-1}$ 满足 $\boldsymbol{A}\boldsymbol{A}^{-1} = \boldsymbol{A}^{-1}\boldsymbol{A} = \boldsymbol{I}_n$，则有

$$(\boldsymbol{A}^{\mathrm{T}})^{-1} = (\boldsymbol{A}^{-1})^{\mathrm{T}}$$

$$(\boldsymbol{AB})^{-1} = \boldsymbol{B}^{-1} \boldsymbol{A}^{-1}$$

对于 n 阶方阵 $\boldsymbol{A}$，它的迹（Trace）是对角线上的元素之和，即 $\mathrm{tr}(\boldsymbol{A}) = \sum_{i=1}^{n} A_{ii}$。矩阵的迹有几大常用的性质，经常出现在公式推导中，如：

$$\mathrm{tr}(\boldsymbol{A}^{\mathrm{T}}) = \mathrm{tr}(\boldsymbol{A})$$

$$\mathrm{tr}(\boldsymbol{A} + \boldsymbol{B}) = \mathrm{tr}(\boldsymbol{A}) + \mathrm{tr}(\boldsymbol{B})$$

$$\mathrm{tr}(\boldsymbol{AB}) = \mathrm{tr}(\boldsymbol{BA})$$

$$\mathrm{tr}(\boldsymbol{ABC}) = \mathrm{tr}(\boldsymbol{CAB}) = \mathrm{tr}(\boldsymbol{BCA})$$

这些迹的公式常用于求目标函数的梯度，以及其他矩阵相关的求导中。给出了这些矩阵迹的公式后，接下来讨论向量以及矩阵的求导。

2）矩阵及向量求导

首先，给出向量 $\boldsymbol{u}$ 对于标量 x 的导数（Derivative），以及 x 对于 $\boldsymbol{u}$ 的导数，它们的结果都是向量，其第 i 个分量分别为

$$\left(\frac{\partial \boldsymbol{u}}{\partial x}\right)_i = \frac{\partial u_i}{\partial x}$$

$$\left(\frac{\partial x}{\partial \boldsymbol{u}}\right)_i = \frac{\partial x}{\partial u_i}$$

类似的，矩阵 $\boldsymbol{A}$ 对于标量 x 的导数，以及 x 对于 $\boldsymbol{A}$ 的导数，它们的结果都是矩阵，其第 i 行第 j 列上的元素为

$$\left(\frac{\partial \boldsymbol{A}}{\partial x}\right)_{ij} = \frac{\partial A_{ij}}{\partial x}$$

$$\left(\frac{\partial x}{\partial \boldsymbol{A}}\right)_{ij} = \frac{\partial x}{\partial A_{ij}}$$

对于函数 $f(\boldsymbol{u})$，假定其对向量元素可导，那么 $f(\boldsymbol{u})$ 关于 $\boldsymbol{u}$ 的一阶导数是一个向量，其分量为

$$(\nabla f(\boldsymbol{u}))_i = \frac{\partial f(\boldsymbol{u})}{\partial u_i}$$

$f(\boldsymbol{u})$ 关于 $\boldsymbol{u}$ 的二阶导数称为海森矩阵（Hessian Matrix）的方阵，其第 i 行第 j 列上的元素为

$$(\nabla^2 f(\boldsymbol{u}))_{ij} = \frac{\partial^2 f(\boldsymbol{u})}{\partial u_i \partial u_j}$$

函数对常数求导时存在导数的乘法法则（Product Rule），将之应用于向量和矩阵，则其求导过程也满足乘法法则，即

$$\frac{\partial \boldsymbol{u}^{\mathrm{T}} \boldsymbol{v}}{\partial \boldsymbol{u}} = \frac{\partial \boldsymbol{v}^{\mathrm{T}} \boldsymbol{u}}{\partial \boldsymbol{u}} = \boldsymbol{v}$$

$$\frac{\partial \boldsymbol{AB}}{\partial \boldsymbol{u}} = \frac{\partial \boldsymbol{A}}{\partial \boldsymbol{u}} \boldsymbol{B} + \boldsymbol{A} \frac{\partial \boldsymbol{B}}{\partial \boldsymbol{u}}$$

根据 $\boldsymbol{A}^{-1}\boldsymbol{A} = \boldsymbol{I}$ 和乘法法则，可以得到逆矩阵的导数为

$$\frac{\partial \boldsymbol{A}^{-1}}{\partial x} = -\boldsymbol{A}^{-1} \frac{\partial \boldsymbol{A}}{\partial x} \boldsymbol{A}^{-1}$$

迹的求导在优化中很常用，因为迹和矩阵的 F 范数存在一定的转换关系，即 $\|\boldsymbol{A}\|_{\mathrm{F}}^2 = \sum_{i=1}^{n} \sum_{j=1}^{n} A_{ij}^2 = \mathrm{tr}(\boldsymbol{A}^{\mathrm{T}} \boldsymbol{A})$。迹的求导公式可以总结如下：

$$\frac{\partial \mathrm{tr}(\boldsymbol{AB})}{\partial A_{ij}} = B_{ij}$$

$$\frac{\partial \mathrm{tr}(\boldsymbol{AB})}{\partial \boldsymbol{A}} = \boldsymbol{B}^{\mathrm{T}}$$

进而根据矩阵迹的几大性质，有

$$\frac{\partial \mathrm{tr}(\boldsymbol{A}^{\mathrm{T}}\boldsymbol{B})}{\partial \boldsymbol{A}} = \boldsymbol{B}$$

$$\frac{\partial \mathrm{tr}(\boldsymbol{A})}{\partial \boldsymbol{A}} = \boldsymbol{I}$$

$$\frac{\partial \mathrm{tr}(\boldsymbol{ABA}^{\mathrm{T}})}{\partial \boldsymbol{A}} = \boldsymbol{A}(\boldsymbol{B} + \boldsymbol{B}^{\mathrm{T}})$$

$$\frac{\partial \parallel \boldsymbol{A} \parallel_{\mathrm{F}}^{2}}{\partial \boldsymbol{A}} = \frac{\partial \mathrm{tr}(\boldsymbol{A}^{\mathrm{T}}\boldsymbol{A})}{\partial \boldsymbol{A}} = 2\boldsymbol{A}$$

链式法则（Chain Rule）是计算复杂导数时的重要工具，简单地说，若函数 f 是函数 g 和 h 的复合，即 $f(x) = g(h(x))$，则有

$$\frac{\partial f(x)}{\partial x} = \frac{\partial g(h(x))}{\partial h(x)} \cdot \frac{\partial h(x)}{\partial x}$$

链式法则在矩阵求导中同样适用，例如：

$$\frac{\partial}{\partial \boldsymbol{x}}(\boldsymbol{Ax} - \boldsymbol{b})^{\mathrm{T}}\boldsymbol{W}(\boldsymbol{Ax} - \boldsymbol{b}) = \frac{\partial (\boldsymbol{Ax} - \boldsymbol{b})}{\partial \boldsymbol{x}}2\boldsymbol{W}(\boldsymbol{Ax} - \boldsymbol{b}) = 2\boldsymbol{A}^{\mathrm{T}}\boldsymbol{W}(\boldsymbol{Ax} - \boldsymbol{b})$$

3）特征分解与奇异值分解

首先，我们从空间变换的角度来看矩阵与向量的乘法。已知矩阵 $\boldsymbol{A}$ 可以看作 m 个行向量或者 n 个列向量，如 $\boldsymbol{A} = [\boldsymbol{a}_1, \boldsymbol{a}_2, \cdots, \boldsymbol{a}_n]$。由此，矩阵可以看作是将一个向量从一个空间映射到另一个空间的函数，例如 $\boldsymbol{v} = \boldsymbol{Au} = \sum_{i=1}^{n} u_i \boldsymbol{a}_i$ 将向量 $\boldsymbol{u}$ 从维度为 n 的空间映射到维度为 m 的空间，若 $m < n$，则称矩阵 $\boldsymbol{A}$ 为投影矩阵（Projection Matrix）。对于不同的矩阵，变换效果不同，如图 F-3 所示，将向量 $\boldsymbol{u} = (1, 1)$ 变换到不同的空间内：

* 投影矩阵把向量从高维空间映射至低维子空间；
* 缩放矩阵（Scaling Matrix）不改变向量方向，只改变向量长度，等价于乘以一个标量；
* 旋转矩阵（Rotation Matrix）改变向量方向，不改变向量长度；

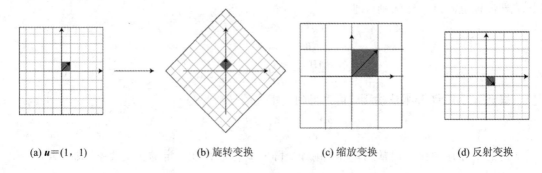

(a) $\boldsymbol{u} = (1, 1)$ (b) 旋转变换   (c) 缩放变换   (d) 反射变换

图 F-3 矩阵变换示例

• 反射矩阵(Reflection Matrix)将一个向量从某几个坐标轴反射，等价于用-1乘该向量的某些元素等。

特征值(Eigenvalue)和特征向量(Eigenvector)，以及奇异值(Singular Value)、奇异向量(Singular Vector)是线性代数里非常重要的概念，它们捕获了矩阵的结构，在数学公式求解、降维、降噪等方面有着广泛的应用。我们从特征值和特征向量开始讨论。

定义 F.2(特征向量和特征值)　$m \times n$ 的矩阵 A 的特征值和特征向量分别为标量值 λ 和向量 u，它们是如下方程的解：

$$Au = \lambda u$$

换言之，特征向量是被 A 乘时方向不变、长度改变的向量。特征值就是缩放因子，可以改变向量的长度。从特征向量的角度来看，A 就是一个缩放矩阵。上述方程可以写作 $(A - \lambda I)u = 0$。当 $m = n$ 时，即 A 为方阵时，我们可以使用特征值分解。

定理 F.1　若 A 是 $n \times n$ 矩阵，并且具有 n 个线性无关的特征向量(线性无关指任一向量不可以由其他的向量线性组合而成)，那么 A 可以分解为 $U \Lambda U^{-1}$，其中 $U = [u_1, u_2, \cdots, u_n]$ 是特征向量形成的矩阵，Λ 是对角阵，它的对角线元素是各个特征向量对应的特征值 λ_i，表示为

$$A = U \Lambda U^{-1}$$

像这样将 A 分解成 3 个矩阵的乘积，我们称之为特征分解(Eigen Decomposition)或者谱分解(Spectral Decomposition)。

同时，对于对称矩阵，特征分解可以得到正交矩阵。

定理 F.2　若 A 是 $n \times n$ 的实对称矩阵，则 A 必存在 N 个线性无关的特征向量，并且这些特征向量都可以正交单位化而得到一组正交且模为 1 的向量。故对称矩阵 A 可被分解为

$$A = U \Lambda U^{\mathrm{T}}$$

其中：U 称为正交矩阵(Orthogonal Matrix)，满足 $UU^{\mathrm{T}} = I$，即 U 的各行(列)是正交的。

特征分解在主成分分析(Principal Components Analysis，PCA)、线性判别分析(Linear Discriminant Analysis，LDA)，以及图神经网络(Graph Neural Network，GNN)等场合都有广泛的应用。但特征分解不具有普适性，该分解方式的要求苛刻，需要方阵，并且有 n 个线性无关的特征向量，然而真实处理的数据往往不满足这些条件。因此，奇异值分解(Singular Value Decomposition，SVD)的提出解决了这一问题，它可以分解任意 $m \times n$ 的矩阵。

定理 F.3　假设 A 是 $m \times n$ 的矩阵，则 A 可以表示为

$$A = U \Sigma V^{\mathrm{T}}$$

其中：U 是 $m \times m$ 的矩阵；Σ 是 $m \times n$ 的矩阵；V 是 $n \times n$ 矩阵。U 和 V 都是标准正交矩阵，即它们的列向量都是单位长度的，并且满足 $UU^{\mathrm{T}} = I_m$ 和 $VV^{\mathrm{T}} = I_n$。类似于特征分解，Σ 也是对角矩阵，其对角线元素是从大到小排列的非负值，即 $\sigma_{i,i} \geqslant \sigma_{i+1,i+1} \geqslant 0$。

V 的列向量 $v_1, v_2, \cdots, v_n$ 称为右奇异向量(Right Singular Vector)，它们是矩阵 $A^{\mathrm{T}}A$ 的特征向量。同理，可得 U 的列向量，称为左奇异向量(Left Singular Vector)，它是 AA^{T} 的特征向量，AA^{T} 和 $A^{\mathrm{T}}A$ 的非零特征值都是 σ_i^2。奇异值矩阵(Singular Value Matrix)Σ 的对角线元素记作 $\sigma_1, \sigma_2, \cdots, \sigma_n$，称为 A 的奇异值，其中最多有 $\mathrm{rank}(A) \leqslant \min(m, n)$ 个非

零奇异值。

我们将奇异值分解得到的矩阵都用以上所述的向量组来表示，可以将奇异值分解写为

$$A = \sum_{i=1}^{\text{rank}(A)} \sigma_i \boldsymbol{u}_i \boldsymbol{v}_i^{\text{T}}$$

这说明任何一个矩阵都可以表示为 $\text{rank}(A)$ 个秩为 1 的矩阵的加权和。由此出发，我们可以解决低秩矩阵近似(Low-Rank Matrix Approximation)问题，即求最优 k 秩矩阵 $\widetilde{A}$ 来近似原矩阵 A：

$$\min_{\widetilde{A} \in \mathbf{R}^{m \times n}} \| A - \widetilde{A} \|_{\text{F}}$$

$$\text{s. t. rank}(\widetilde{A}) = k \leqslant \text{rank}(A)$$

奇异值分解提供了上式的解析解：对矩阵 A 进行奇异值分解后，将矩阵 $\boldsymbol{\Sigma}$ 中的 $r-k$ 个最小的奇异值置为 0 获得矩阵 $\boldsymbol{\Sigma}_k$，则 $A_k = U_k \boldsymbol{\Sigma}_k V_k^{\text{T}}$ 就是上式的最优解，其中 U_k 和 V_k 分别是 U 和 V 中前 k 列组成的矩阵。这个结果是根据 Eckart-Young-Mirsky 定理得出的。

二、优化

本小节主要介绍拉格朗日乘子法、二次规划、半正定规划、梯度下降法和坐标下降法。

1. 拉格朗日乘子法

拉格朗日乘子(Lagrange Multipliers)法是一种寻找多元函数在一组约束下的极值的方法。通过引入拉格朗日乘子，可将有 d 个变量与 k 个约束条件的最优化问题转化为具有 $d+k$ 个变量的无约束问题。

为了方便理解，我们首先考虑一个等式约束问题。假定 $\boldsymbol{x}$ 为 d 维向量，欲寻找 $\boldsymbol{x}$ 的某个取值 $\boldsymbol{x}^*$，使目标函数 $f(\boldsymbol{x})$ 最小且同时满足 $g(\boldsymbol{x}) = 0$ 的约束，即 $\min f(\boldsymbol{x})$ s. t. $g(\boldsymbol{x}) = 0$。从几何角度出发，该问题的目标是在由方程 $g(\boldsymbol{x}) = 0$ 确定的 $d-1$ 维曲面上寻找能使目标函数 $f(\boldsymbol{x})$ 最小化的点，如图 F-4 所示。

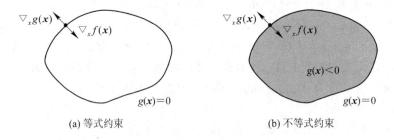

(a) 等式约束　　　　　　　(b) 不等式约束

图 F-4　等式约束问题与不等式约束问题

此时不难得到结论：对于约束曲面上的任一点 $\boldsymbol{x}$，该点的梯度 $\nabla g(\boldsymbol{x})$ 正交于约束曲面；对于最优点 $\boldsymbol{x}^*$，目标函数在该点的梯度 $\nabla f(\boldsymbol{x}^*)$ 正交于约束曲面。

由此可知，在最优点 $\boldsymbol{x}^*$，梯度 $\nabla g(\boldsymbol{x})$ 和 $\nabla f(\boldsymbol{x})$ 的方向必相同或相反，即存在 $\lambda \neq 0$，使得

$$\nabla f(\boldsymbol{x}^*) + \lambda \nabla g(\boldsymbol{x}^*) = 0$$

其中，λ 称为拉格朗日乘子，定义拉格朗日函数为

$$L(\boldsymbol{x}, \lambda) = f(\boldsymbol{x}) + \lambda g(\boldsymbol{x})$$

不难发现，将其对 $\boldsymbol{x}$ 的偏导数 $\nabla_x L(\boldsymbol{x}, \lambda)$ 置零即得式 $\nabla f(\boldsymbol{x}^*) + \lambda \nabla g(\boldsymbol{x}^*) = 0$，同时将其对 λ 的偏导数 $\nabla_\lambda L(\boldsymbol{x}, \lambda)$ 置零即得约束条件 $g(\boldsymbol{x}) = 0$。因此，原约束问题便可转化为对拉格朗日函数 $L(\boldsymbol{x}, \lambda)$ 的无约束问题。

现在考虑不等式约束 $g(\boldsymbol{x}) \leqslant 0$，如图 F-4 所示，此时最优点 $\boldsymbol{x}^*$ 或在 $g(\boldsymbol{x}) < 0$ 的区域中，或在边界 $g(\boldsymbol{x})$ 上。对于 $g(\boldsymbol{x}) < 0$ 的情形，约束 $g(\boldsymbol{x}) \leqslant 0$ 不起作用，可直接通过条件 $\nabla f(\boldsymbol{x}) = 0$ 来获得最优点，这等价于将 λ 置 0 后对 $\nabla_x L(\boldsymbol{x}, \lambda) = 0$ 求解得到最优点。$g(\boldsymbol{x}) = 0$ 的情形类似于图 F-4(a)等式约束的分析，但需注意的是，此时 $\nabla f(\boldsymbol{x}^*)$ 的方向必与 $\nabla g(\boldsymbol{x}^*)$ 的相反，即存在常数 $\lambda > 0$ 使得 $\nabla f(\boldsymbol{x}^*) + \lambda g(\boldsymbol{x}^*) = 0$。整合这两种情形，必满足 $\lambda g(\boldsymbol{x}) = 0$。因此，在约束 $g(\boldsymbol{x}) \leqslant 0$ 下最小化 $f(\boldsymbol{x})$，可转化为在如下约束下最小化式 $L(\boldsymbol{x}, \lambda)$ 的拉格朗日函数：

$$\begin{cases} g(\boldsymbol{x}) \leqslant 0 \\ \lambda \geqslant 0 \\ \mu_j g_j(\boldsymbol{x}) = 0 \end{cases}$$

上式称为 Karush-Kuhn-Tucker 条件（KKT 条件）。

上述做法可推广到多个约束。考虑具有 m 个等式约束和 n 个不等式约束，且可行域 $\mathbb{D} \subset \mathbf{R}^d$ 非空的优化问题：

$$\min_x f(\boldsymbol{x})$$
$$\text{s. t.} \, h_i(\boldsymbol{x}) = 0, \, i = 1, 2, \cdots, m$$
$$g_j(\boldsymbol{x}) \leqslant 0, \, j = 1, 2, \cdots, n$$

引入拉格朗日乘子 $\boldsymbol{\lambda} = (\lambda_1, \lambda_2, \cdots, \lambda_m)^{\mathrm{T}}$ 和 $\boldsymbol{\mu} = (\mu_1, \mu_2, \cdots, \mu_n)^{\mathrm{T}}$，相应的拉格朗日函数为

$$L(\boldsymbol{x}, \boldsymbol{\lambda}, \boldsymbol{\mu}) = f(\boldsymbol{x}) + \sum_{i=1}^{m} \lambda_i h_i(\boldsymbol{x}) + \sum_{j=1}^{n} \mu_j g_j(\boldsymbol{x})$$

由不等式约束引入 KKT 条件（$j = 1, 2, \cdots, n$）为

$$\begin{cases} g_j(\boldsymbol{x}) \leqslant 0 \\ u_j \geqslant 0 \\ u_j g_j(\boldsymbol{x}) = 0 \end{cases}$$

一个优化问题可以从两个角度来考察，即"主问题"（Primal Problem）和"对偶问题"（Dual Problem）。主问题为引入拉格朗日乘子的方程，其基于 $L(\boldsymbol{x}, \boldsymbol{\lambda}, \boldsymbol{\mu})$，而拉格朗日"对偶函数"（Dual Function）$\Gamma: \mathbf{R}^m \times \mathbf{R}^n \to \mathbf{R}$ 定义为

$$\Gamma(\boldsymbol{\lambda}, \boldsymbol{\mu}) = \inf_{x \in \mathbf{D}} L(\boldsymbol{x}, \boldsymbol{\lambda}, \boldsymbol{\mu}) = \inf_{x \in \mathbf{D}} \left(f(\boldsymbol{x}) + \sum_{i=1}^{m} \lambda_i h_i(\boldsymbol{x}) + \sum_{j=1}^{n} \mu_j g_j(\boldsymbol{x}) \right)$$

若 $\tilde{x} \in \mathbf{D}$ 为主问题可行域中的点，则对任意 $\boldsymbol{\mu} \geqslant 0$ 和 $\boldsymbol{\lambda}$ 都有

$$\sum_{i=1}^{m} \lambda_i h_i(\boldsymbol{x}) + \sum_{j=1}^{n} \mu_j g_j(\boldsymbol{x}) \leqslant 0$$

进而有

$$\Gamma(\boldsymbol{\lambda}, \boldsymbol{\mu}) \leqslant p^*$$

若主问题的最优值为 p^*，则对任意 $\boldsymbol{\mu} \geqslant 0$ 和 $\boldsymbol{\lambda}$ 都有

$$\Gamma(\boldsymbol{\lambda}, \boldsymbol{\mu}) \leqslant p^*$$

即对偶函数给出了主问题最优值的下界。显然，这个下界取决于 $\boldsymbol{\mu}$ 和 $\boldsymbol{\lambda}$ 的值。因此，一个很自然的问题是：基于对偶函数能获得的最好下界是什么？这就引出了优化问题：

$$\max_{\boldsymbol{\lambda}, \boldsymbol{\mu}} \Gamma(\boldsymbol{\lambda}, \boldsymbol{\mu}) \quad \text{s.t. } \boldsymbol{\mu} \geqslant 0$$

上式就是主问题的对偶问题，其中 $\boldsymbol{\lambda}$ 和 $\boldsymbol{\mu}$ 称为"对偶变量"（Dual Variable）。无论主问题的凸性如何，对偶问题始终是凸优化问题。

考虑上式（对偶问题）的最优值 d^*，显然有 $d^* \leqslant p^*$，这称为"弱对偶性"（Weak Duality）成立；若 $d^* = p^*$，则称为"强对偶性"（Strong Duality）成立，此时由对偶问题能获得主问题的最优下界。对于一般的优化问题，强对偶性通常不成立。但是若主问题为凸优化问题，如上面例子中 $f(\boldsymbol{x})$ 和 $g_j(\boldsymbol{x})$ 均为凸函数，$h_i(\boldsymbol{x})$ 为仿射函数，且其可行域中至少有一点使不等式约束严格成立，则此时强对偶性成立。值得注意的是，在强对偶性成立时，将拉格朗日函数分别对原变量和对偶变量求导，并令导数等于 0，即可得到原变量与对偶变量的数值关系。由此，对偶问题解决了，主问题也就解决了。

2. 二次规划

二次规划（Quadratic Programming，QP）是一类典型的优化问题，包括凸二次优化和非凸二次优化。在此类问题中，目标函数是变量的二次函数，而约束条件是变量的线性不等式。

假定变量的个数为 d，约束条件的个数为 m，则标准的二次规划问题形如

$$\min_x \frac{1}{2} \boldsymbol{x}^T \boldsymbol{Q} \boldsymbol{x} + \boldsymbol{c}^T \boldsymbol{x}$$

$$\text{s.t. } A\boldsymbol{x} \leqslant \boldsymbol{b}$$

其中：$\boldsymbol{x}$ 为 d 维向量；$\boldsymbol{Q} \in \mathbf{R}^{d \times d}$ 为实对称矩阵；$\boldsymbol{A} \in \mathbf{R}^{m \times d}$ 为实矩阵；$\boldsymbol{b} \in \mathbf{R}^m$ 和 $\boldsymbol{c} \in \mathbf{R}^d$ 为实向量；$A\boldsymbol{x} \leqslant \boldsymbol{b}$ 的每一行对应一个约束。

若 $\boldsymbol{Q}$ 为半正定矩阵，则上式的目标函数为凸函数，相应的二次规划是凸二次优化问题。此时若约束条件 $A\boldsymbol{x} \leqslant \boldsymbol{b}$ 定义的可行域不为空，且目标函数在此可行域有下界，则该问题将有全局最小值。若 $\boldsymbol{Q}$ 为正定矩阵，则该问题有唯一的全局最小值。若 $\boldsymbol{Q}$ 为半正定矩阵，则上式是有多个平稳点和局部极小点的 NP 难问题。

常用的二次规划解法有椭圆法（Ellipsoid Method）、内点法（Interior Point）、增广拉格朗日法（Augmented Lagrangian）、梯度投影法（Gradient Projection）等。若 $\boldsymbol{Q}$ 为正定矩阵，则对应的二次规划问题可由椭球法在多项式时间内求解。

3. 半正定规划

半正定规划（Semi-Definite Programming，SDP）是一类凸优化问题，其中变量可组织成半正定对称矩阵形式，且优化问题的目标函数和约束都是这些变量的线性函数。

给定 $d \times d$ 的对称矩阵 $\boldsymbol{X}$、$\boldsymbol{C}$，有

$$\boldsymbol{C} \cdot \boldsymbol{X} = \sum_{i=1}^{d} \sum_{j=1}^{d} C_{ij} X_{ij}$$

若 $\boldsymbol{A}_i (i = 1, 2, \cdots, m)$ 也是 $d \times d$ 的对称矩阵，$b_i (i = 1, 2, \cdots, m)$ 为 m 个实数，则半正定规划问题形如

$$\min_{\boldsymbol{X}} \boldsymbol{C} \cdot \boldsymbol{X}$$
$$\text{s. t. } \boldsymbol{A}_i \cdot \boldsymbol{X} = b_i,\ i = 1, 2, \cdots, m$$
$$\boldsymbol{X} \geqslant 0$$

半正定规划与线性规划都拥有线性的目标函数和约束，但半正定规划中的约束 $\boldsymbol{X} \geqslant 0$ 是一个非线性、非光滑约束条件。在优化理论中，半正定规划具有一定的一般性，它能将几种标准的优化问题（如线性规划、二次规划）统一起来。

常见的用于求解线性规划的内点法经过少许改造即可求解半正定规划问题，但半正定规划的计算复杂度较高，难以直接应用于大规模问题。

4. 梯度下降法

梯度下降法（Fradient Descent）是一种常用的一阶（First-order）优化方法，它是求解无约束优化问题最简单、最经典的方法之一。考虑到无约束优化问题 $\min_{\boldsymbol{x}} f(\boldsymbol{x})$，其中 $f(\boldsymbol{x})$ 为连续可微函数，若能构造一个序列 $\boldsymbol{x}^0, \boldsymbol{x}^1, \boldsymbol{x}^2, \cdots$，满足

$$f(\boldsymbol{x}^{t+1}) < f(\boldsymbol{x}^t),\ t = 0, 1, 2, \cdots$$

不断执行该过程即可收敛到局部最小点。欲满足上式，则根据泰勒展开式有

$$f(\boldsymbol{x} + \Delta\boldsymbol{x}) \approx f(\boldsymbol{x}) + \Delta\boldsymbol{x}^{\mathrm{T}} \nabla f(\boldsymbol{x})$$

因此，欲满足 $f(\boldsymbol{x}+\Delta\boldsymbol{x}) < f(\boldsymbol{x})$，可选择

$$\Delta\boldsymbol{x} = -\gamma \nabla f(\boldsymbol{x})$$

其中，步长 γ 是一个小常数。这就是梯度下降法。

若目标函数 $f(\boldsymbol{x})$ 满足一些条件，则通过选取合适的步长，就能确保通过梯度下降收敛到局部极小点。例如若 $f(\boldsymbol{x})$ 满足 L-Lipschitz 条件，则将步长设置为 $1/(2L)$ 即可确保收敛到局部极小点。当目标函数为凸函数时，局部极小点对应着函数的全局最小点，此时梯度下降法可确保收敛到全局最优解。

当目标函数 $f(\boldsymbol{x})$ 二阶连续可微时，可将泰勒展开式替换为更精确的二阶泰勒展开式，这样就得到了牛顿法（Newton's Method）。牛顿法是典型的二阶方法，其迭代轮数远小于梯度下降法的。但牛顿法使用了二阶导数 $\nabla^2 f(\boldsymbol{x})$，其每轮迭代中涉及海森矩阵的求逆，因此计算复杂度相当高，这在高维问题中几乎不可行。若能以较低的计算代价寻找海森矩阵的近似逆矩阵，则可显著降低计算开销，这就是拟牛顿法（Quasi-Newton Method）。

5. 坐标下降法

坐标下降法（Coordinate Descent）是一种非梯度优化方法，它在每步迭代中沿一个坐标方向搜索，通过循环使用不同的坐标方向来达到目标函数的局部极小值。

假设目标是求解函数 $f(\boldsymbol{x})$ 的极小值，其中 $\boldsymbol{x} = (x_1, x_2, \cdots, x_d)^{\mathrm{T}} \in \mathbf{R}^d$ 是一个 d 维向量。从初始点 $\boldsymbol{x}^0$ 开始，坐标下降法通过迭代地构造序列 $\boldsymbol{x}^0, \boldsymbol{x}^1, \boldsymbol{x}^2, \cdots$ 来求解该问题，$\boldsymbol{x}^{(t+1)}$ 的第 i 个分量 x_i^{t+1} 构造为

$$x_i^{t+1} = \arg\min_{y \in \mathbf{R}} f(x_1^{t+1}, x_2^{t+1}, \cdots, x_{i-1}^{t+1}, y, x_{i+1}^t, \cdots, x_d^t)$$

通过执行此操作，显然有

$$f(\boldsymbol{x}^0) \geqslant f(\boldsymbol{x}^1) \geqslant f(\boldsymbol{x}^2) \geqslant \cdots$$

与梯度下降法类似，通过迭代执行该过程，序列 $\boldsymbol{x}^0, \boldsymbol{x}^1, \boldsymbol{x}^2, \cdots$ 能收敛到所期望的局部极小点或驻点（Stationary Point）。

坐标下降法不需要计算目标函数的梯度，在每步迭代中仅需求解一维搜索问题，因此它对于某些复杂问题的计算较为简便。但若目标不光滑，则坐标下降法有可能陷入非驻点（Non-Stationary Point）。

三、概率统计

1. 概率

本节简要介绍概率的相关基本知识，以供读者查阅和理解，包括随机变量、概率密度函数、条件概率、期望、方差等。

随机实验（Random Experiment）是测量结果不确定过程的实验，例如掷一颗骰子、抽牌、测量网络路由器中的通信类型等。随机实验的所有可能结果的集合称为样本空间（Sample Space）Ω。例如掷一颗骰子，$\Omega = \{1, 2, 3, 4, 5, 6\}$是样本空间。事件（Event）$E$对应于这些结果的一个子集，即$E \subseteq \Omega$。例如，$E = \{2, 4, 6\}$是掷一个骰子时观察到偶数点的事件。

概率P是定义在样本空间Ω上的实数值函数，满足如下性质：

(1) 对于任意事件$E \subseteq \Omega$，$0 \leqslant P(E) \leqslant 1$。

(2) $P(\Omega) = 1$。

(3) 对于任意不相交的事件集$E_1, E_2, \cdots, E_d \in \Omega$，有

$$P(\bigcup_{i=1}^{d} E_i) = \sum_{i=1}^{d} P(E_i)$$

事件E的概率记作$P(E)$，它是在可能无穷多次实验中观测到E的次数所占的比例。

在随机实验中，通常有个我们想测量的量。例如，统计掷50次硬币背面朝上的次数，或测量主题公园中坐转轮的游客的身高。因为这种量度依赖于随机实验的结果，所以这种感兴趣的量称为随机变量（Random Variable）。随机变量的值可以是离散的或连续的，例如，掷硬币的结果就是离散型随机变量，其可能取值只有正面（0）或者反面（1），而成年人的身高则是连续型随机变量，其值可能为$1 \sim 3$ m。

对于离散变量X，X取特定值x时的概率是$X(e) = x$的所有结果e所占样本空间的比例：

$$P(X = x) = P(E = \{e \mid e \in \Omega, X(e) = x\})$$

离散变量X的概率分布也称为概率质量函数（Probability Mass Function）。

例 F-1 考虑2次随机投一枚硬币的随机实验。该实验有4种可能的结果，即HH、HT、TH、TT，其中H（T）表示观察到正面（背面）。设X为随机变量，度量在实验中观测到背面的次数。则X有3种可能的值是0、1、2。X的概率质量函数由表F-1给出。

表 F-1 X 的概率质量函数

X	0	1	2
$P(X)$	1/4	1/2	1/4

另一方面，如果X是连续随机变量，则X的值在a和b之间的概率为

$$P(a < X < v) = \int_a^b f(x) \mathrm{d}x$$

　　由于连续随机变量的概率取特定值 x 的概率为 0，即 $P(X=x)=\int_x^x f(x)\mathrm{d}x=0$。因此函数 $f(x)$ 称为概率密度函数（Probability Density Function，PDF），不同于概率质量函数。

　　表 F－2 显示了一些著名的离散和连续概率函数。概率（质量或密度）函数的概念可以推广到多个随机变量。例如，如果 X 和 Y 是随机变量，则 $P(X, Y)$ 表示联合（Joint）概率函数。通常 $P(X, Y) \neq P(X)P(Y)$，但如果 $P(X, Y)=P(X)P(Y)$，则称随机变量 X 和 Y 是相互独立的，此时意味着一个随机变量的值对另一个随机变量没有影响。

表 F－2　常用概率函数汇总

分　布	概　率　函　数	参　　数
均匀分布	$p(x\,|\,a, b)=1/(b-a)$	a, b
伯努利分布	$P(x\,|\,\mu)=\mu^x\,(1-\mu)^{1-x}$	μ
二项分布	$P(m\,|\,N, \mu)=C_N^m \mu^m\,(1-\mu)^{N-m}$	N, μ
Beta 分布	$p(\mu\,|\,a, b)=\mu^{a-1}\,(1-\mu)^{b-1}\dfrac{\Gamma(a+b)}{\Gamma(a)\Gamma(b)}$	a, b
狄利克雷分布	$p(\boldsymbol{\mu}\,|\,\boldsymbol{\alpha})=\dfrac{\Gamma(\hat{\alpha})}{\Gamma(\alpha_1)\cdots\Gamma(\alpha_i)}\displaystyle\prod_{i=1}^d \mu_i^{\alpha_i-1}$	μ, α
高斯分布	$p(x\,|\,\mu, \sigma^2)=1/\sqrt{2\pi\sigma^2}\exp\left\{-\dfrac{(x-\mu)^2}{2\sigma^2}\right\}$	μ, σ

　　对于表 F－2 中的各个概率函数，在下面会进行详细的讨论。

　　对于理解随机变量之间的依赖性，条件概率（Conditional Probability）是另一个有用的概念。给定 X，变量 Y 的条件概率记为 $P(Y\,|\,X)$，定义为

$$P(Y\,|\,X)=\frac{P(X, Y)}{P(X)}$$

如果 X 和 Y 是独立的，则 $P(Y\,|\,X)=P(Y)$。

　　贝叶斯（Bayes）定理是基于条件概率提出的定理，它使得条件概率 $P(Y\,|\,X)$ 和 $P(X\,|\,Y)$ 可以互相表示。贝叶斯定理由下式给出：

$$P(Y\,|\,X)=\frac{P(X\,|\,Y)P(Y)}{P(X)}$$

　　如果 $\{X_1, X_2, \cdots, X_d\}$ 是随机变量 X 的所有可能的结果集，则上式的分母可以用下式表示：

$$P(X)=\sum_{i=1}^d P(X\,|\,Y_i)P(Y_i)$$

该式称为全概率法则（Law of Total Probability）。

　　给定了随机变量的概率密度后，我们可以在此基础上求得相应的期望值（Expected Value）、方差（Variance）和协方差（Covariance）。

　　随机变量 X 函数 g 的期望值记作 $\mathbb{E}\,[g(X)]$，它是 $g(X)$ 的加权平均值，其中权重由 X 的概率函数给出。如果 X 是离散随机变量，则它的期望值可以用下式计算：

$$E[g(X)] = \sum_i g(x_i)P(X = x_i)$$

另一方面，如果 X 是连续随机变量，则

$$E[g(X)] = \int_{-\infty}^{\infty} g(X)f(X)\mathrm{d}X$$

其中 $f(X)$ 是 X 的概率密度函数。

在概率论中有一些特别有用的期望值。首先，如果 $g(X) = X$，则

$$\mu_X = E[X] = \sum_i x_i P(X = x_i)$$

这个期望值对应于随机变量 X 的均值(Mean)。另一个有用的期望值是 $g(X) = (X - \mu_X)$ 时的期望值，这个函数的期望值为

$$\sigma_X^2 = E[(X - \mu_X)^2] = \sum_i (x_i - \mu_X)^2 P(X = x_i)$$

这个期望值对应于随机变量 X 的方差(Variance)。方差的平方根对应于随机变量 X 的标准差(Standard Deviation)。

例 F - 2 考虑例 F-1 中的随机实验。掷 2 次硬币，期待看到背面朝上的平均次数为

$$\mu_X = 0 \times \frac{1}{4} + 1 \times \frac{1}{2} + 2 \times \frac{1}{4} = 1$$

期待看到背面朝上次数的方差为

$$\sigma_X^2 = (0 - 1)^2 \times \frac{1}{4} + (1 - 1)^2 \times \frac{1}{2} + (2 - 1)^2 \times \frac{1}{4} = \frac{1}{2}$$

对于一组随机变量，要计算一个有用的期望值是协方差(Covariance)函数 cov，它定义为

$$\mathrm{cov}(X, Y) = E[(X - \mu_X)(Y - \mu_Y)]$$

注意，随机变量 X 的方差等于 $\mathrm{cov}(X, X)$。随机变量的函数的期望值还具有如下性质：

(1) 如果 a 是常量，则 $E[a] = a$。

(2) $E[aX] = aE[X]$。

(3) $E[aX + bY] = aE[X] + bE[Y]$。

根据这些性质，方差公式和协方差公式可改写成如下形式：

$$\mathrm{var}(X) = \sigma_X^2 = E[(X - \mu_X)^2] = E[X^2] - E[X]^2$$

$$\mathrm{cov}(X, Y) = E[XY] - E[X]E[Y]$$

2. 常用概率分布

本节简要介绍几种常用的概率分布，如表 F - 2 所示。对于每种分布，我们将给出概率密度函数以及期望、方差和协方差等几个主要的统计量。在此节中，我们用变量 x 替代上节的 X，以此把 x 当作概率函数的变量。

1) 均匀分布

均匀分布(Uniform Distribution)是关于定义区间 $[a, b]$ $(a < b)$ 上连续变量的简单概率分布，其概率密度函数如图 F-5 所示。

$$p(x | a, b) = U(x | a, b) = \frac{1}{b - a}$$

$$E[x] = \frac{a + b}{2}$$

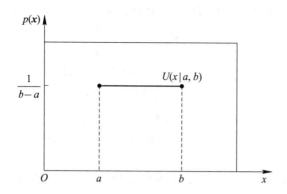

图 F-5　均匀分布的概率密度函数

$$\text{var}[x] = \frac{(b-a)^2}{12}$$

不难发现，若变量 x 服从均匀分布 $U(x|0,1)$ 且 $a < b$，则 $a + (b-a)x$ 服从均匀分布 $U(x|a,b)$。

2）伯努利分布

伯努利分布（Bernoulli Distribution）是关于布尔变量 $x \in \{0,1\}$ 的概率分布，其连续参数 $\mu \in [0,1]$ 表示变量 $x=1$ 的概率，例如掷硬币正面朝上（$x=1$）的概率为 $\mu = \frac{1}{2}$。

$$P(x \mid \mu) = \text{Bern}(x \mid \mu) = \mu^x (1-\mu)^{1-x}$$
$$\mathbb{E}[x] = \mu$$
$$\text{var}[x] = \mu(1-\mu)$$

3）二项分布

二项分布（Binomial Distribution）用以描述 N 次独立的伯努利实验中有 m 次成功（即 $x=1$）的概率，其中每次伯努利实验成功的概率为 $\mu \in [0,1]$。

$$P(m \mid N, \mu) = \text{Bin}(m \mid N, \mu) = C_N^m \mu^m (1-\mu)^{N-m}$$
$$\mathbb{E}[x] = N\mu$$
$$\text{var}[x] = N\mu(1-\mu)$$

可知当 $N=1$ 时，二项分布退化为伯努利分布。

4）多项分布

若伯努利分布由单变量扩展为 d 维向量 $\boldsymbol{x}$，其中 $x_i \in \{0,1\}$ 且 $\sum_{i=1}^{d} x_i = 1$，并假设 x_i 取 1 的概率为 $\mu_i \in [0,1]$，$\sum_{i=1}^{d} \mu_i = 1$，则将得到离散概率分布为

$$P(\boldsymbol{x} \mid \boldsymbol{\mu}) = \prod_{i=1}^{d} \mu_i^{x_i}$$
$$\mathbb{E}[x_i] = \mu_i$$
$$\text{var}[x_i] = \mu_i(1-\mu_i)$$
$$\text{cov}[x_j, x_i] = -\mu_i\mu_j$$

在此基础上扩展二项分布，则得到多项分布（Multinomial Distribution），它描述了在

N 次独立实验中有 m_i 次 $x_i=1$ 的概率，且分别有 d 个变量，即 $i=1, 2, \cdots, d$。

$$P(m_1, m_2, \cdots, m_d \mid N, \boldsymbol{\mu}) = \text{Mult}(m_1, m_2, \cdots, m_d \mid N, \boldsymbol{\mu})$$

$$= \frac{N!}{m_1! m_2! \cdots m_d!} \prod_{i=1}^{d} \mu_i^{m_i}$$

$$\mathbb{E}[m_i] = N\mu_i$$

$$\text{var}[m_i] = N\mu_i(1-\mu_i)$$

$$\text{cov}[m_j, m_i] = -N\mu_j\mu_i$$

5）贝塔分布

贝塔分布（Beta Distribution）是关于连续变量 $\mu \in [0, 1]$ 的概率分布，它由两个参数 $a>0$ 和 $b>0$ 确定，其概率密度函数如图 F-6 所示。

$$p(\mu \mid a, b) = \text{Beta}(\mu \mid a, b) = \frac{\Gamma(a+b)}{\Gamma(a)\Gamma(b)} \mu^{a-1} (1-\mu)^{b-1}$$

$$= \frac{1}{B(a, b)} \mu^{a-1} (1-\mu)^{b-1}$$

$$\mathbb{E}[\mu] = \frac{a}{a+b}$$

$$\text{var}[\mu] = \frac{ab}{(a+b)^2 (a+b+1)}$$

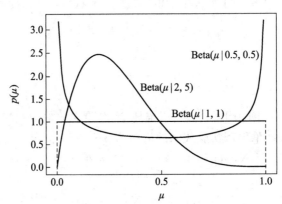

图 F-6 贝塔分布的概率密度函数

其中，$\Gamma(a)$ 为伽马函数（Gamma Function），其表达式为

$$\Gamma(a) = \int_0^{+\infty} t^{a-1} e^{-t} dt$$

$B(a, b)$ 为贝塔函数（Beta Function），其表达式为

$$B(a, b) = \frac{\Gamma(a)\Gamma(b)}{\Gamma(a+b)}$$

当 $a=b=1$ 时，贝塔分布退化为均匀分布。

注：贝塔分布和狄利克雷分布分别是二项分布和多项分布的共轭分布，共轭分布的定义将在下面给出。

6）狄利克雷分布

狄利克雷分布（Dirichlet Distribution）是关于一组 d 个连续变量 $\mu_i \in [0, 1]$ 的概率分

布，$\sum_{i=1}^{d} \mu_i = 1$。令 $\boldsymbol{\mu} = (\mu_1, \mu_2, \cdots, \mu_d)^{\mathrm{T}}$，参数 $\boldsymbol{\alpha} = (\alpha_1, \alpha_2, \cdots, \alpha_d)^{\mathrm{T}}$，$\alpha_i > 0$，$\hat{\alpha} = \sum_{i=1}^{d} \alpha_i$。

$$p(\boldsymbol{\mu} \mid \boldsymbol{\alpha}) = \mathrm{Dir}(\boldsymbol{\mu} \mid \boldsymbol{\alpha}) = \frac{\Gamma(\hat{\alpha})}{\Gamma(\alpha_1) \cdots \Gamma(\alpha_d)} \prod_{i=1}^{d} \mu_i^{\alpha_i - 1}$$

$$\mathbb{E}[\mu_i] = \frac{\alpha_i}{\hat{\alpha}}$$

$$\mathrm{var}[\mu_i] = \frac{\alpha_i (\hat{\alpha} - \alpha_i)}{\hat{\alpha}^2 (\hat{\alpha} + 1)}$$

$$\mathrm{cov}[\mu_j, \mu_i] = \frac{\alpha_j \alpha_i}{\hat{\alpha}^2 (\hat{\alpha} + 1)}$$

当 $d = 2$ 时，狄利克雷分布退化为贝塔分布。

7) 高斯分布

高斯分布（Gaussian Distribution）也称为正态分布（Normal Distribution），它是应用最为广泛的连续概率分布。

对于单变量 $x \in (-\infty, \infty)$，高斯分布的参数为均值 $\mu \in (-\infty, \infty)$ 和方差 $\sigma^2 > 0$。图 F-7 给出了几组不同参数下高斯分布的概率密度函数。

$$p(x \mid \mu, \sigma^2) = N(x \mid \mu, \sigma^2) = \frac{1}{\sqrt{2\pi \sigma^2}} \exp\left\{-\frac{(x-\mu)^2}{2\sigma^2}\right\}$$

$$\mathbb{E}[x] = \mu$$

$$\mathrm{var}[x] = \sigma^2$$

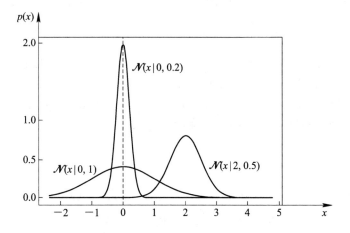

图 F-7 高斯分布概率密度

对于 d 维向量 $\boldsymbol{x}$，多元高斯分布的参数为 d 维均值向量 $\boldsymbol{\mu}$ 和 $d \times d$ 的对称正定协方差矩阵 $\boldsymbol{\Sigma}$。

$$p(\boldsymbol{x} \mid \boldsymbol{\mu}, \boldsymbol{\Sigma}) = N(\boldsymbol{x} \mid \boldsymbol{\mu}, \boldsymbol{\Sigma})$$

$$= \frac{1}{\sqrt{(2\pi)^d \det(\boldsymbol{\Sigma})}} \exp\left\{-\frac{1}{2}(\boldsymbol{x} - \boldsymbol{\mu})^{\mathrm{T}} \boldsymbol{\Sigma}^{-1} (\boldsymbol{x} - \boldsymbol{\mu})\right\}$$

3. 共轭分布

假设变量 x 服从分布 $P(x|\Theta)$，其中 Θ 为参数，$X=\{x_1, x_2, \cdots, x_m\}$ 为变量 x 的观测样本，假设参数 Θ 服从先验分布 $\Pi(\Theta)$。若由先验分布 $\Pi(\Theta)$ 和抽样分布 $P(X|\Theta)$ 决定的后验分布 $F(x|\Theta)$ 与 $\Pi(\Theta)$ 是同种类型的分布，则称先验分布 $\Pi(\Theta)$ 为分布 $P(x|\Theta)$ 或 $P(X|\Theta)$ 的共轭分布。

例如，假设 $x\sim\mathrm{Bern}(x|\mu)$，$X=\{x_1, x_2, \cdots, x_m\}$ 为观测样本，$\overline{x}$ 为观测样本的均值，$\mu\sim\mathrm{Beta}(\mu|a, b)$，其中 a、b 为已知参数，则 μ 的后验分布为

$$
\begin{aligned}
F(\mu \mid X) &\propto \mathrm{Beta}(\mu \mid a, b)P(X \mid \mu) = \frac{(\mu^{a-1}(1-\mu)^{b-1})}{B(a, b)}\mu^{m\overline{x}}(1-\mu)^{m-m\overline{x}} \\
&= \frac{1}{B(a+m\overline{x}, b+m-m\overline{x})}\mu^{a+m\overline{x}-1}(1-\mu)^{b+m-m\overline{x}-1} \\
&= \mathrm{Beta}(\mu \mid a', b')
\end{aligned}
$$

可知，后验分布也是贝塔分布，其中 $a'=a+m\overline{x}$，$b'=b+m-m\overline{x}$，这意味着贝塔分布与伯努利分布共轭。同样的，多项分布的共轭分布是狄利克雷分布，而高斯分布的共轭分布仍是高斯分布。

先验分布反映了某种先验信息，后验分布既反映了先验分布提供的信息，又反映了样本提供的信息。当先验分布与抽样分布共轭时，后验分布与先验分布属于同种类型，这意味着先验信息与样本提供的信息具有某种同一性。因此，若使用后验分布作为进一步抽样的先验分布，则新的后验分布仍将属于同种类型。因此，共轭分布在不少情形下会使问题得以简化。例如在上边的例子中，对服从伯努利分布的事件 X 使用贝塔先验分布，则贝塔分布的参数值 a 和 b 可视为对伯努利分布的真实情况（事件发生和不发生）的预估。随着"证据"（样本）的不断到来，贝塔分布的参数值从 a、b 变化为 $a+m\overline{x}$、$b+m-m\overline{x}$，且 $\frac{a}{a+b}$ 将随着 m 的增大趋近于伯努利分布的真实参数值 $\overline{x}$。显然，使用共轭先验之后，只需调整 a 和 b 这两个预估值即可方便地进行模型更新。

简单地说，共轭分布为我们对后验概率的预测提供了便利，如要预测满足伯努利分布的后验概率，我们可以提前确定先验概率服从贝塔分布，然后在此基础上进行贝叶斯估计使得问题简化。

4. KL 散度

KL 散度（Kullback-Leibler Divergence）又称相对熵（Relative Entropy）或信息散度（Information Divergence），可用于度量两个概率分布之间的差异。给定两个概率分布 P 和 Q，两者之间的 KL 散度定义为

$$
\mathrm{KL}(P \parallel Q) = \int_{-\infty}^{+\infty} p(x)\ln\frac{p(x)}{q(x)}\mathrm{d}x
$$

其中：$p(x)$ 和 $q(x)$ 分别为 P 和 Q 的概率密度函数。

KL 散度满足非负性，即

$$
\mathrm{KL}(P \parallel Q) \geqslant 0
$$

当且仅当 $P=Q$ 时，$\mathrm{KL}(P \parallel Q)=0$。但是，KL 散度不满足对称性，即

$$
\mathrm{KL}(P \parallel Q) \neq \mathrm{KL}(Q \parallel P)
$$

因此，KL 散度不是一个度量（Metric）。

若将 KL 散度的定义展开，可得

$$\mathrm{KL}(P \parallel Q) = \int_{-\infty}^{\infty} p(x)\ln p(x)\mathrm{d}x - \int_{-\infty}^{\infty} p(x)\ln q(x)\mathrm{d}x$$
$$= -H(P) + H(P, Q)$$

其中：$H(P)$ 为熵（Entropy）；$H(P, Q)$ 为 P 和 Q 的交叉熵（Cross Entropy）。在信息论中，熵 $H(P)$ 表示对于来自 P 的随机变量进行编码所需的最小字节数，而交叉熵 $H(P, Q)$ 则表示使用基于 Q 的编码对来自 P 的变量进行编码所需的字节数。因此，KL 散度可认为是使用基于 Q 的编码对来自 P 的变量进行编码所需的"额外"字节数。显然，额外字节数必然非负，当且仅当 $P = Q$ 时额外字节数为 0。